首届全国机械行业职业教育优秀教材
高等职业教育智能制造领域人才培养系列教材
工业机器人技术专业

ABB工业机器人现场编程

第2版

主　编　张　超　王　超
副主编　雷伟斌
参　编　付　强　刘爱云

机械工业出版社
CHINA MACHINE PRESS

本书为“十四五”职业教育国家规划教材、首届全国机械行业职业教育优秀教材。全书共六章，主要内容包括：认识工业机器人，工业机器人的基础操作，工业机器人I/O通信，工业机器人程序数据的建立，工业机器人RAPID程序的建立，工业机器人的程序编制、调试及应用。每一章内容都配有详细的图文，让读者熟悉每一项操作与编程的方法和步骤。

本书可作为高等职业院校工业机器人技术专业、机电一体化技术专业或相关专业的教材，也可供ABB工业机器人的操作人员与编程技术人员参考。

本书配有电子课件，凡使用本书作为教材的教师可登录机械工业出版社教育服务网www.cmpedu.com注册后下载。咨询邮箱：cmpgaozhi@sina.com。咨询电话：010-88379375。

图书在版编目（CIP）数据

ABB 工业机器人现场编程 / 张超，王超主编 . —2 版 . —北京：机械工业出版社，2019.9（2025.1 重印）

首届全国机械行业职业教育优秀教材　高等职业教育智能制造领域人才培养系列教材 . 工业机器人技术专业

ISBN 978-7-111-63908-4

Ⅰ . ① A…　Ⅱ . ①张…②王…　Ⅲ . ①工业机器人 – 程序设计 – 高等职业教育 – 教材　Ⅳ . ① TP242.2

中国版本图书馆 CIP 数据核字（2019）第 214616 号

机械工业出版社（北京市百万庄大街 22 号　邮政编码 100037）

策划编辑：薛　礼　责任编辑：薛　礼　王海峰

责任校对：陈　越　封面设计：鞠　杨

责任印制：常天培

三河市骏杰印刷有限公司印刷

2025 年 1 月第 2 版第 12 次印刷

184mm × 260mm · 15 印张 · 328 千字

标准书号：ISBN 978-7-111-63908-4

定价：49.00 元

电话服务　　　　　　　　网络服务

客服电话：010-88361066　机　工　官　网：www.cmpbook.com

010-88379833　机　工　官　博：weibo.com/cmp1952

010-68326294　金　　书　　网：www.golden-book.com

封底无防伪标均为盗版　　机工教育服务网：www.cmpedu.com

关于“十四五”职业教育
国家规划教材的出版说明

为贯彻落实《中共中央关于认真学习宣传贯彻党的二十大精神的决定》《习近平新时代中国特色社会主义思想进课程教材指南》《职业院校教材管理办法》等文件精神，机械工业出版社与教材编写团队一道，认真执行思政内容进教材、进课堂、进头脑要求，尊重教育规律，遵循学科特点，对教材内容进行了更新，着力落实以下要求：

1. 提升教材铸魂育人功能，培育、践行社会主义核心价值观，教育引导学生树立共产主义远大理想和中国特色社会主义共同理想，坚定“四个自信”，厚植爱国主义情怀，把爱国情、强国志、报国行自觉融入建设社会主义现代化强国、实现中华民族伟大复兴的奋斗之中。同时，弘扬中华优秀传统文化，深入开展宪法法治教育。

2. 注重科学思维方法训练和科学伦理教育，培养学生探索未知、追求真理、勇攀科学高峰的责任感和使命感；强化学生工程伦理教育，培养学生精益求精的大国工匠精神，激发学生科技报国的家国情怀和使命担当。加快构建中国特色哲学社会科学学科体系、学术体系、话语体系。帮助学生了解相关专业和行业领域的国家战略、法律法规和相关政策，引导学生深入社会实践、关注现实问题，培育学生经世济民、诚信服务、德法兼修的职业素养。

3. 教育引导学生深刻理解并自觉实践各行业的职业精神、职业规范，增强职业责任感，培养遵纪守法、爱岗敬业、无私奉献、诚实守信、公道办事、开拓创新的职业品格和行为习惯。

在此基础上，及时更新教材知识内容，体现产业发展的新技术、新工艺、新规范、新标准。加强教材数字化建设，丰富配套资源，形成可听、可视、可练、可互动的融媒体教材。

教材建设需要各方的共同努力，也欢迎相关教材使用院校的师生及时反馈意见和建议，我们将认真组织力量进行研究，在后续重印及再版时吸纳改进，不断推动高质量教材出版。

机械工业出版社

第2版 前言

党的二十大报告指出：教育、科技、人才是全面建设社会主义现代化国家的基础性、战略性支撑；统筹职业教育、高等教育、继续教育协同创新，推进职普融通、产教融合、科教融汇，优化职业教育类型定位。当前，科教兴国战略已经成为国家战略的重要组成部分。修订本书旨在贯彻落实国家科教兴国战略，推动工业机器人技术的应用和创新，为我国现代化建设提供有力的人才支撑和技术支持。

随着工业技术的发展，工业机器人已成为先进制造业中不可替代的重要标准装备，工业机器人的应用程度成为衡量一个国家制造业水平和科技水平的重要标志。我国制造业正处在产业升级的关键时期，人口红利渐渐消失导致劳动力成本上升，国内工业机器人需求持续增长。上海、徐州、常州、昆山、哈尔滨、天津、重庆、唐山和青岛等地均已经建立机器人产业园区，人才短缺已经成为产业发展的瓶颈，工业机器人产业的发展急需大量高素质、高级技能型专门人才。

党的二十大报告指出：教育、科技、人才是全面建设社会主义现代化国家的基础性、战略性支撑；统筹职业教育、高等教育、继续教育协同创新，推进职普融通、产教融合、科教融汇，优化职业教育类型定位。当前，科教兴国战略已经成为国家战略的重要组成部分。修订本书旨在贯彻落实国家科教兴国战略，推动工业机器人技术的应用和创新，为我国现代化建设提供有力的人才支撑和技术支持。

本书第1版自出版以来，已在30多所全国知名高职高专院校、本科院校使用，现已重印10次，累计销售近3万册。本书第1版将理论与实践有效结合，配套了丰富的教学资源，得到了同行的一致的肯定， 2017年4月被评为 “首届全国机械行业职业教育优秀教材”。

近几年，随着智能信息化技术应用越来越广泛，对教材信息化的要求越来越高。本书第1版配套的工业机器人教学资源已不能完全满足现代信息化教学要求，并且工业机器人有些案例在第1版中还不是很丰富。读者期望教材与信息化相结合，在使用的过程中能够通过智能终端扫描二维码获取相关数字化资源，提升学习效率。为了适应现代信息化教学要求，满足读者个性化的学习需求，本着提升学习效率和教学效果的原则，编者决定对本书第1版进行修订。本次修订增加了工业机器人搬运的实例编程；将原来的视频教程进行了优化，增加了工业机器人搬运视频教程；在对应章节处增加了二维码，方便读者对照视频完成学习；对编者在使用过程中发现的错误和读者发现的错误进行了更正。

读者在学习过程中可登录智慧职教MOOC学院，“工业机器人现场编程”在线开放课程（https://mooc.icve.com.cn/course.html?cid=GYJXA614653）配备了大量的教学课件、指导视频、微课、图片以及习题答案等学习资源。

本修订版由西安航空职业技术学院张超、王超担任主编，参与编写的还有西安航空职业技术学院雷伟斌、付强和刘爱云。其中，张超修订第4章、第5章，刘爱云修订第1章，王超修订第6章，雷伟斌修订第2章，付强修订第3章。相关视频教程由张超、王超编辑制作。

本书在编写过程中，上海ABB工程有限公司叶晖、浙江亚龙智能装备有限公司王燕泽、江苏汇博机器人技术股份有限公司李斌、固高科技有限公司（西安分公司）王欢等资深企业专家给予了悉心指导，并提出了宝贵的修改意见；同时，长春职业技术学院、西安职业技术学院、陕西工业职业技术学院、北京电子科技学院等兄弟院校针对在使用本书第1版的过程中发现的不足之处提出了修改建议，在此一并表示衷心的感谢！

由于编者水平有限，书中难免存在错误或疏漏之处，敬请广大读者提出宝贵意见。

编　者

第1版 前言

工业机器人是实施自动化生产线、智能制造车间、数字化工厂、智能工厂的重要基础装备之一。高端制造需要工业机器人，产业转型升级也离不开工业机器人。我国《高端装备制造业“十二五”发展规划》及《智能制造装备产业“十二五”发展规划》中明确提出工业机器人是智能制造装备发展的重要内容，并将其列为我国装备制造业向高端方向发展的必需核心装备。

随着人口出生率下降与社会老龄化加快，我国的人口红利正在逐渐消失。我国工业机器人市场目前处于井喷式的发展，需求量每年以30%的速度增长。预计未来几年，我国工业机器人年均市场规模将在50亿 ~ 80亿元以上，带来成套设计、关键零部件、应用维护等800亿 ~ 1000亿元市场。工业机器人是靠自身动力和控制能力来实现各种功能的一种智能化自动化可编程设备，已在越来越多的领域得到了应用。

在未来，工业机器人技术将成为一项增加就业机会的重要推力。我们共同面对的一个挑战是：工业机器人技术应用人才在我国缺口达到20万人，并且还在以每年20% ~ 30%的速度持续递增。面对装备制造业对工业机器人人才的需求，切实需要实用、有效的教学资源培养能适应生产、建设、管理、服务第一线需要的高素质技术技能人才。为满足紧缺人才培养要求，故编写了本书。本书符合高职教育规律，操作性强。本书以ABB工业机器人为研究对象，从工业机器人基础操作入手，介绍工业机器人程序数据以及程序编制与调试，书中所有程序都经过编者验证，图文并茂，通俗易懂。

全书由西安航空职业技术学院张超、长春职业技术学院张继媛担任主编，参与本书编写的还有西安航空职业技术学院田小静、刘爱云，长春职业技术学院刘晓峰、隋欣、于周男。其中刘爱云编写第1章，张超编写第4章、第5章，张继媛、于周男编写第3章，刘晓峰编写6.1节，田小静编写第2章和6.3节，隋欣编写6.2节。

由于作者水平有限，书中难免出现错误，敬请广大读者提出宝贵意见。

编 者

二维码索引

（续）

名称	图形	页码	名称	图形	页码
工具坐标 tooldata 的建立		93	关节运动指令		131
工件坐标系的建立		104	线性运动指令		132
LOADDATA 设定		110	圆弧运动指令		132
工具程序自动识别		113	运动指令示例		133
RAPID 程序建立		117	IO 控制指令		134
赋值指令		121	条件逻辑判断指令		135
绝对位置运动指令		128	程序架构的建立 A		139

（续）

名称	图形	页码	名称	图形	页码
程序内容的编制 B		143	焊接远控（一）		205
程序的调试 C+Rapid 程序自动运行		155	焊接远控（二）		205
搬运工作站		194	焊接远控（三）		205
码垛工作站		197	弧焊机器人穿丝装调（一）		205
焊接近控（一）		205	弧焊机器人穿丝装调（二）		205
焊接近控（二）		205			

目录 CONTENTS

第1章 CHAPTER 1 认识工业机器人

【学习目标】

1. 了解工业机器人的发展历程，熟悉工业机器人的应用领域。

2. 熟悉工业机器人的分类、特点和日常维护。

1.1 工业机器人概述

1.1.1 工业机器人的发展历程

1954年，美国人戴沃尔最早提出了工业机器人的概念，并申请了专利。该专利的要点是借助伺服技术控制机器人的关节，利用人手对机器人进行动作示教，机器人能实现动作的记录和再现。这就是所谓的示教再现机器人。现有的机器人差不多都采用这种控制方式。

作为机器人产品最早的实用机型（示教再现）是1962年美国AMF公司推出的“VERSTRAN”和UNIMATION公司推出的“UNIMATE”。这些工业机器人的控制方式与数控机床大致相似，但外形特征迥异，主要由类似人的手和臂组成。

1965年，MIT的罗伯茨（Roborts）演示了第一个具有视觉传感器的、能识别与定位简单积木的机器人系统。1967年，日本成立了人工手研究会（现改名为仿生机构研究会），同年召开了日本首届机器人学术会议。1970年，在美国召开了第一届国际工业机器人学术会议。1970年以后，机器人技术的研究得到迅速发展。1973年，辛辛那提·米拉克隆公司的理查德·豪恩制造了第一台由小型计算机控制的工业机器人，它是液压驱动的，能提升的有效负载达45kg。到了1980年，工业机器人才真正在日本普及，故称该年为“机器人元年”。随后，工业机器人在日本得到了巨大的发展，日本也因此而赢得了“机器人王国”的称誉。

全球的工业机器人主要由日本和欧洲公司制造，瑞士的ABB公司是世界上最大的机器人制造公司之一。1974 年，ABB 公司研发了世界上第一台全电控式工业机器人 IRB6，主要应用于工件的取放和物料搬运。1975 年，该公司生产出第一台焊接机器人，1980 年兼并 Trallfa 喷漆机器人公司后，其机器人产品趋于完备。ABB 公司制造的工业机器人广泛应用在焊接、装配铸造、密封涂胶、材料处理、包装、喷漆以及水切割等领域。

德国的 KUKA Roboter GMBH 公司是世界上几家顶级工业机器人制造商之一。1973 年研制开发了 KUKA 的第一台工业机器人，年产量达到一万台左右。该公司所生产的机器人广泛应用在仪器、汽车、航天、食品、制药、医学、铸造和塑料等工业，主要用于材料处理、机床装备、包装、堆垛、焊接以及表面休整等领域。

1.1.2 工业机器人的分类

工业机器人可以按照臂部的运动形式、执行机构的运动形式、程序输入方式等进行分类。

1）工业机器人按臂部的运动形式可分为四种：直角坐标型的臂部可沿三个直角坐标移动，圆柱坐标型的臂部可做升降、回转和伸缩动作，球坐标型的臂部能回转、俯仰和伸缩，关节型的臂部有多个转动关节。

2）工业机器人按执行机构运动的控制机能可分为点位型和连续轨迹型。点位型工业机器人只控制执行机构由一点到另一点的准确定位，适用于机床上下料、点焊和一般搬运、装卸等作业；连续轨迹型工业机器人可控制执行机构按给定轨迹运动，适用于连续焊接和涂装等作业。

3）工业机器人按程序输入方式的不同分为编程输入型和示教输入型两类。编程输入型工业机器人是将计算机上已编好的作业程序文件通过 RS232 串口或者以太网等通信方式传送到机器人控制柜。示教输入型工业机器人的示教方法有两种：一种是由操作者用手动控制器（示教操纵盒），将指令信号传给驱动系统，使执行机构按要求的动作顺序和运动轨迹操演一遍；另一种是由操作者直接领动执行机构，按要求的动作顺序和运动轨迹操演一遍。在示教过程的同时，工作程序的信息即自动存入程序存储器中，在机器人自动工作时，控制系统从程序存储器中检测出相应信息，将指令信号传给驱动机构，使执行机构再现示教的各种动作。示教输入程序的工业机器人称为示教再现型工业机器人。

1.2 ABB工业机器人简介

ABB 工业机器人广泛应用在汽车、包装与堆垛自动化 、电气电子（3C）、木材、太阳能与光伏、塑料、铸造锻造自动化、金属加工自动化等行业中。

仿真软件的安装、仿真工作站的建立

1.按照机器人大小分类

ABB 工业机器人可分为大、中、小型机器人。大型机器人既可用作注塑机（IMM）和压铸机的上下料手，从事 3C 产品壳盖类零部件的生产，也可用于平板显示器（FPD）的搬运。中型机器人配套力控制技术，可实现高品质的研磨抛光和去毛刺、飞边，是零部件精加工的理想之选。新推出的小型机器人家族及 FlexPicker 已“进驻”全球各地工厂，是装配、小工件搬运、检验测试等环节不可或缺的生产“骨干”。

2.按机器人机械机构分类（表1-1）

表 1-1　不同结构的工业机器人的特点及应用

分类	示　　例	特点及应用
直角机器人		精度高，速度快，控制简单，易于模块化，但动作灵活性较差，主要用于搬运、上下料、码垛等领域
圆柱坐标机器人		精度高，有较大动作范围，坐标计算简单，结构轻便，响应速度快，但是负载较小，主要用于电子、分拣等领域
并联机器人		精度较高，手臂轻盈，速度快，结构紧凑，但工作空间较小，控制复杂，负载较小，主要用于分拣、装箱等领域
多关节机器人		自由度高，精度高，速度快，动作范围大，灵活性强，广泛应用于各个行业，是当前工业机器人的主流结构，但价格高，前期投资成本高

3. 按工业机器人使用功能分类（表1-2）

表 1-2　工业机器人使用功能

分类	示　例	机器人型号	特点	应用
焊接机器人		IRB 1600D	IRB 1600D 是弧焊应用的理想选择。其线缆包供应全部弧焊所需的全部介质，电缆寿命预测精确度高，机器人编程简单	弧焊
		IRB 1600	IRB1600 为 ABB 洁净室型机器人，通用性佳，可靠性强，正常运行时间长，速度快，精度高，坚固耐用	弧焊、装配、压铸、注塑、机械管理、包装
		IRB 1410	IRB 1410 专为弧焊而设计，稳定，可靠性好，坚固耐用，适用范围广，速度快，工作周期较短	弧焊、装配、上胶/密封、机械管理、物料搬运
		IRB 6620	IRB 6620 专为汽车工业用户量身定制，是最通用的一款大型机器人，紧凑，可靠，快速，强壮，坚固	点焊、搬运、机械上下料

（续）

分类	示　例	机器人型号	特点	应用
搬运机器人		IRB 2600	IRB 2600 精度很高，操作速度更快，废品率更低，工作范围广，安装灵活，占地面积小	上下料、物料搬运、弧焊
		IRB 4600	IRB 4600 机身纤巧，精度高，生产周期很短，产能效率高，工作范围广，可采用落地、斜置、半支架、倒置安装	物料搬运、弧焊、切割、注塑机上下料、压铸
		IRB 6640	IRB 6640 是 IRB 6600 之后推出的新一代大型机器人，承重更大，质量更小，简化了安装维护，优化了路径精度，具有被动安全功能	物料搬运、上下料、点焊
		IRB 6650S	IRB 6650S 是大功率机器人系列中的一种支架安装型机器人，通用性好，可靠性强，安全性高，速度快，精度高，功率大，坚固耐用	

（续）

分类	示　　例	机器人型号	特点	应用
搬运机器人		IRB 7600	IRB 7600适合各行业重载场合，通用性好，可靠性强，安全性高，速度快，精度高，功率大，坚固耐用	机械管理、物料搬运、扳弯机管理、点焊
包装机器人		IRB 260	IRB 260机身小巧，既能集成于紧凑型包装机械中，又能满足到达距离和有效载荷方面的所有要求。通用性佳，速度快，精度高，功能强，适用范围广，坚固耐用，易集成	包装
码垛机器人		IRB 460	IRB 460是全球最快的码垛机器人，是高速码垛、码箱作业的完美之选	物料搬运、码垛、机械加工
		IRB 760	IRB 760用于高速整层码垛，行动迅速，手腕惯量业内最大，码垛速度快，动作轻柔	物料搬运、整层堆垛

（续）

分类	示　例	机器人型号	特点	应用
码垛机器人		IRB 660	IRB 660 非常适合袋、盒、板条箱、瓶等包装形式物料的堆垛，速度快，精度高，功率大，适用范围广，坚固耐用	物料搬运、货盘堆垛
喷涂机器人		IRB 52	IRB 52 是一款紧凑型喷涂机器人，通用性强，广泛应用于各行业中小型部件的喷涂	油漆喷涂、上釉、上搪瓷、粉末喷涂、挤胶
		IRB 5400	IRB 5400 高速、强劲，能携带重物，可缩短时间节拍，提高生产率，减少涂料浪费，成为笔记本电脑、手机等系列产品的壳盖喷涂的标准机型	
		IRB 5500	IRB 5500 具有创新的外表喷涂方案和壁挂式结构，工作范围大，运动灵活，效率倍增	

（续）

分类	示　例	机器人型号	特点	应用
喷涂机器人		IRB 580	IRB 580 是具有紧凑、高速、精确等特点的喷涂机器人，能大幅度提高作业精度和生产率	油漆喷涂、上釉、上搪瓷、粉末喷涂、挤胶
装配机器人		IRB 120	IRB 120 是 ABB 新型第四代机器人家族最新成员，也是最小的，结构紧凑，质量小（25kg），用途广泛，易于集成	物料搬运、装配应用，适用于电子、食品、饮料、制药、医疗、研究等领域
		IRB 140	IRB 140 是一款六轴多用途工业机器人。可靠性强，正常运行时间长，速度快，操作周期短，功率大，适用范围广，精度高，坚固耐用，通用性佳	弧焊、装配、清理/喷雾、上下料、包装、去飞边
		IRB 360	IRB 360 FlexPicker™ 是实现高精度拾放料作业的第二代机器人，具有操作速度快、有效载荷大、占地面积小等特点	装配、搬运、拾料、包装

1.3 工业机器人的安装与日常维护

1.3.1 工业机器人的安装

工业机器人的安装包括机器人控制柜的安装，机器人本体的安装，机器人各接口的连接，机器人本体与控制柜的连接，机器人主电源的连接及示教器的连接。

（1）机器人控制柜的安装

1）利用搬运设备将控制柜移动到安装的位置，需要注意控制柜与机器人的安装位置要求（见相应设备使用说明书）。

2）安装示教器架子及示教器电缆架子（安装位置见相应设备使用说明书）。

（2）机器人本体的安装　通过起重机或叉车进行机器人本体的安装，不同机器人的安装方式有所差别，具体请查看工业机器人相关说明书。安装过程中需注意预防线索对机器人本体的损坏。

（3）机器人各接口的连接　不同机器人的连接接口有所差别，请按照工业机器人说明书进行连接。例如，IRB 4600 机器人本体上有上臂接口和底座接口，上臂接口主要有压缩空气接口、用户电缆 CP、用户电缆 CS，底座接口主要有用户电缆接口、电动机动力电缆、压缩空气接口、转数计数器电缆。底座接口的用户电缆、压缩空气接口是与上臂接口的用户电缆、压缩空气接口直接连通的，只需将 I/O 板信号与供气气管连接到底座接口，第六轴法兰盘上夹具或工具的信号与气管连接到上臂接口，就能实现连通了。

（4）机器人本体与控制柜的连接　机器人本体与控制柜的连接主要是电动机动力电缆与转数计数器电缆、用户电缆的连接。将电动机动力电缆与转数计数器电缆、用户电缆的两端分别与相应的控制柜接口和机器人本体底座接口连接。

（5）机器人主电源的连接　根据控制柜柜门内侧的主电源连接指引图，接入机器人主电源。ABB 工业机器人使用 380V 三相四线制电源。需注意主电源的接地保护（PE）点的连接。

（6）示教器的连接　将示教器电缆连接到控制柜示教器接口上。

1.3.2 ABB工业机器人的日常维护

想要最大程度保证 ABB 工业机器人正常运行，提高机器人使用寿命，保证高效益产出，工业机器人保养这一重要的工作在工业机器人整个生命周期中必然是一项不可或缺的必修课。工业机器人日常的安全使用和文明操作，以及日常的自检与维护工作是相当重要的，这对工业机器人保养有着重要的影响，一方面提高了工业机器人易损部件的可维护性，另一方面提升了工业机器人保养工作的方便性。

机电设备的维护与保养是工业生产中一个非常重要的环节，是保障企业生产系统正常安全运行的重要基础，是保障人民生产生活安全稳定的关键。机电设备是否安全稳定，关乎企业的方方面面，因此对企业中的机电设备做好维护与保养是整个行业重点关注的问题，也是国家发展中重点关注的问题。

工业机器人运行磨合期限为一年，在正常运行一年后，工业机器人需要进行一次预防性保养，更换齿轮润滑油。工业机器人每正常运行 3 年或 10,000h 后，必须再进行一次预防保养，特别是针对在恶劣工况与长时间在负载极限或运行极限下工作的机器人，需要每年进行一次全面预防性保养。下面介绍机器人日常保养、三个月保养、一年保养的具体内容。

1. 日常保养

1）检查设备的外表有没有灰尘附着。

2）检查外部电缆是否磨损、压损，各接头是否固定良好，有无松动。

3）检查冷却风扇工作是否正常。

4）检查各操作按钮动作是否正常。

5）检查机器人动作是否正常。

2. 三个月保养（包括日常保养）

1）检查各接线端子是否固定良好。

2）检查机器人本体的底座是否固定良好。

3）清扫内部灰尘。

3. 一年保养（包括日常保养、三个月保养）

1）检查控制箱内部各基板接头有无松动。

2）检查内部各线有无异常情况（如各接点是否有断开的情况）。

3）检查本体内配线是否断线。

4）检查机器人的电池电压是否正常（正常为 3.6V）。

5）检查机器人各轴电动机的制动是否正常。

6）检查各轴的传动带张紧度是否正常。

7）给各轴减速机加机器人专用油。

8）检查各设备电压是否正常。

学生项目任务书

<table>
<tr><th>课程名称</th><th colspan="2">工业机器人现场编程</th><th>项目</th><th colspan="2">工业机器人概述、分类及应用</th></tr>
<tr><td>工作任务</td><td colspan="2">工业机器人品牌、分类及应用</td><td>时间</td><td colspan="2">2 课时</td></tr>
<tr><td>姓名学号</td><td></td><td>组别</td><td></td><td>日期</td><td></td></tr>
<tr><td>任务要求</td><td colspan="5">通过视频等资料，开阔视野，了解工业机器人的发展及应用场合，了解机器人的分类和日常维护保养。</td></tr>
<tr><td>任务目标</td><td colspan="5">1. 了解国内外知名品牌的机器人。
2. 了解机器人的应用场合。
3. 了解机器人的分类和特点。
4. 熟悉机器人的日常维护与保养。</td></tr>
<tr><td rowspan="4">提交成果</td><td colspan="3">国际上机器人十大品牌</td><td rowspan="4">70</td><td rowspan="7">合计：</td></tr>
<tr><td colspan="3">国内机器人的发展情况（查找资料）</td></tr>
<tr><td colspan="3">工业机器人的应用（查找资料）</td></tr>
<tr><td colspan="3">IRB1410 工业机器人参数指标（说明书）</td></tr>
<tr><td>工作态度</td><td colspan="3"></td><td>10</td></tr>
<tr><td>工作规范及团队协作</td><td colspan="3"></td><td>10</td></tr>
<tr><td>考勤情况</td><td colspan="3"></td><td>10</td></tr>
</table>

习题

1. 简述工业机器人的应用范围。

2. 简述工业机器人的优势。

3. 工业机器人维护应注意什么？

4. 工业机器人安装过程中应注意哪些问题？

工业机器人的基础操作

【学习目标】

1. 会使用示教器。
2. 会查看工业机器人常用信息与事件日志。
3. 能进行工业机器人数据的备份和恢复操作。
4. 能进行工业机器人的手动操作和转数计数器的更新操作。
5. 能进行工业机器人的自动操作运行。

2.1 认识工业机器人示教器

操作工业机器人，就必须和机器人示教器打交道，这一节主要介绍机器人示教器的操作。示教器是进行机器人的手动操纵、程序编写、参数配置以及监控的手持装置，也是最常用的机器人控制装置。ABB 工业机器人示教器如图 2-1 所示。

2.1.1 设定示教器的显示语言

示教器出厂时，默认的显示语言是英语。为了更方便操作，可把显示语言设定为中文，具体操作步骤见表 2-1。

系统配置及编程环境的设置（示教器介绍 + 系统建立）

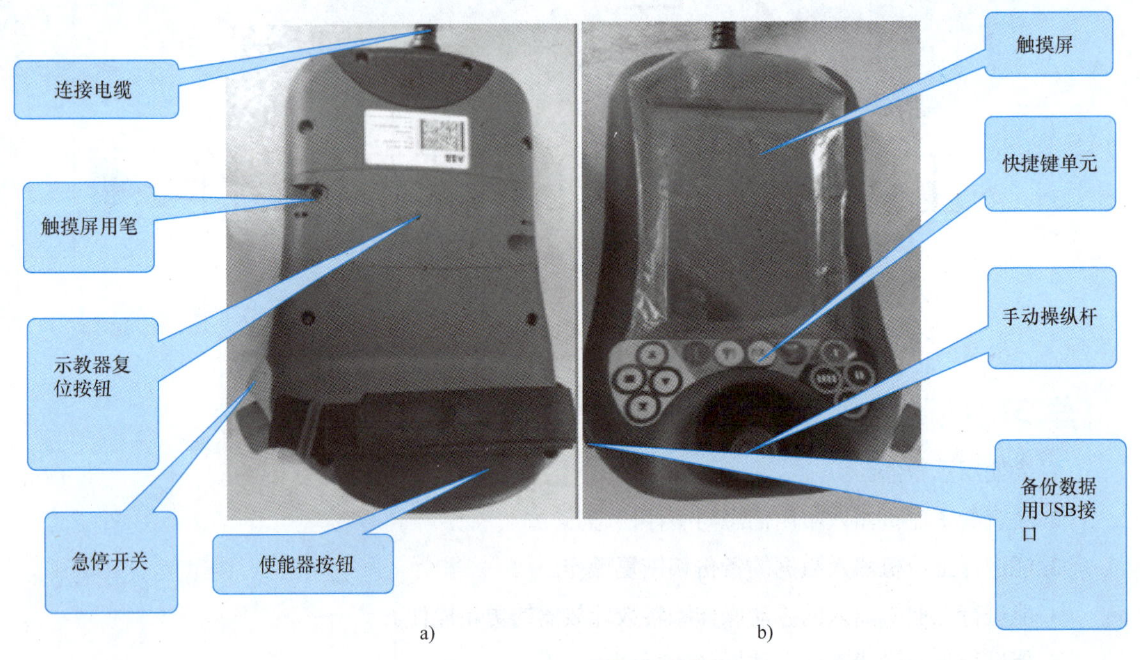

图2-1　ABB工业机器人示教器

a）背面　b）正面

示教器的屏幕属于工业级触摸屏，相比智能手机反应速度稍慢一些，操作者使用触摸屏用笔适度点击屏幕，不要用力过大、频率过快，避免造成屏幕损坏，影响工业生产。示教器连接电缆在使用过程中由于拖拽会产生变形，导致线缆缠绕在一起，因此示教器使用完毕后，应将连接电缆理顺并绕成环形放置在专用的示教器放置架处。

表 2-1　把显示语言设定为中文

界　面	操 作 步 骤
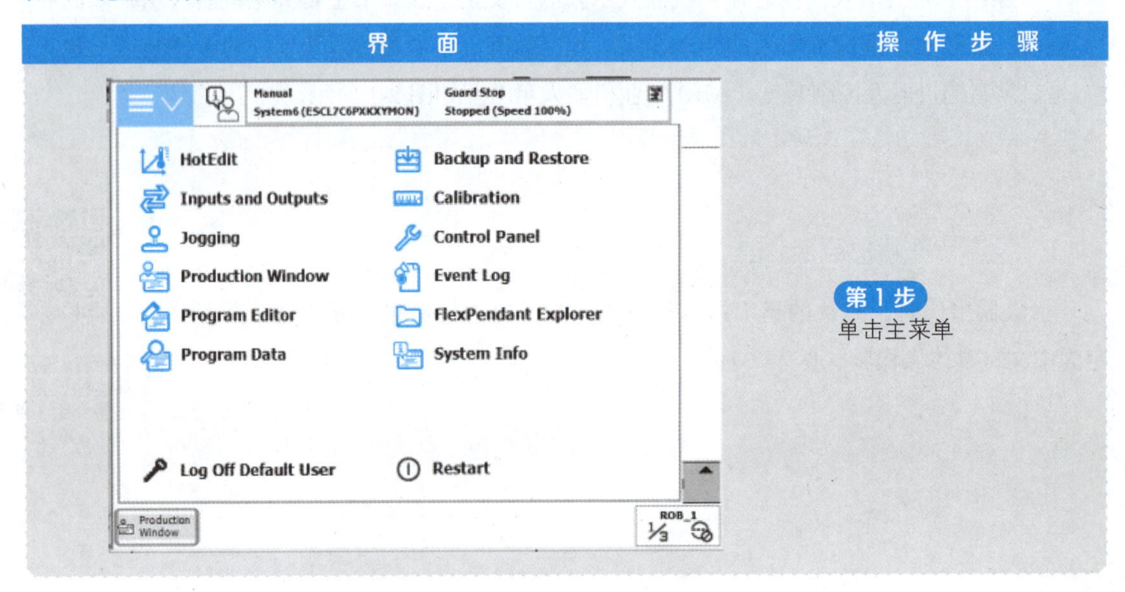	第 1 步 单击主菜单

（续）

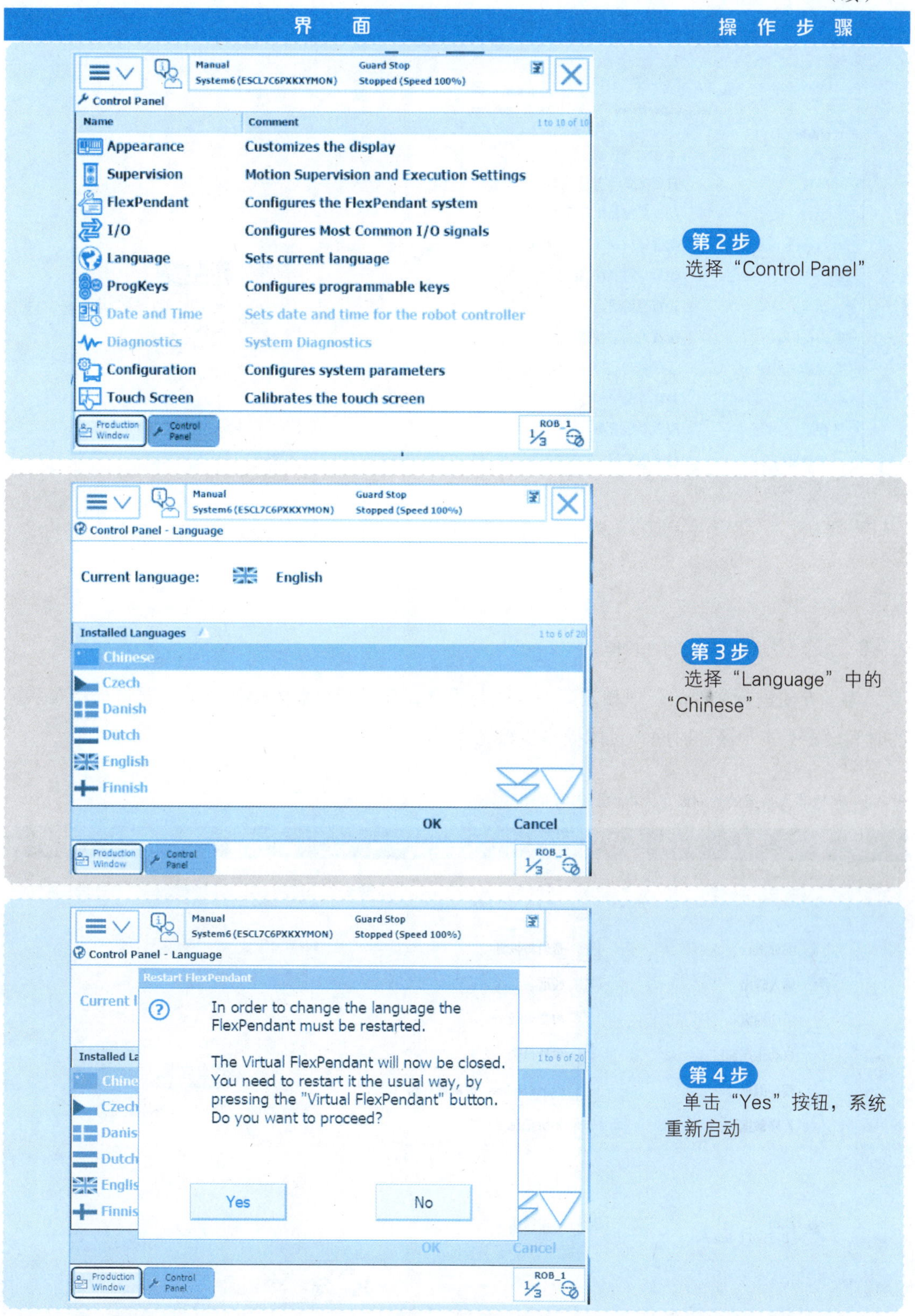

第 2 步
选择“Control Panel”

第 3 步
选择“Language”中的“Chinese”

第 4 步
单击“Yes”按钮，系统重新启动

（续）

<table>
<tr><th>界　面</th><th>操 作 步 骤</th></tr>
<tr><td>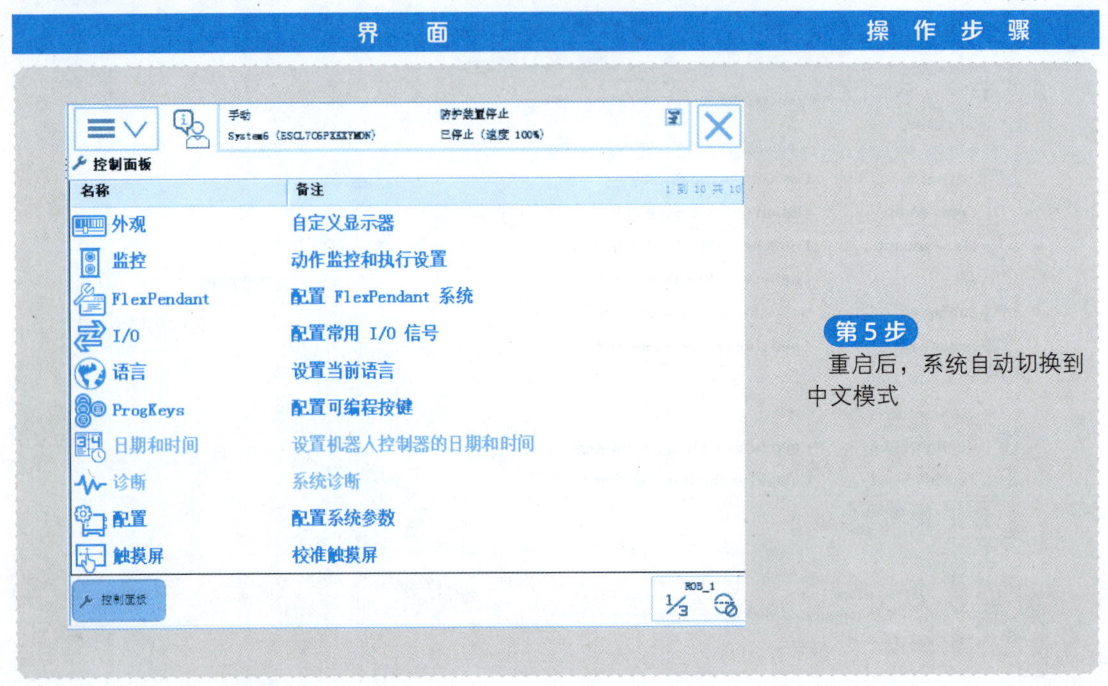
</td><td>第 5 步
重启后，系统自动切换到中文模式</td></tr>
</table>

2.1.2　设定机器人系统的时间

为了方便进行文件的管理和故障的查阅与管理，在进行机器人操作之前，要将机器人系统的时间设定为本地区的时间，具体操作步骤见表 2-2。

表 2-2　将机器人系统的时间设定为本地区的时间

<table>
<tr><th>界　面</th><th>操 作 步 骤</th></tr>
<tr><td>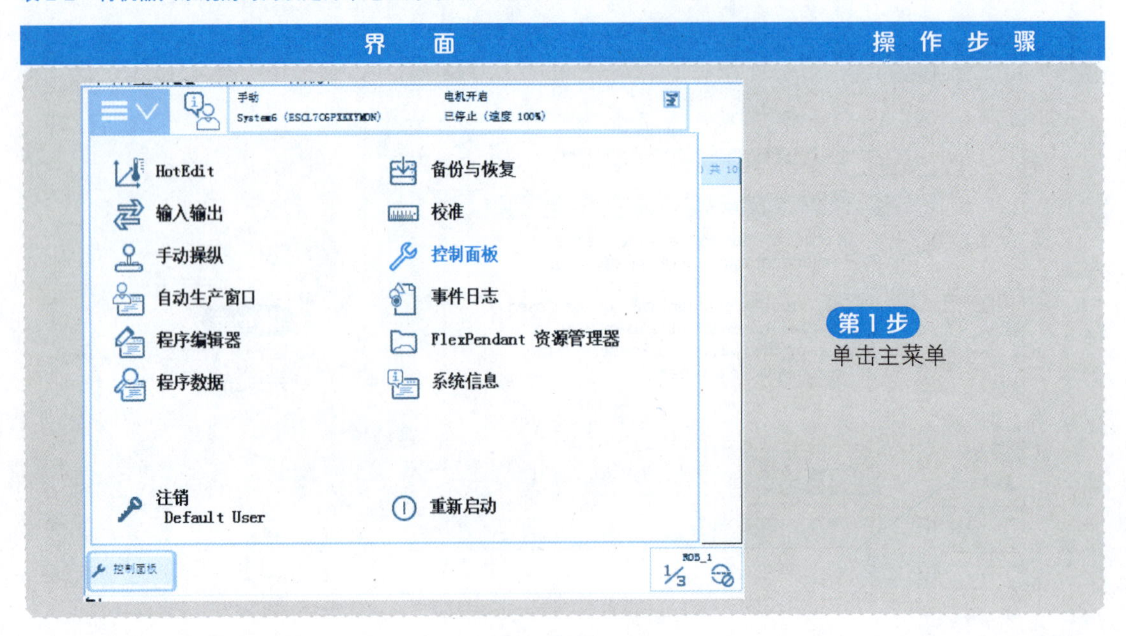
</td><td>第 1 步
单击主菜单</td></tr>
</table>

（续）

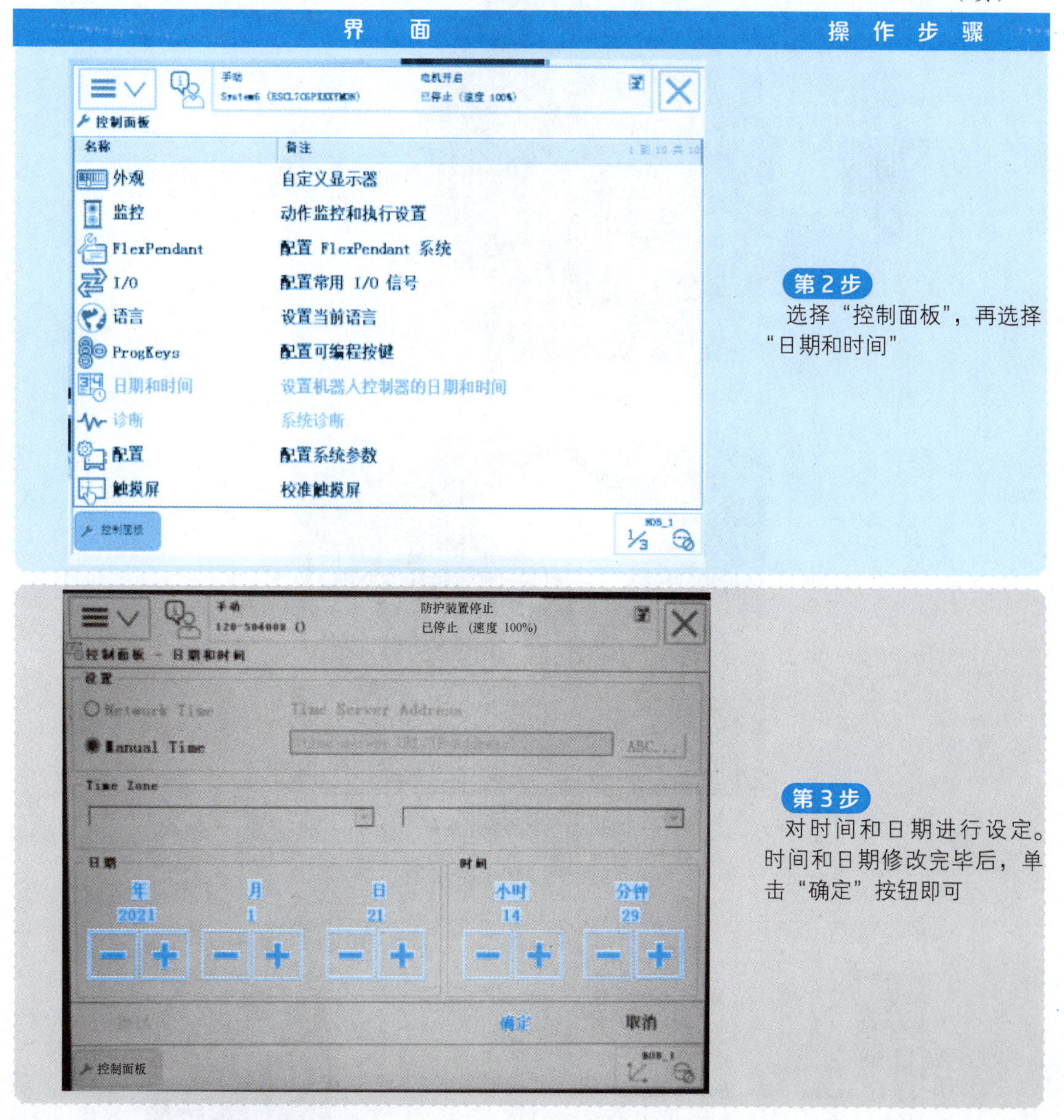

2.1.3　正确使用使能器按钮

使能器按钮位于示教器手动操纵杆的右侧，如图 2-2 所示。机器人工作时，使能器按钮必须在正确的位置，保证机器人各个关节电机㊀上电。

操作者应用左手四个手指进行操作，如图 2-3 所示。

使能器按钮分两档（图 2-2），在手动状态下，将第一档按下去，机器人将处于“电机开启”状态，如图 2-4 所示。

㊀ 本书中的“电机”指的是电动机，为了与示教器界面一致，全书统一用“电机”一词。

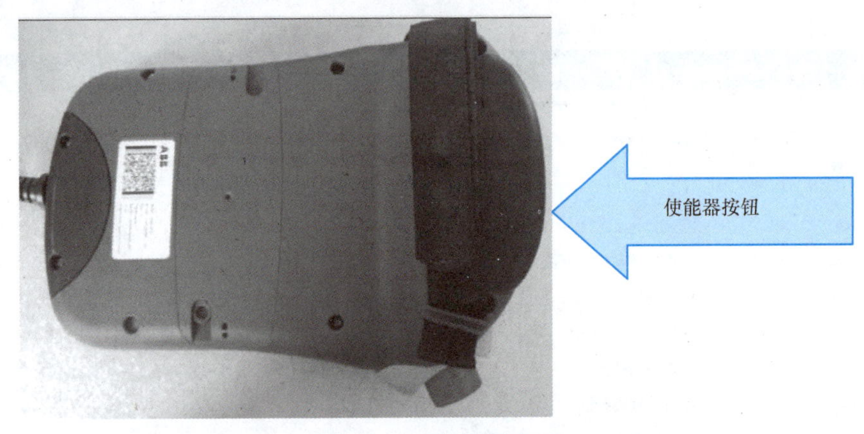

图2-2　示教器使能器按钮

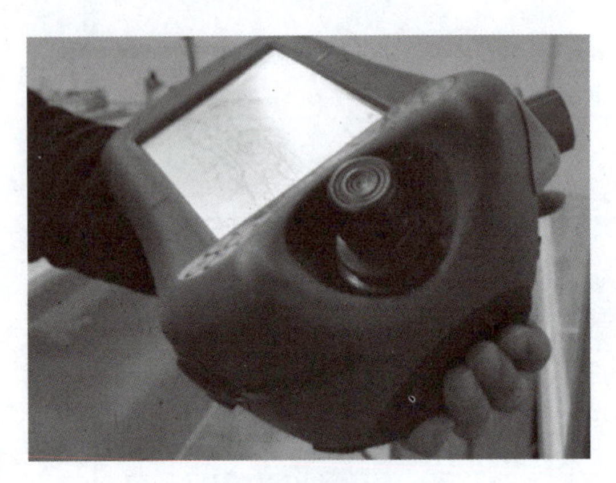

图2-3　示教器操作方式

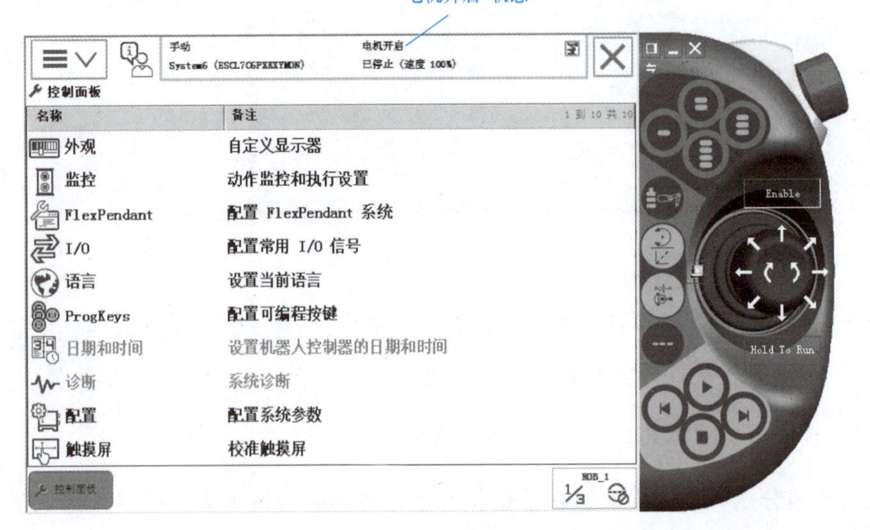

图2-4　“电机开启”状态

若第二档按下去，则机器人将处于“防护装置停止”状态，如图 2-5 所示。

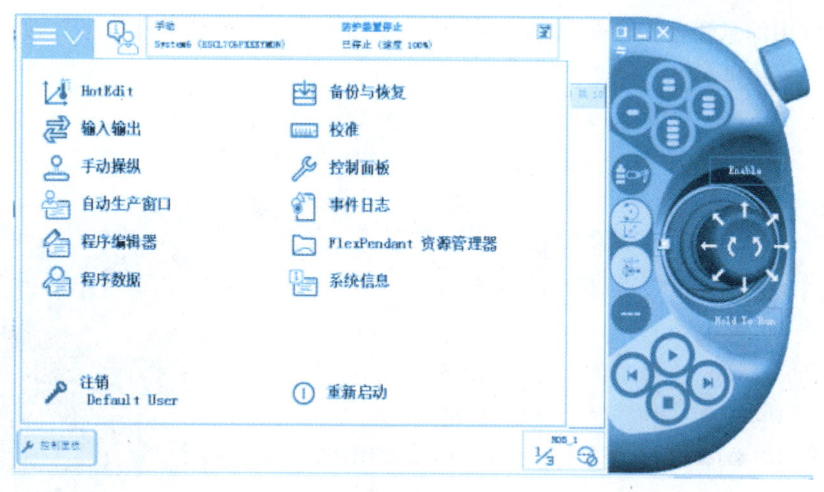

图2-5 “防护装置停止”状态

使能器按钮是工业机器人为保证操作人员人身安全而设置的，只有在按下使能器按钮，并保证在“电机开启”的状态，才能对机器人进行手动操作与程序调试。但发生危险时，人会本能地将使能器按钮松开或向下按，机器人则会马上停止，保证安全。

2.2 查看工业机器人常用信息与事件日志

在操作机器人过程中，可以通过机器人的状态栏显示机器人相关信息，如机器人的状态（手动、全速手动和自动）、机器人的系统信息、机器人的电机状态、程序运行状态及当前机器人轴或外轴的状态，如图 2-6 所示。

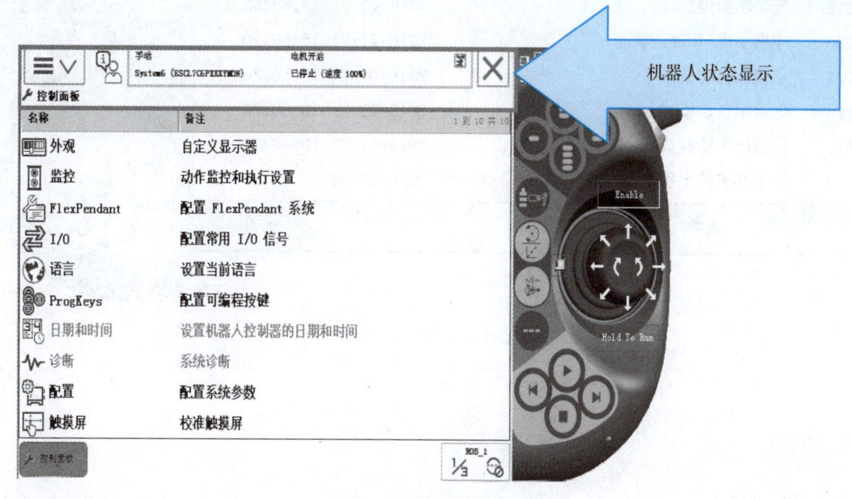

图2-6 机器人状态显示

机器人常用信息和日志的查询有两种方式：单击主菜单下的“事件日志”，如图 2-7 所示；或单击窗口上面的状态栏，如图 2-8 所示。

图2-7　查询日志（一）

手动
System6 (ESCL7C6PKXXYMDN)
电机开启
已停止（速度 100%）
事件日志 - 公用
点击一个消息便可打开。

代码	标题	日期和时间
10011	电机上电(ON)状态	2016-01-21 14:19:57
10010	电机下电（OFF）状态	2016-01-21 14:19:57
10015	已选择手动模式	2016-01-21 13:50:52
10012	安全防护停止状态	2016-01-21 13:50:52
10010	电机下电（OFF）状态	2016-01-21 13:50:20
10017	已确认自动模式	2016-01-21 13:50:20
10016	已请求自动模式	2016-01-21 13:50:20
10015	已选择手动模式	2016-01-21 13:50:20
10012	安全防护停止状态	2016-01-21 13:50:20

另存所有日志为...　删除　更新　视图

Enable
Hold To Run
ROB_1
1/3

图2-8　查询日志（二）

2.3 工业机器人数据的备份与恢复

定期对工业机器人的数据进行备份，是保证工业机器人正常操作的良好习惯。工业机器人数据备份的对象是所有正在系统内存运行的 RAPID 程序（包含了一连串控制机器人的指令，执行这些指令可以实现对 ABB 工业机器人的控制操作）和系统参数。当机器人系统出现错误或重新安装系统后，可以通过备份快速地把机器人恢复到备份时的状态。

2.3.1 工业机器人数据的备份和恢复的步骤

系统备份与恢复

数据备份和恢复的操作步骤见表 2-3。

表 2-3 数据备份和恢复的操作步骤

界面	操作步骤
	第 1 步 在主菜单中，单击“备份与恢复”
	第 2 步 单击“备份当前系统”

（续）

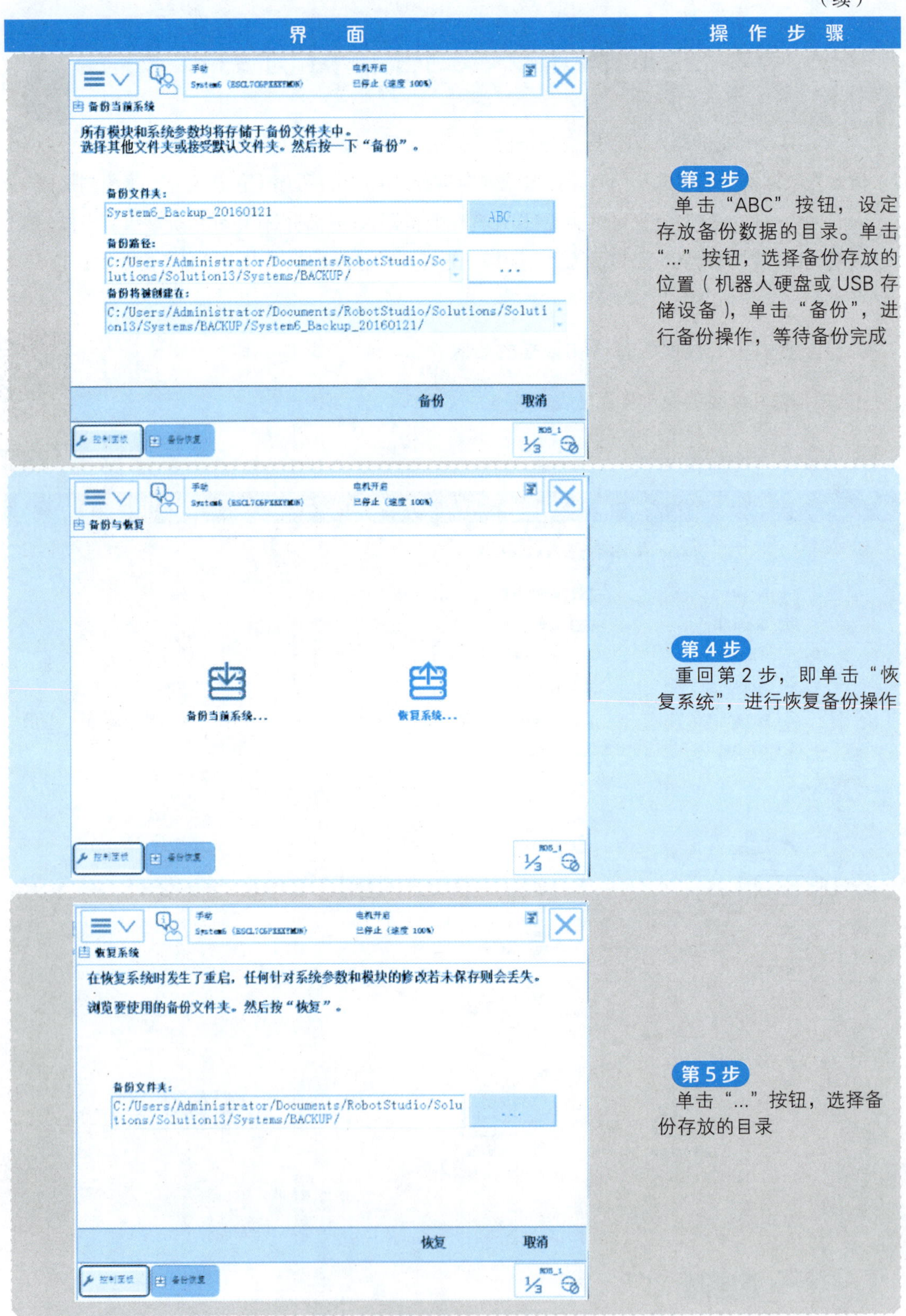

<table>
<tr><th>界 面</th><th>操 作 步 骤</th></tr>
<tr><td>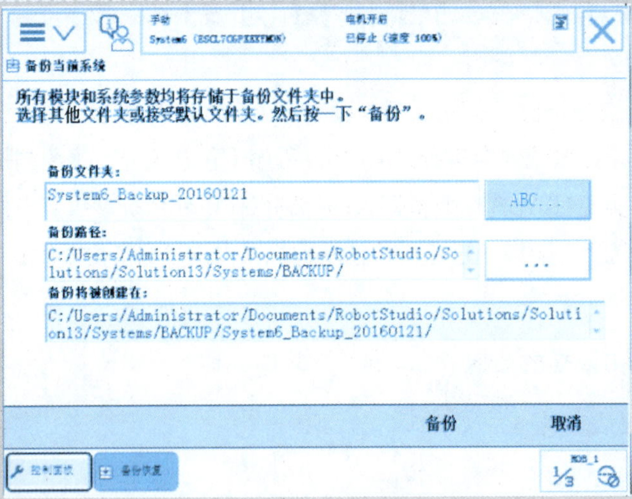
</td><td>第 3 步
单击“ABC”按钮，设定存放备份数据的目录。单击“...”按钮，选择备份存放的位置（机器人硬盘或 USB 存储设备），单击“备份”，进行备份操作，等待备份完成</td></tr>
<tr><td>
</td><td>第 4 步
重回第 2 步，即单击“恢复系统”，进行恢复备份操作</td></tr>
<tr><td>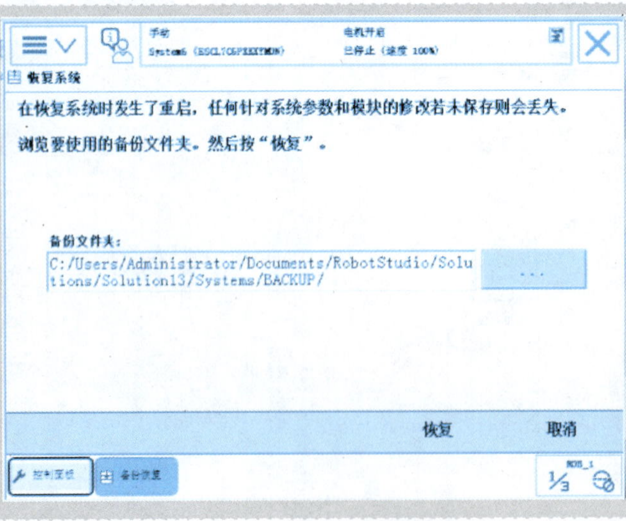
</td><td>第 5 步
单击“...”按钮，选择备份存放的目录</td></tr>
</table>

（续）

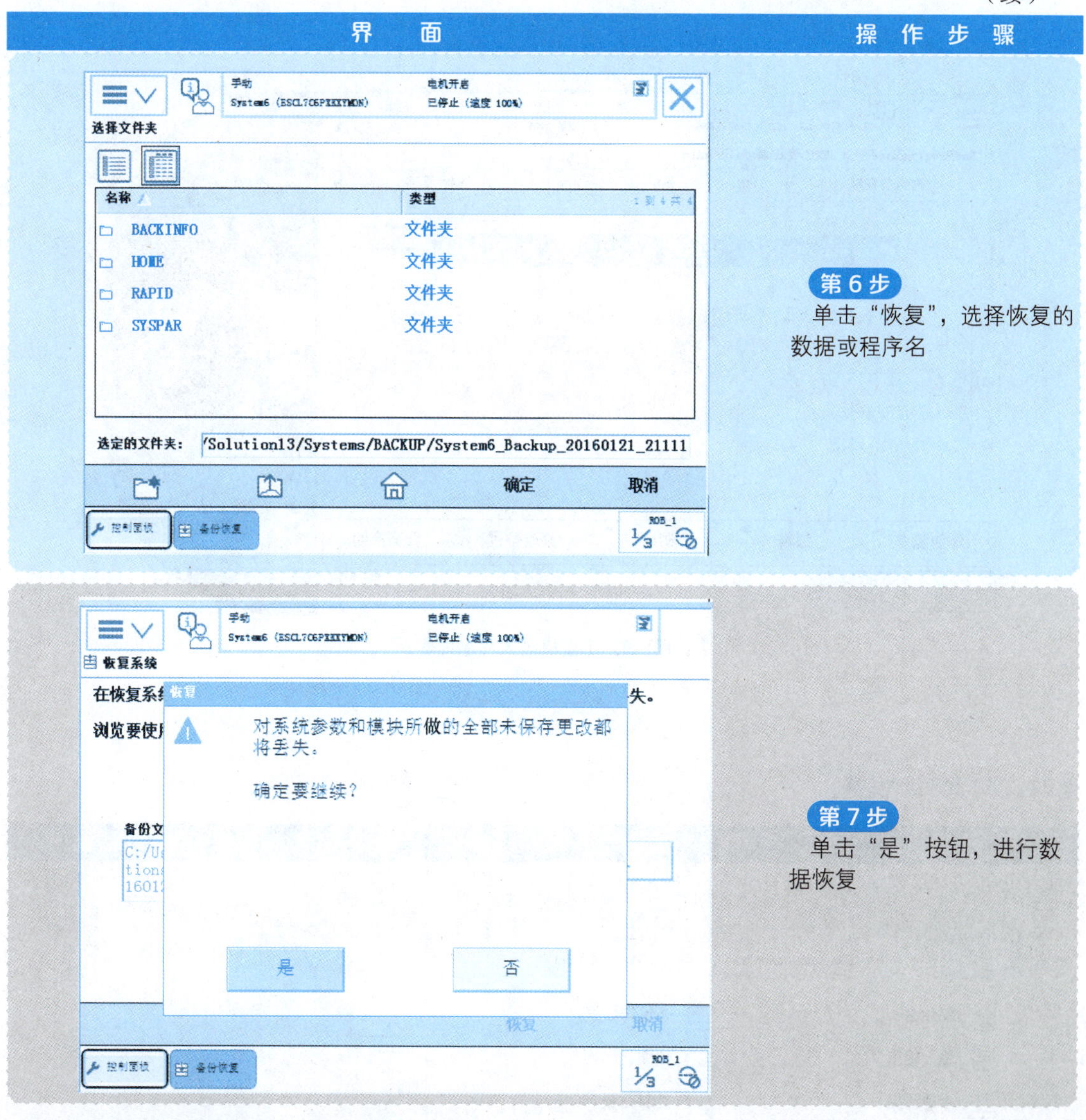

界　面	操作步骤
	第 6 步 单击“恢复”，选择恢复的数据或程序名
	第 7 步 单击“是”按钮，进行数据恢复

在进行数据恢复时，要注意的是，备份数据是具有唯一性的，不能将一台机器人的备份恢复到另一台机器人中去，否则会造成系统故障。但是，实际应用中常会将程序和 I/O 的定义做出通用的，方便在批量生产使用时，可以通过分别单独导入程序和 EIO 文件（系统参数配置文件）来解决实际需要。

2.3.2 单独导入程序

工业机器人数据备份与恢复 + 单独导入程序和 EIO 文件

在工业机器人操作中，有时需要将图 2-9 所示的程序或参数进行直接导入操作。

导入程序操作步骤见表 2-4。

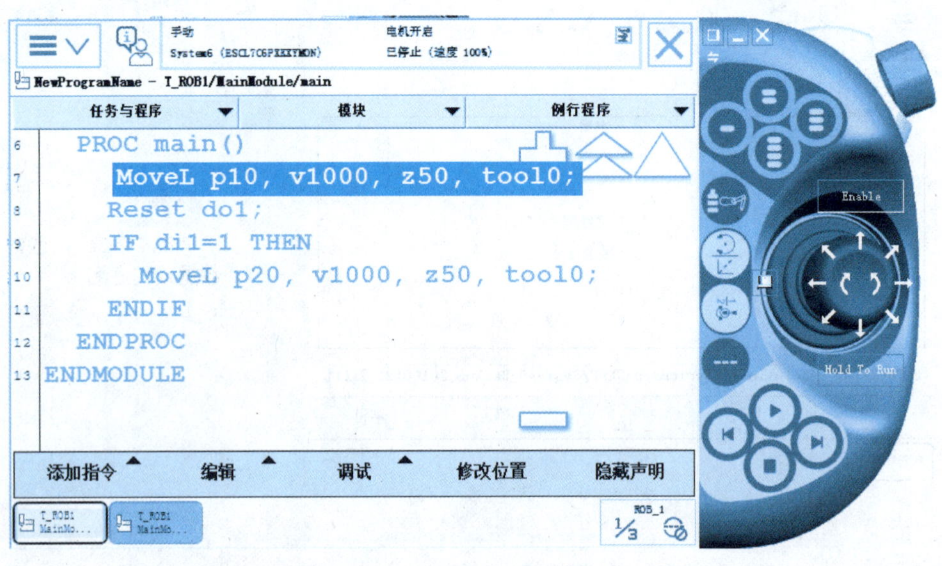

图2-9　工业机器人程序内容

表 2-4　导入程序操作步骤

界　面	操　作　步　骤
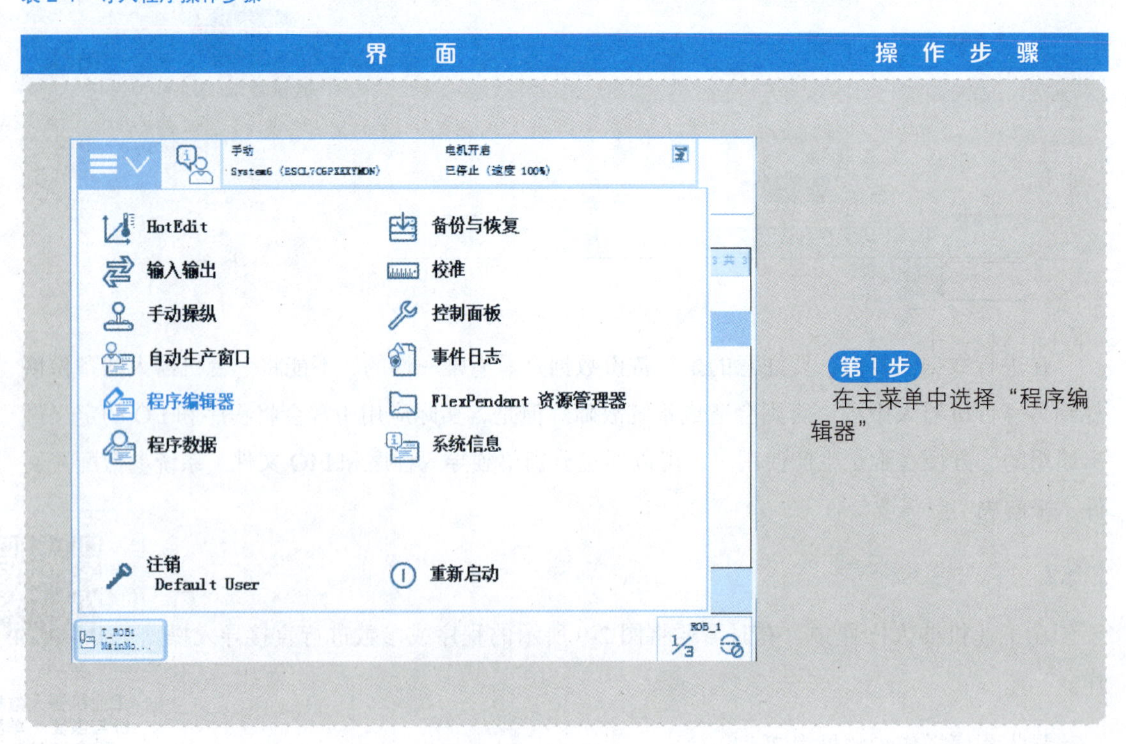	第 1 步 在主菜单中选择“程序编辑器”

（续）

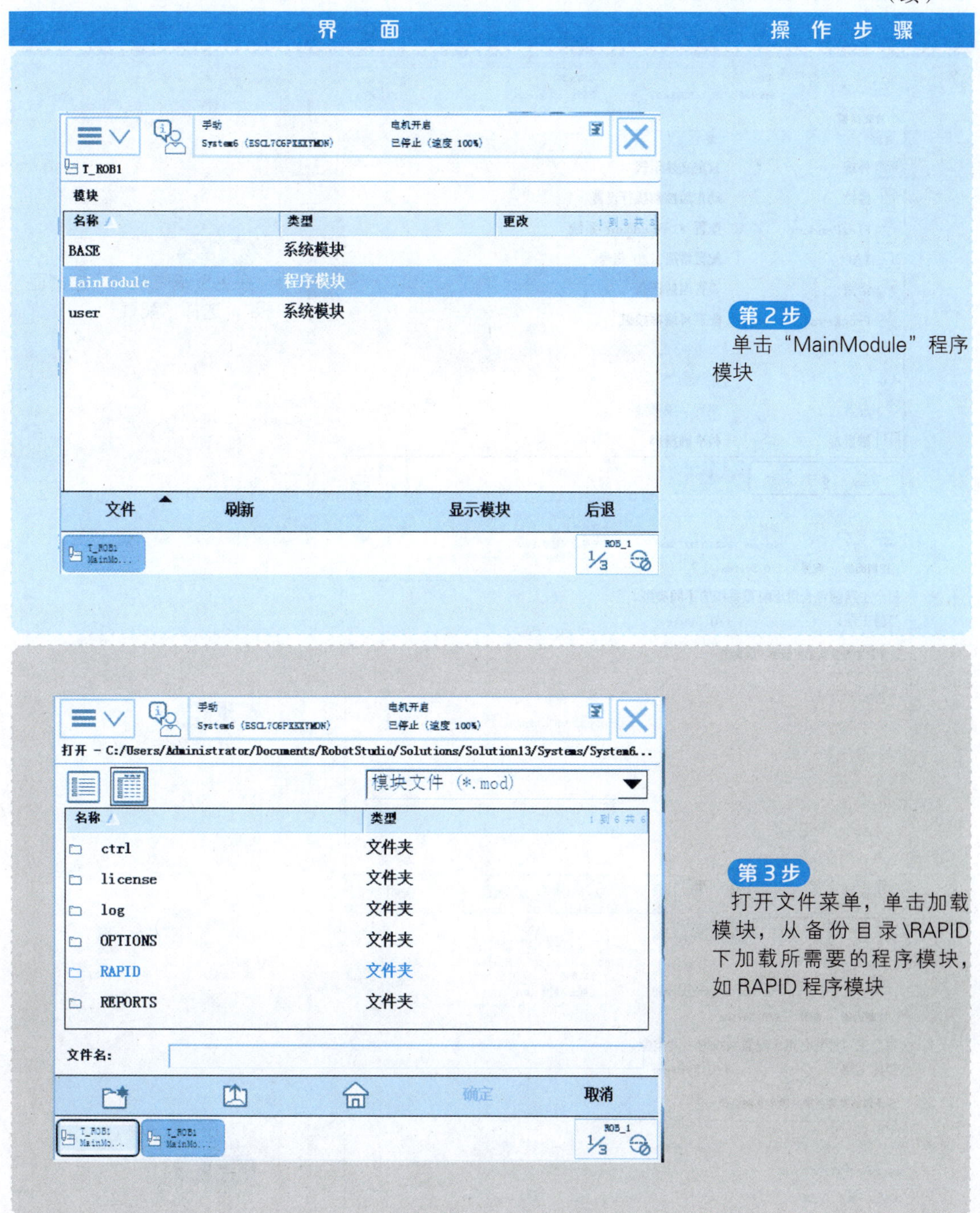

界　面	操作步骤
	第 2 步 单击“MainModule”程序模块
	第 3 步 打开文件菜单，单击加载模块，从备份目录\RAPID下加载所需要的程序模块，如 RAPID 程序模块

2.3.3　单独导入EIO文件

单独导入 EIO 文件的操作步骤见表 2-5。

表 2-5　单独导入 EIO 文件的操作步骤

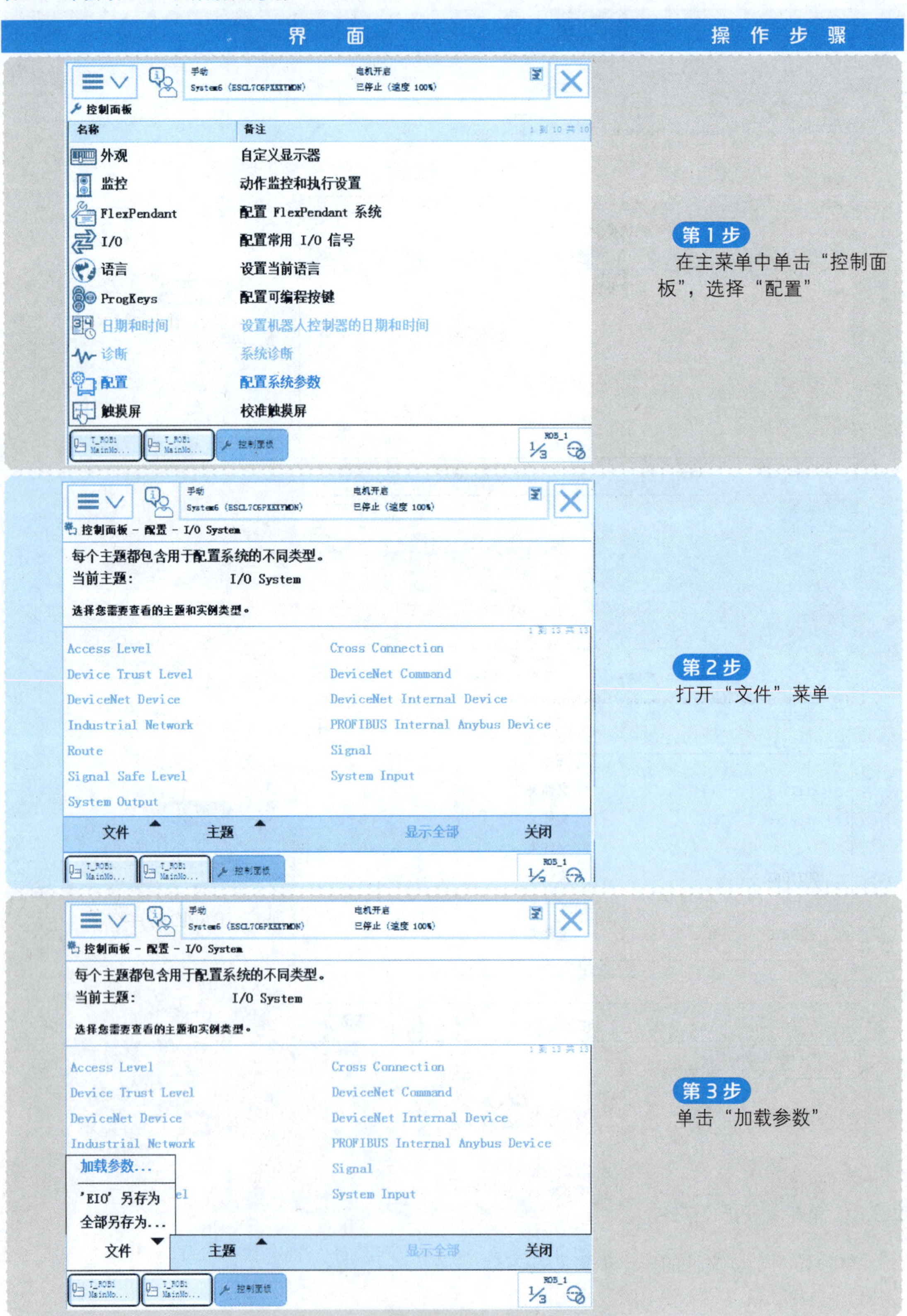

界　面	操　作　步　骤
	第 1 步 在主菜单中单击“控制面板”，选择“配置”
	第 2 步 打开“文件”菜单
	第 3 步 单击“加载参数”

（续）

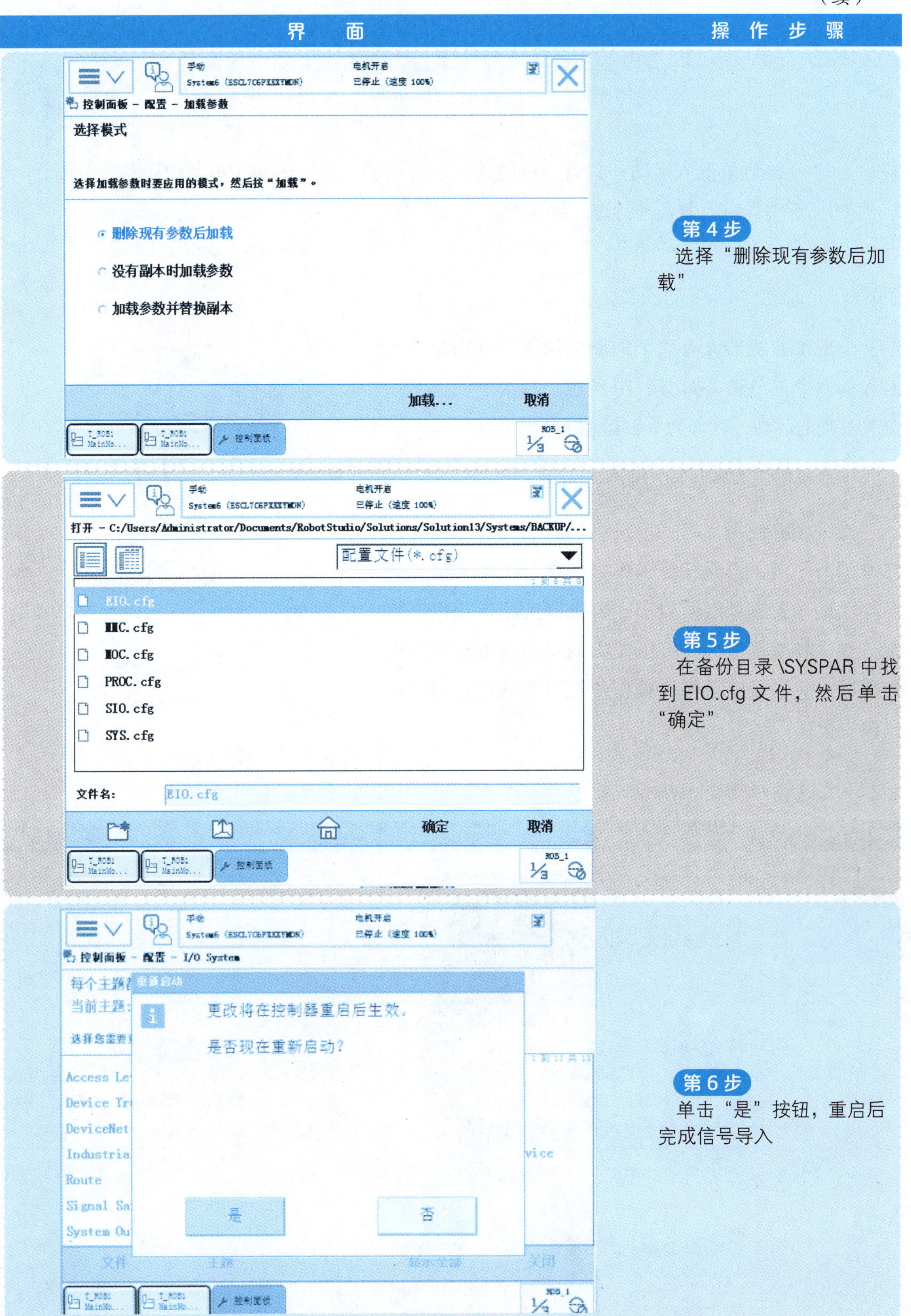

第 4 步

选择“删除现有参数后加载”

第 5 步

在备份目录 \SYSPAR 中找到 EIO.cfg 文件，然后单击“确定”

第 6 步

单击“是”按钮，重启后完成信号导入

2.4 工业机器人的手动操作

手动操纵机器人运动一共有三种模式：单轴运动、线性运动和重定位运动。下面介绍如何手动操纵机器人进行这三种运动。

2.4.1 单轴运动的手动操作

一般工业机器人有六个伺服电动机，分别驱动机器人的六个关节轴，如图 2-10 所示。每次手动操纵一个关节轴的运动，就称为单轴运动。

工业机器人单轴运动的操作步骤见表 2-6。

操纵杆的使用技巧：可以将机器人的操纵杆比作汽车的节气门，操纵杆的操作幅度是与机器人运动速度相关的。操纵杆幅度较小，则机器人的运动速度较慢；操纵杆幅度较大，则机器人的运动速度较大。在操作时，应尽量以小幅度操作使机器人慢慢运动，以确保安全。

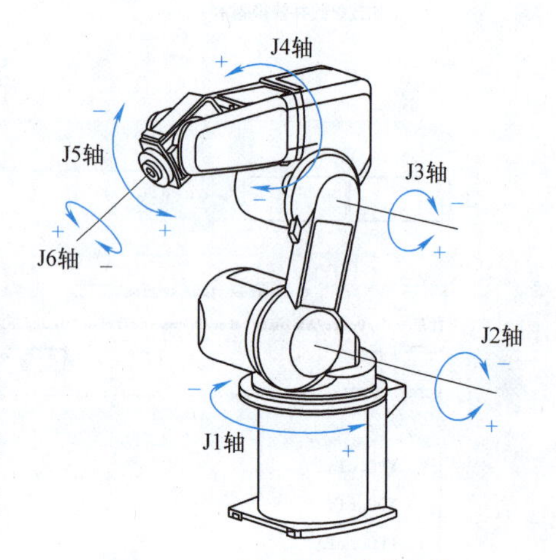

图2-10 工业机器人六个关节轴

表 2-6 工业机器人单轴运动的操作步骤

界 面	操 作 步 骤
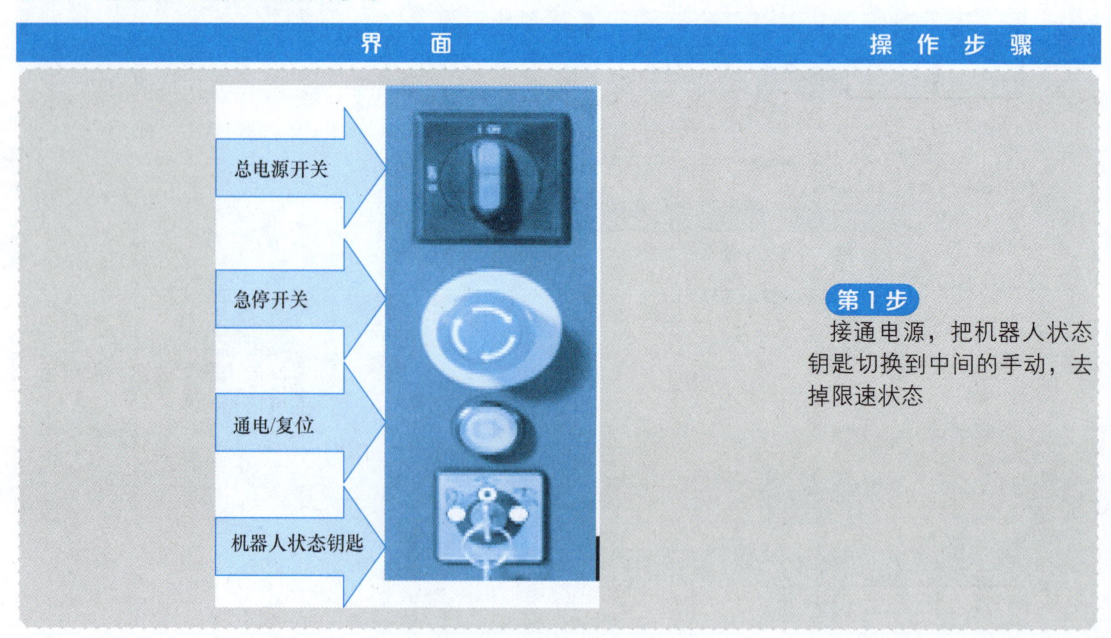	第 1 步 接通电源，把机器人状态钥匙切换到中间的手动，去掉限速状态

（续）

界　面	操作步骤
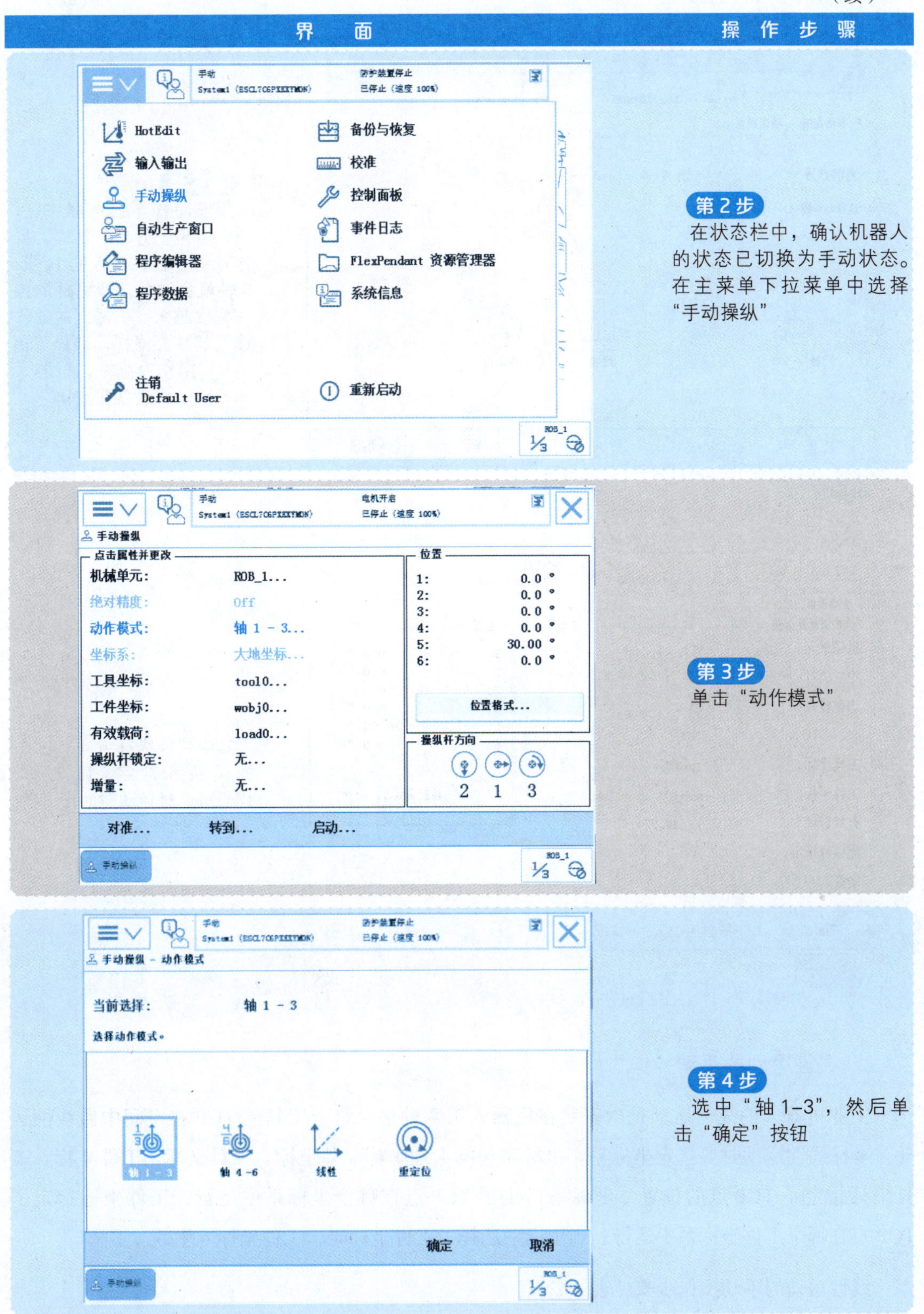	**第 2 步** 在状态栏中，确认机器人的状态已切换为手动状态。在主菜单下拉菜单中选择“手动操纵”
	第 3 步 单击“动作模式”
	第 4 步 选中“轴 1–3”，然后单击“确定”按钮

（续）

界面	操作步骤

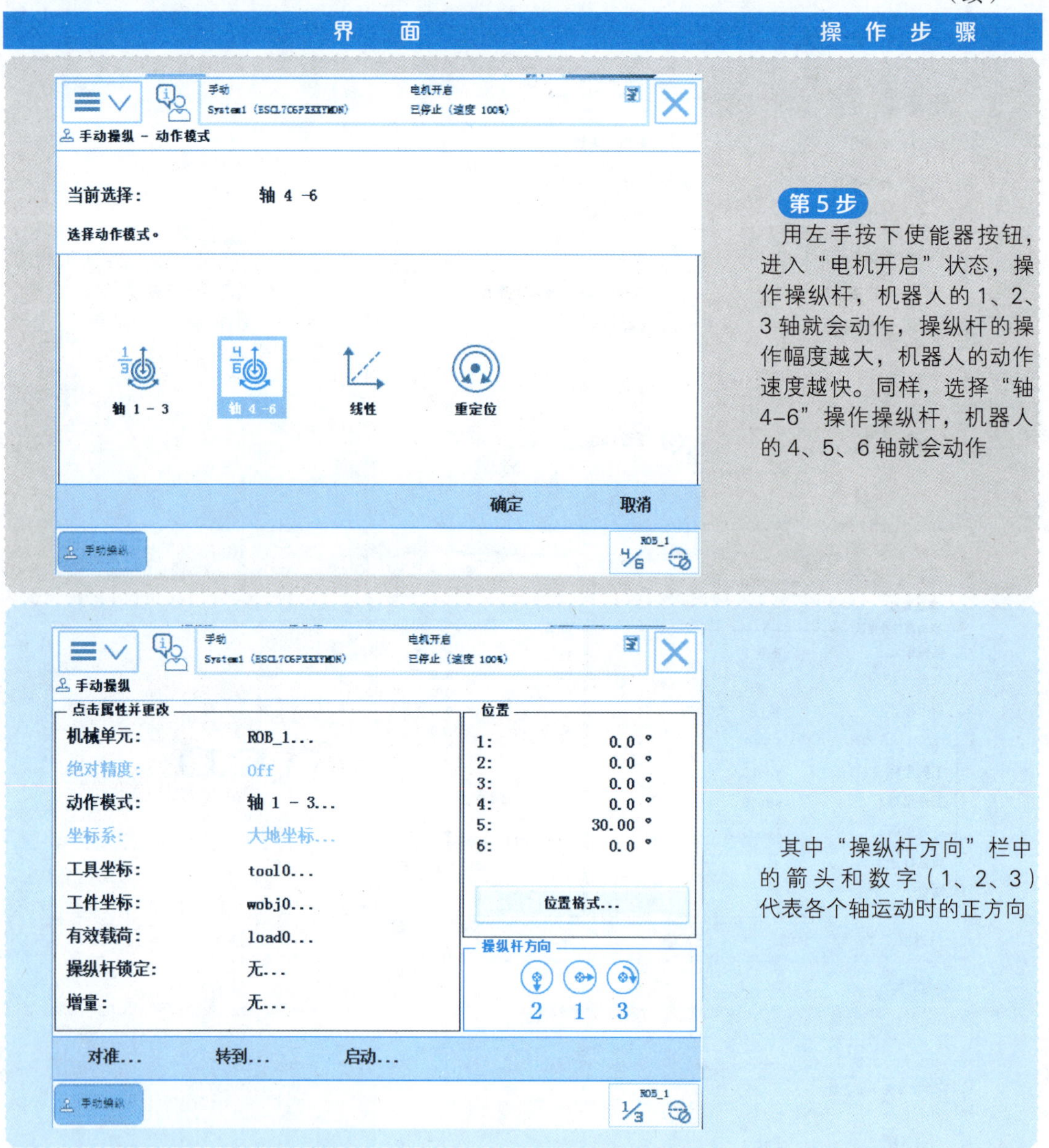

第 5 步

用左手按下使能器按钮，进入“电机开启”状态，操作操纵杆，机器人的 1、2、3 轴就会动作，操纵杆的操作幅度越大，机器人的动作速度越快。同样，选择“轴 4-6”操作操纵杆，机器人的 4、5、6 轴就会动作

其中“操纵杆方向”栏中的箭头和数字（1、2、3）代表各个轴运动时的正方向

2.4.2 线性运动的手动操作

工业机器人的线性运动是指安装在机器人第六轴法兰盘上工具的 TCP 在空间中做线性运动。坐标线性运动时要指定坐标系。坐标系包括大地坐标、基坐标、工具坐标、工件坐标。工具坐标指定了 TCP 点的位置，坐标系指定了 TCP 点在哪个坐标系中运行，工件坐标指定了 TCP 点在哪个工件坐标系中运行。当坐标系选择了工件坐标时，工件坐标才生效。

线性运动的手动操作步骤见表 2-7。

表 2-7 线性运动的手动操作步骤

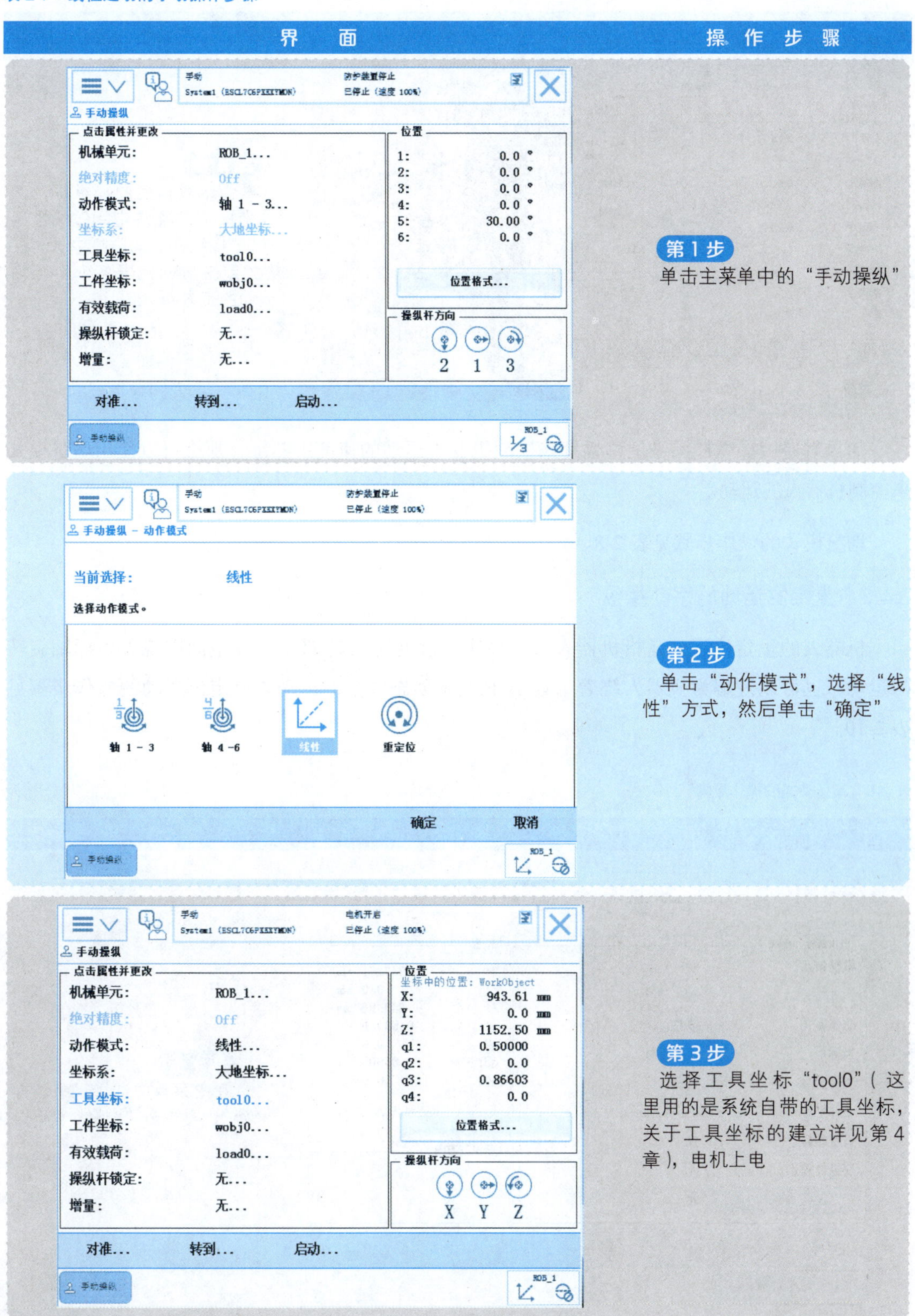

界 面	操 作 步 骤
（截图）	第 1 步 单击主菜单中的“手动操纵”
（截图）	第 2 步 单击“动作模式”，选择“线性”方式，然后单击“确定”
（截图）	第 3 步 选择工具坐标“tool0”（这里用的是系统自带的工具坐标，关于工具坐标的建立详见第 4 章），电机上电

（续）

界　面	操作步骤
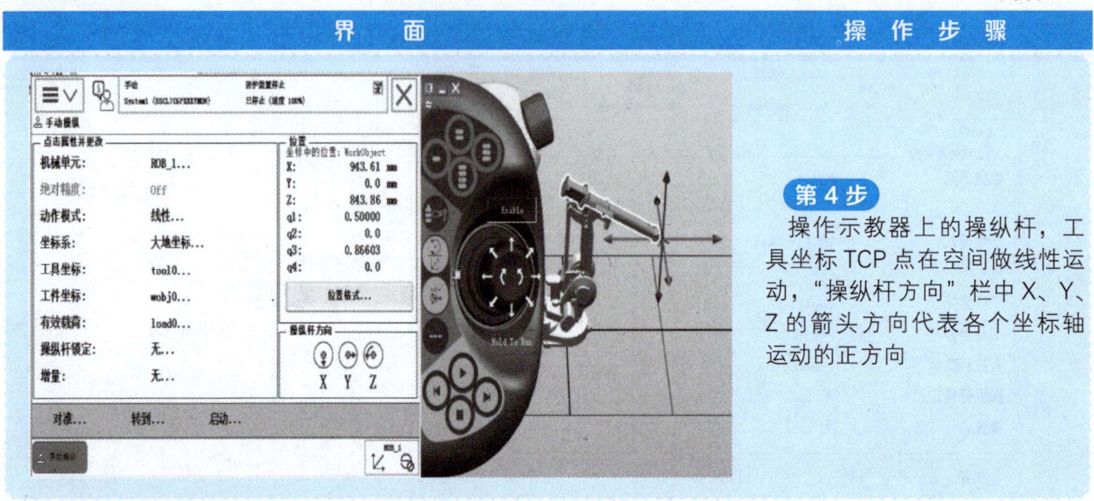	第 4 步 操作示教器上的操纵杆，工具坐标 TCP 点在空间做线性运动，“操纵杆方向”栏中 X、Y、Z 的箭头方向代表各个坐标轴运动的正方向

如果对使用操纵杆操纵位移幅度来控制机器人运动的速度不熟练，那么可以使用增量模式来控制机器人的运动。

增量模式的操作步骤见表 2-8。

2.4.3　重定位运动的手动操纵

机器人的重定位运动是指机器人第六轴法兰盘上的工具 TCP 点在空间中绕着坐标轴旋转的运动，也可以理解为机器人绕着工具 TCP 点做姿态调整的运动。重定位运动的操作步骤见表 2-10。

表 2-8　增量模式的操作步骤

界　面	操作步骤
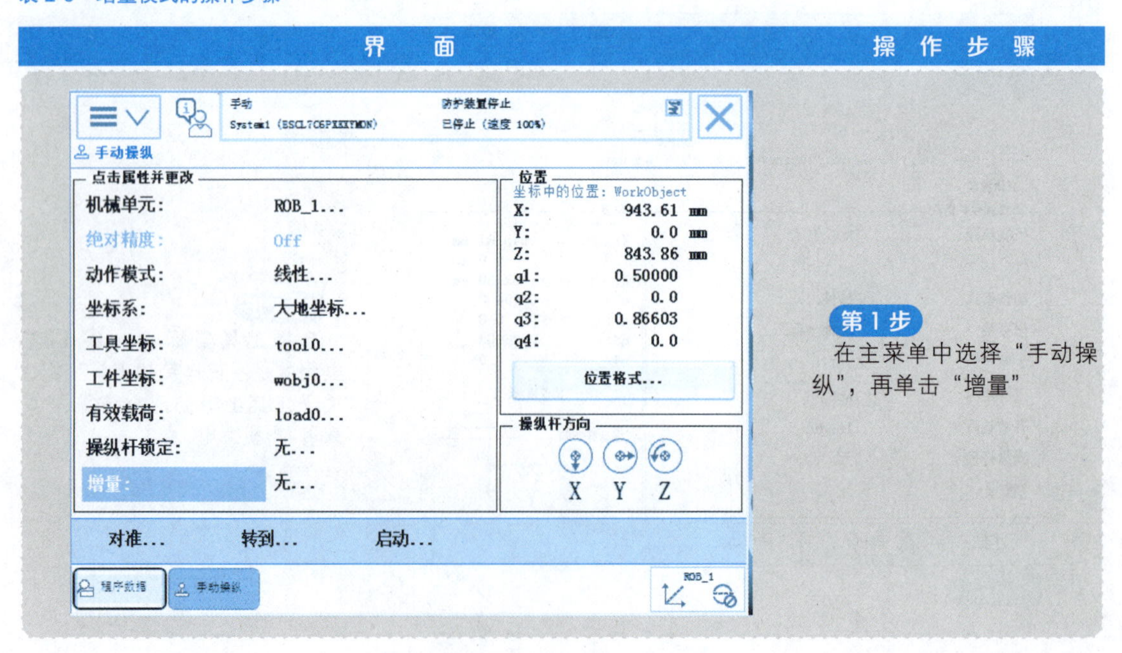	第 1 步 在主菜单中选择“手动操纵”，再单击“增量”

（续）

界　面	操作步骤
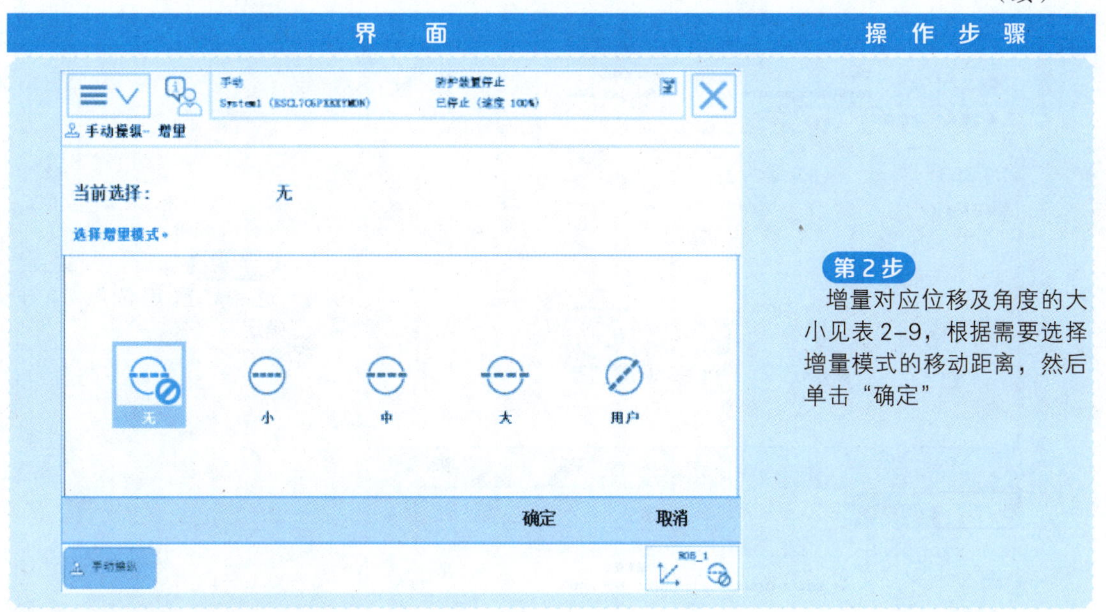	**第 2 步** 增量对应位移及角度的大小见表 2-9，根据需要选择增量模式的移动距离，然后单击“确定”

表 2-9　增量对应位移及角度的大小

增量	移动距离 /mm	角度 / (°)
小	0.05	0.005
中	1	0.02
大	5	0.2
用户	自定义	自定义

表 2-10　重定位运动的操作步骤

界　面	操作步骤
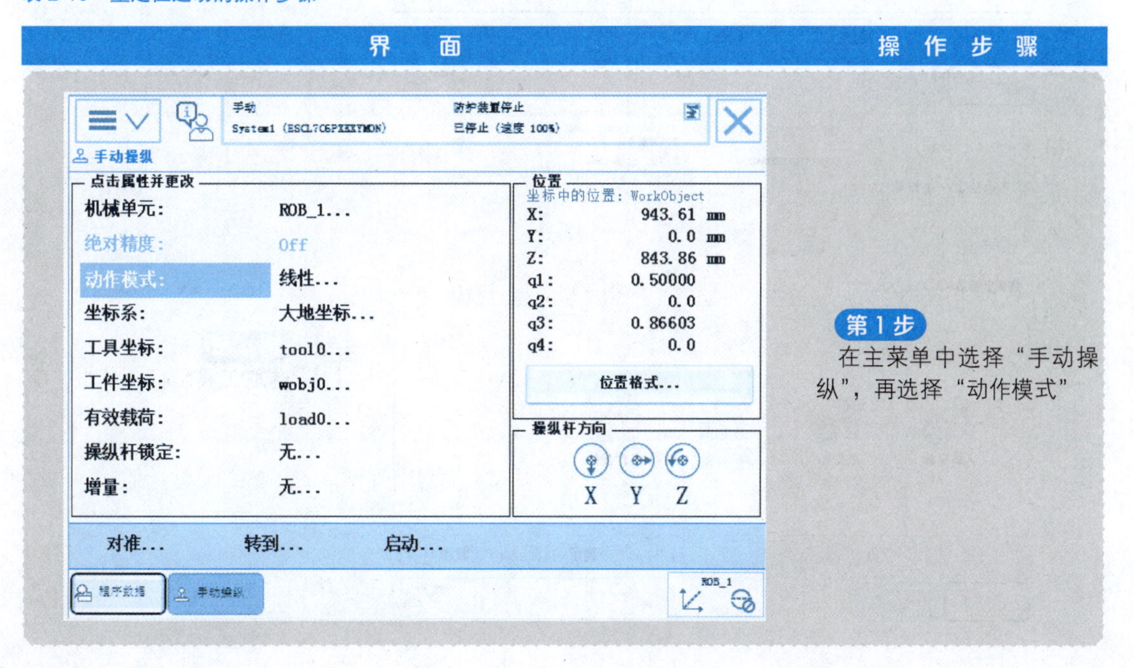	**第 1 步** 在主菜单中选择“手动操纵”，再选择“动作模式”

（续）

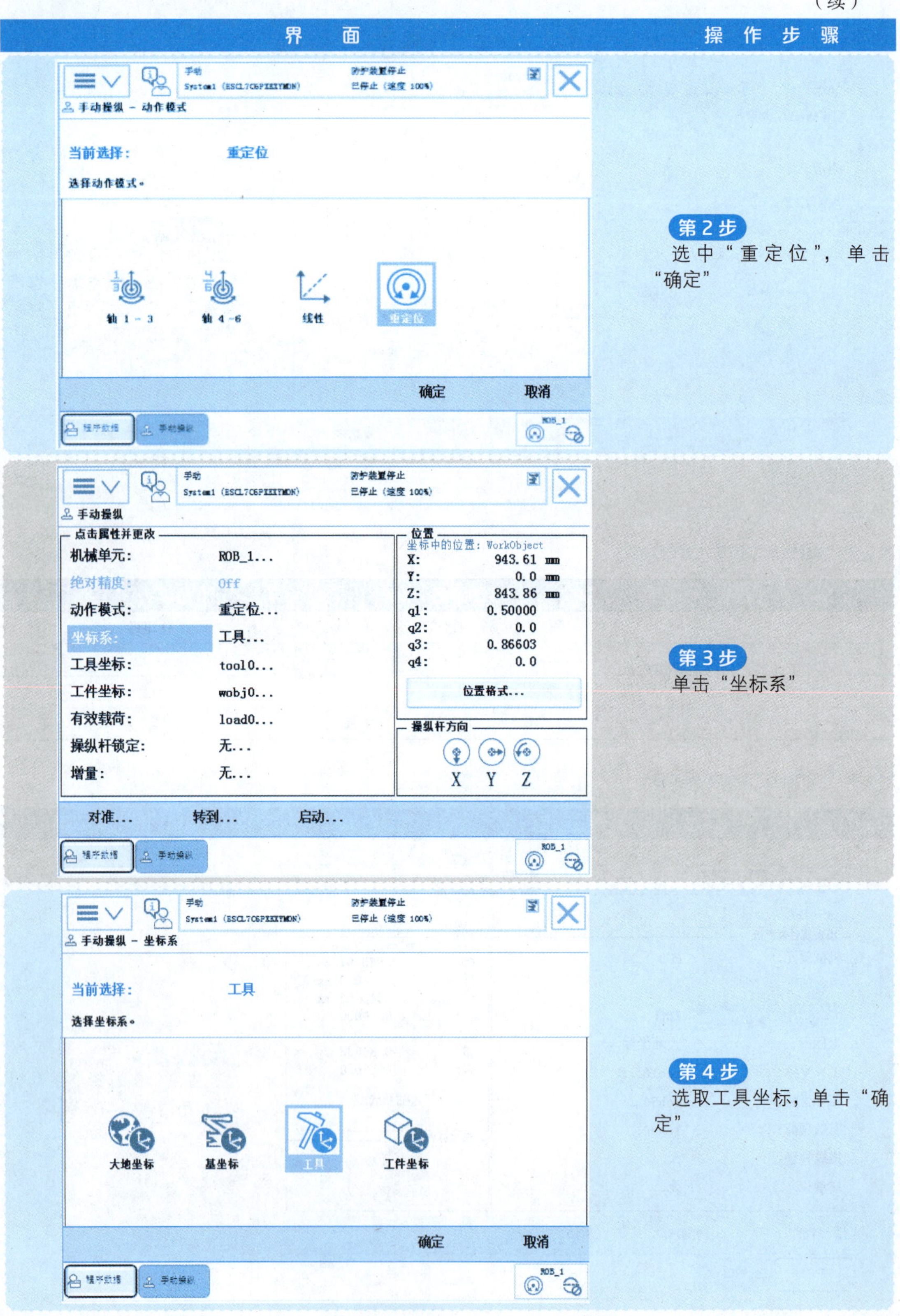

界面	操作步骤
	第 2 步 选中“重定位”，单击“确定”
	第 3 步 单击“坐标系”
	第 4 步 选取工具坐标，单击“确定”

（续）

界　面	操 作 步 骤
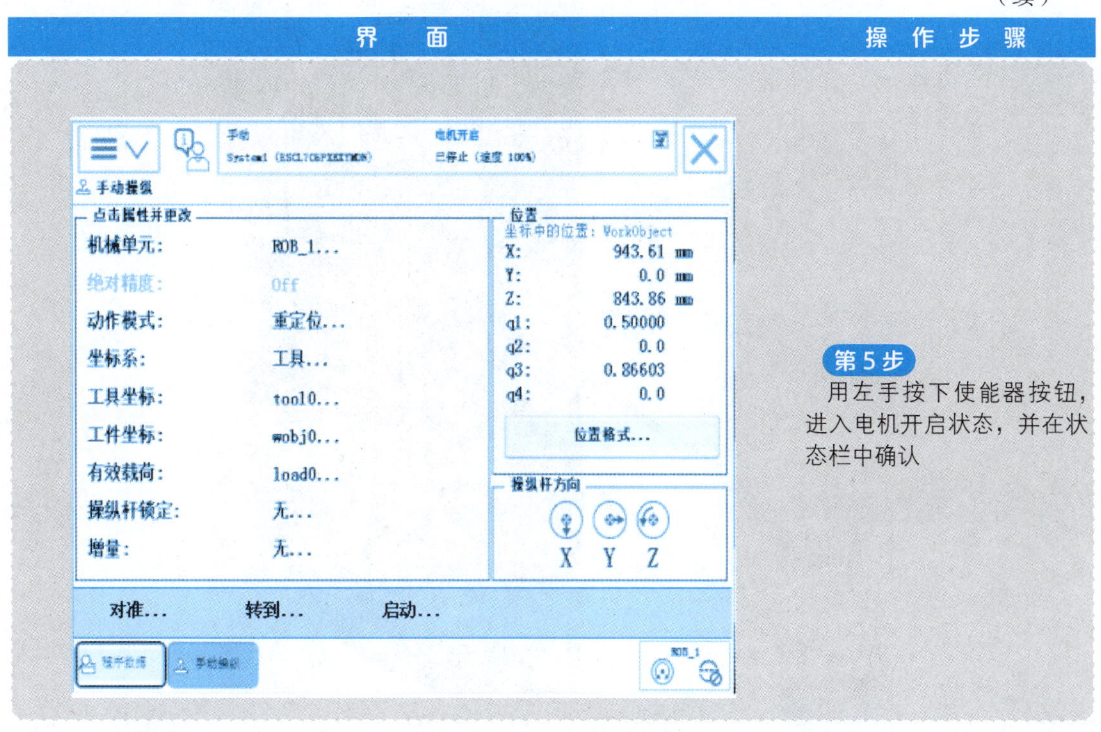	**第 5 步** 用左手按下使能器按钮，进入电机开启状态，并在状态栏中确认
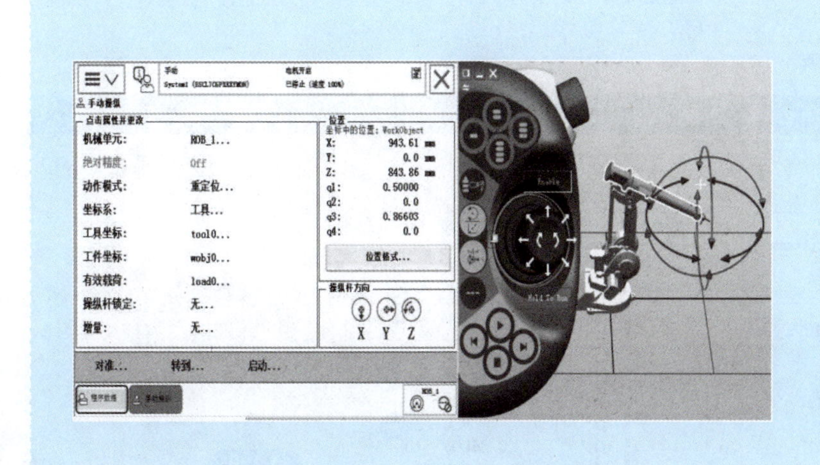	**第 6 步** 操作示教器上的操纵杆，使机器人绕着工具 TCP 点做姿态调整的运动。“操纵杆方向”栏中 X、Y、Z 的箭头方向代表各个坐标轴运动的方向

2.4.4　手动快捷按钮的使用

手动快捷键按钮的使用

手动快捷按钮可实现机器人轴 / 外轴的切换，线性运动 / 重定位运动的切换，关节运动 1-3 轴 /4-6 轴的切换及增量开 / 关的切换，在机器人操作和编程过程中会频繁使用。手动快捷按钮如图 2-11 所示。具体操作步骤见表 2-11。

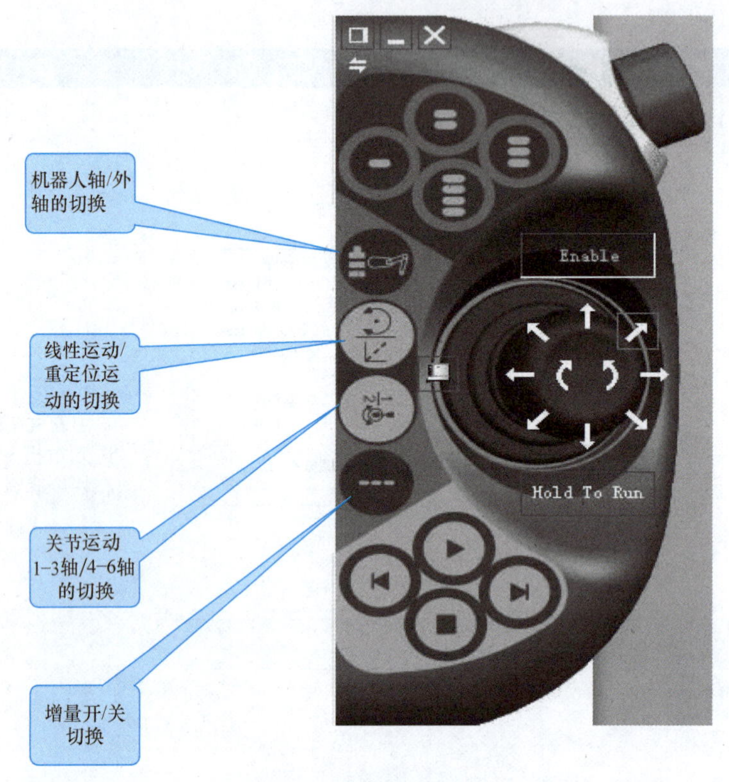

图2-11 手动快捷按钮

表 2-11 手动快捷按钮的操作步骤

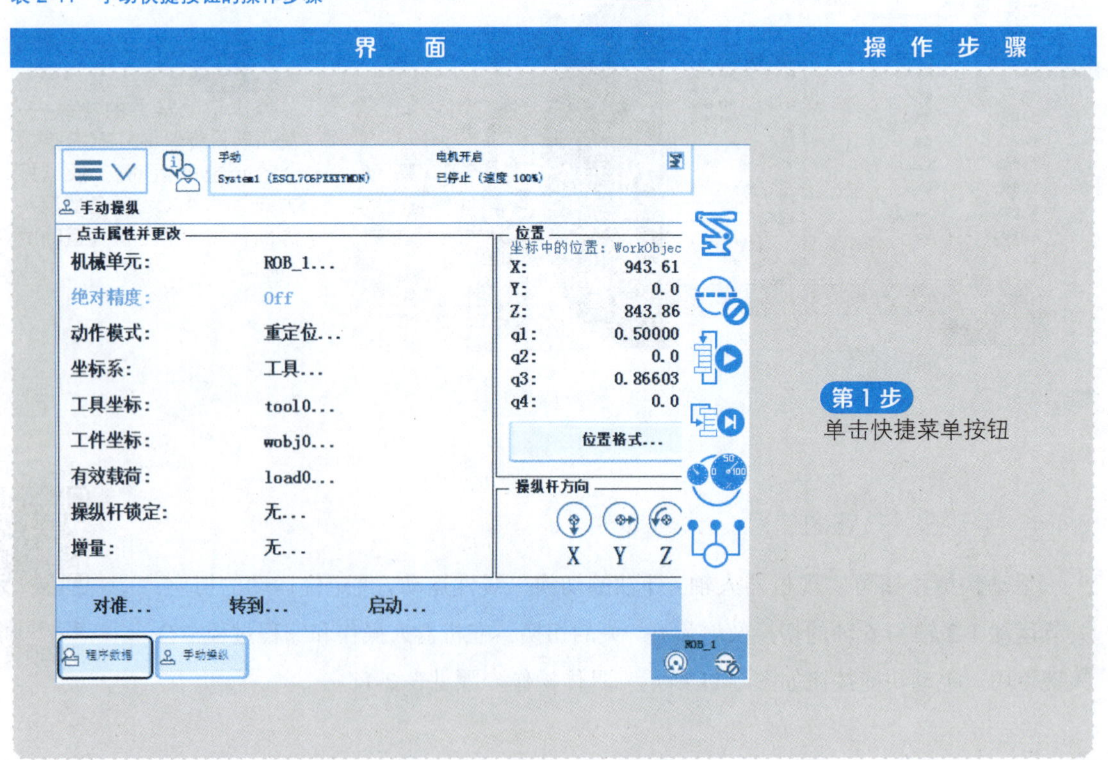

界面	操作步骤
	第1步 单击快捷菜单按钮

（续）

界 面	操 作 步 骤

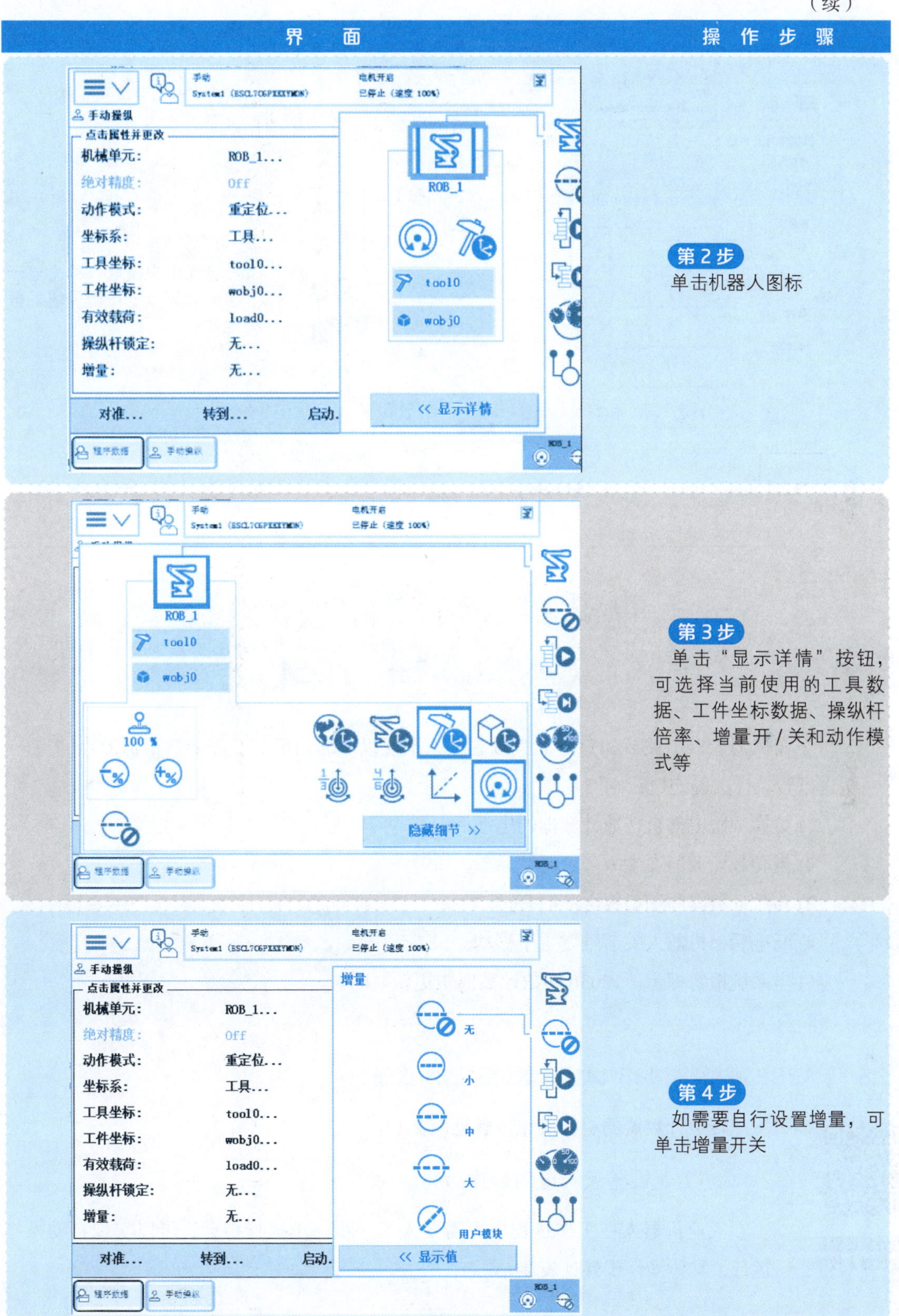

第 2 步

单击机器人图标

第 3 步

单击“显示详情”按钮，可选择当前使用的工具数据、工件坐标数据、操纵杆倍率、增量开/关和动作模式等

第 4 步

如需要自行设置增量，可单击增量开关

（续）

界　面	操作步骤
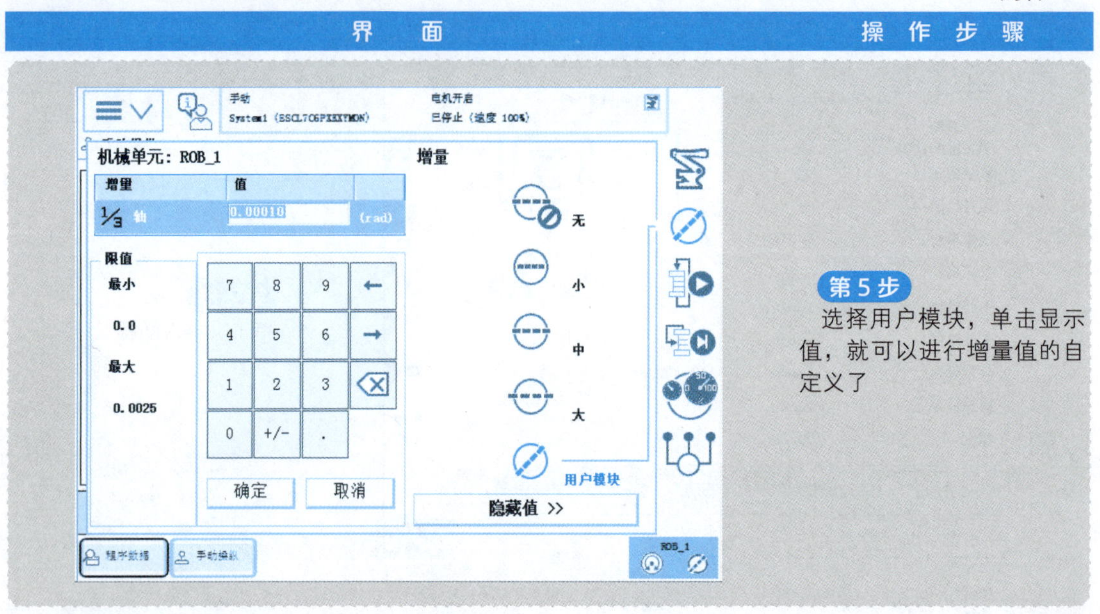	第5步 选择用户模块，单击显示值，就可以进行增量值的自定义了

2.5　工业机器人转数计数器的更新及机器人自动运行操作

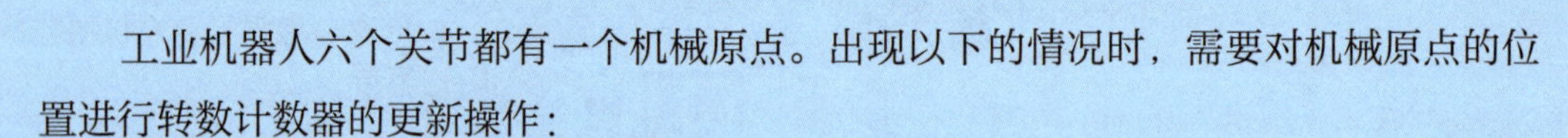

工业机器人六个关节都有一个机械原点。出现以下的情况时，需要对机械原点的位置进行转数计数器的更新操作：

1) 更换伺服电动机转数计数器的电池后。

2) 当转数计数器发生故障，修复后。

3) 转数计数器与测量板之前断开过。

4) 断电后，机器人关节轴发生了移动。

5) 当系统报警提示“10036 转数计数器未更新”时。

2.5.1　ABB工业机器人IRB 1410转数计数器的更新

转数计数器更新（工业机器人校核）

转数计数器的更新操作步骤见表 2-12。

2.5.2　工业机器人的自动操作运行

工业机器人在工作过程中不需要人工一步一步执行指令，可以实现自动操作运行，具体操作步骤见表 2-13。

表 2-12 转数计数器的更新操作步骤

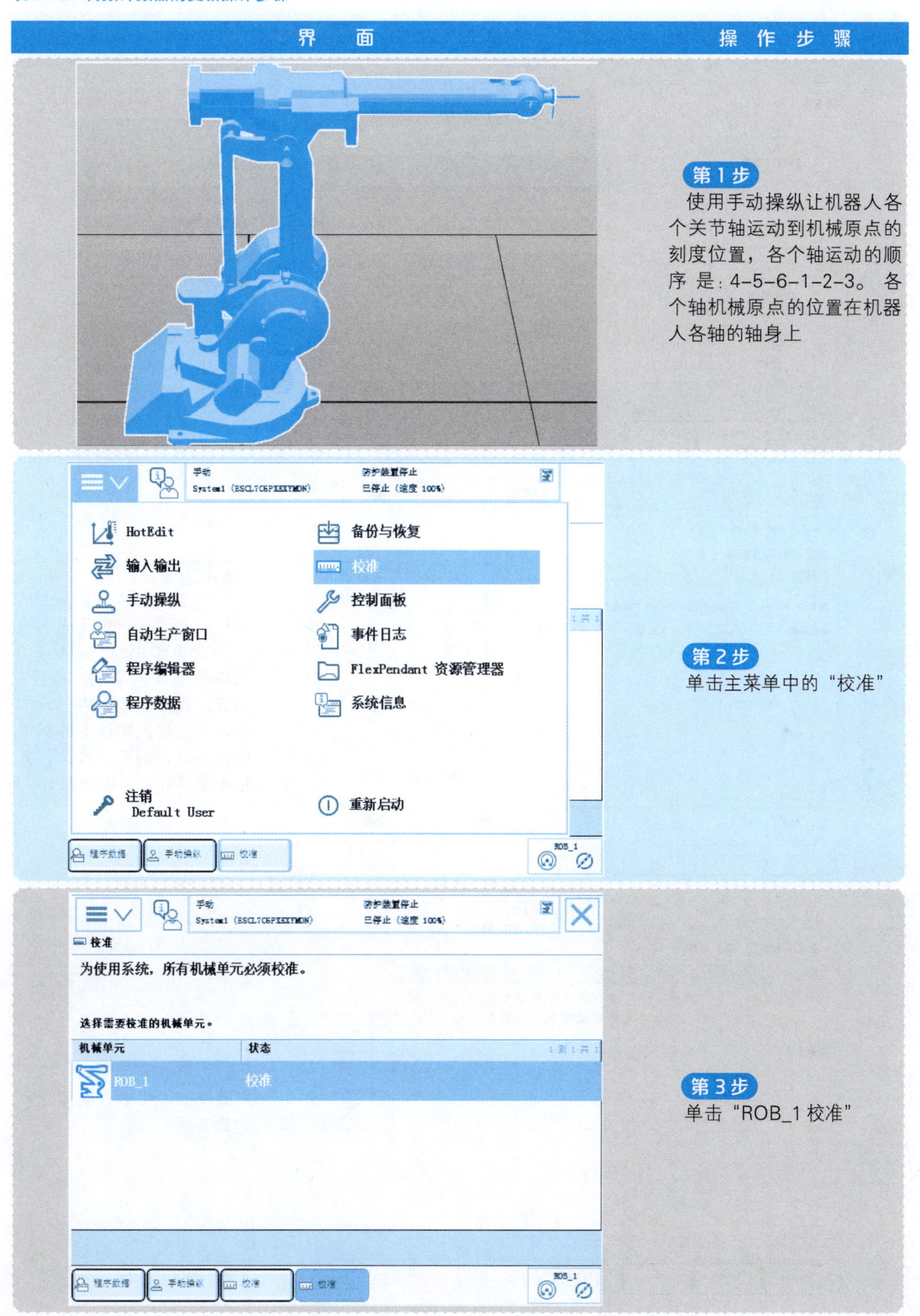

界 面	操 作 步 骤
	第 1 步 使用手动操纵让机器人各个关节轴运动到机械原点的刻度位置，各个轴运动的顺序 是：4–5–6–1–2–3。 各个轴机械原点的位置在机器人各轴的轴身上
	第 2 步 单击主菜单中的“校准”
	第 3 步 单击“ROB_1 校准”

（续）

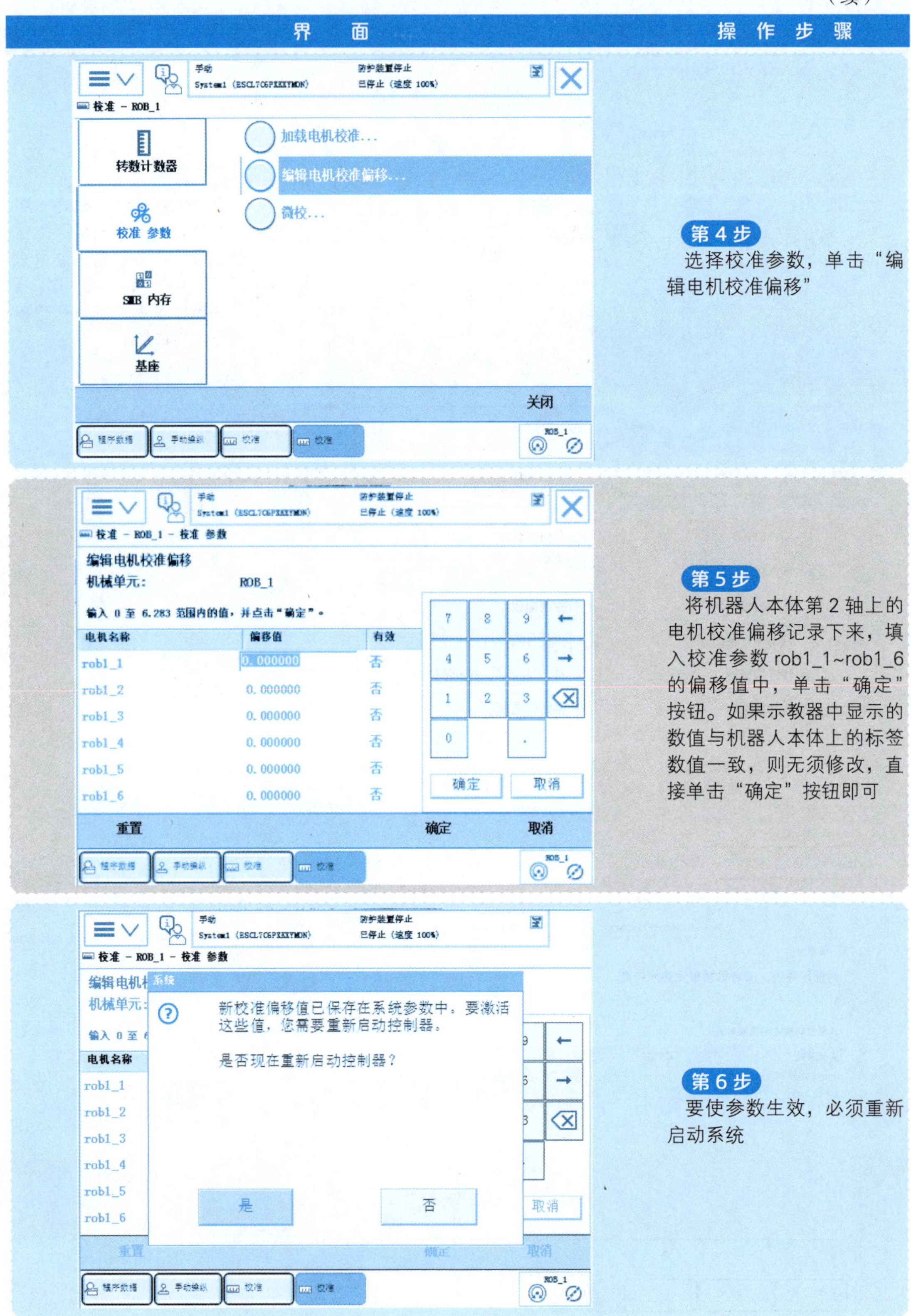

第 4 步

选择校准参数，单击“编辑电机校准偏移”

第 5 步

将机器人本体第 2 轴上的电机校准偏移记录下来，填入校准参数 rob1_1~rob1_6 的偏移值中，单击“确定”按钮。如果示教器中显示的数值与机器人本体上的标签数值一致，则无须修改，直接单击“确定”按钮即可

第 6 步

要使参数生效，必须重新启动系统

（续）

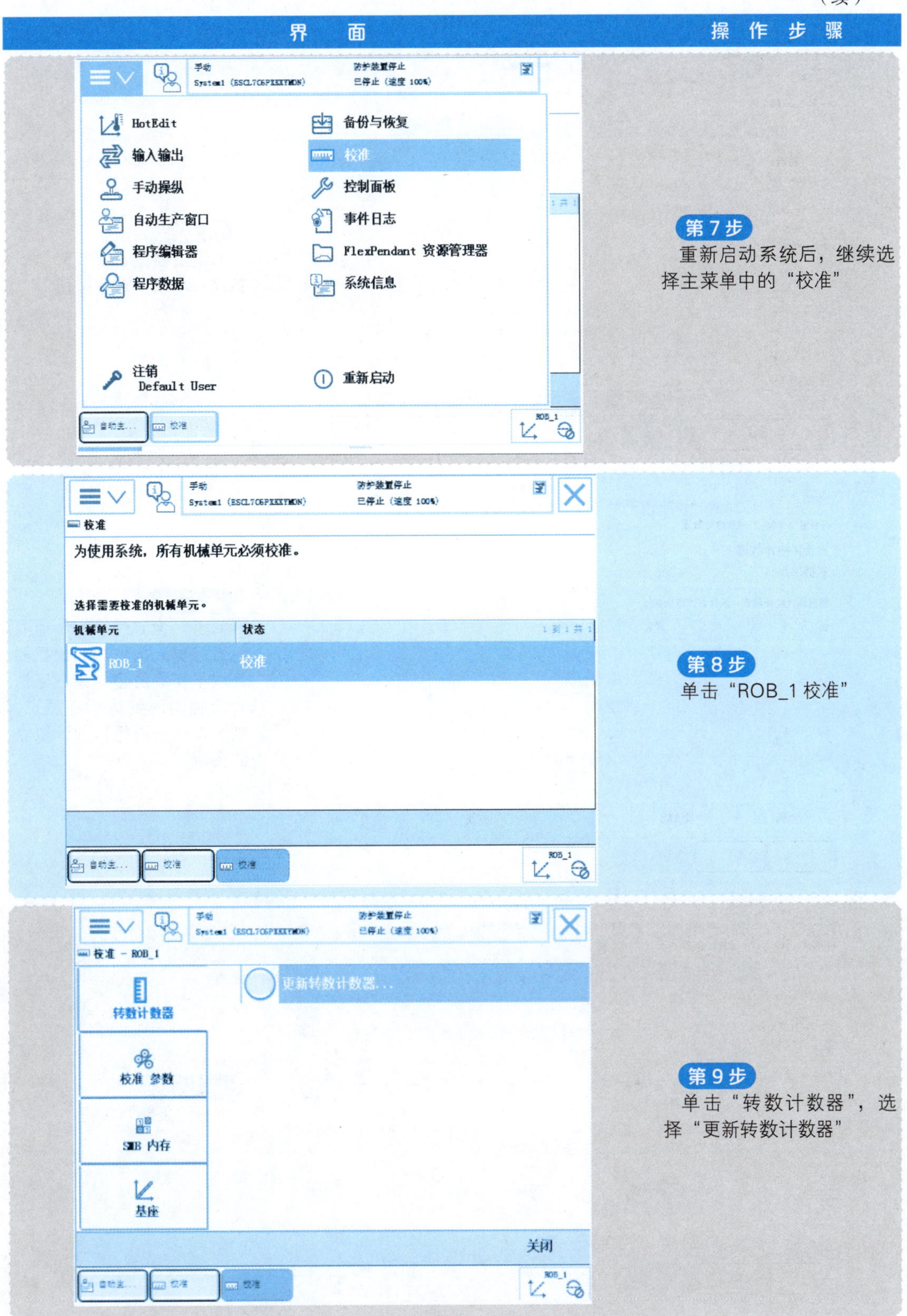

界　面	操作步骤
	第 7 步 重新启动系统后，继续选择主菜单中的“校准”
	第 8 步 单击“ROB_1 校准”
	第 9 步 单击“转数计数器”，选择“更新转数计数器”

（续）

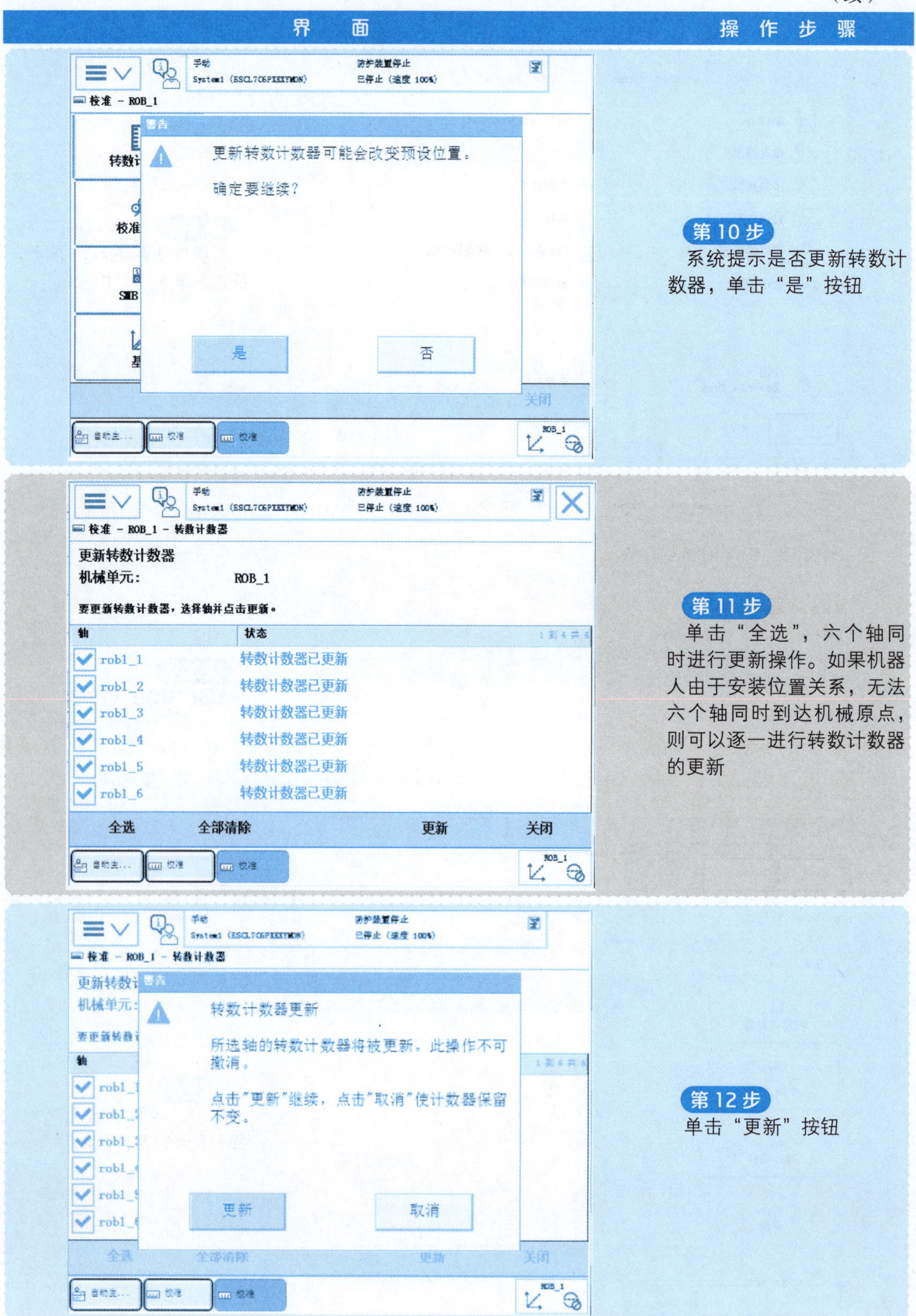

界　面	操作步骤
	第10步 系统提示是否更新转数计数器，单击“是”按钮
	第11步 单击“全选”，六个轴同时进行更新操作。如果机器人由于安装位置关系，无法六个轴同时到达机械原点，则可以逐一进行转数计数器的更新
	第12步 单击“更新”按钮

（续）

界 面	操 作 步 骤

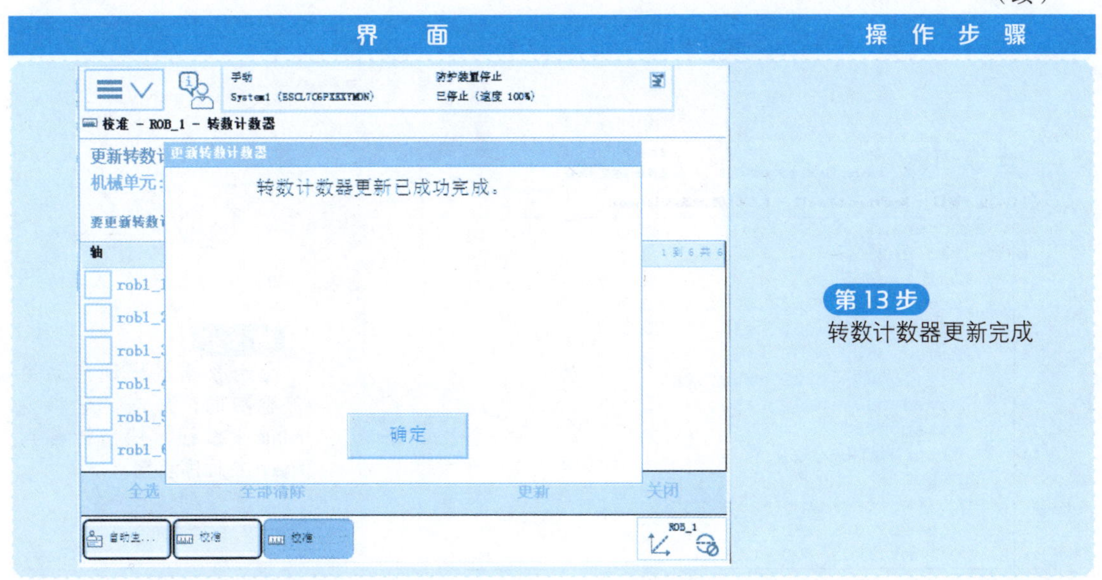

第 13 步
转数计数器更新完成

表 2-13　自动操作运行的步骤

界 面	操 作 步 骤

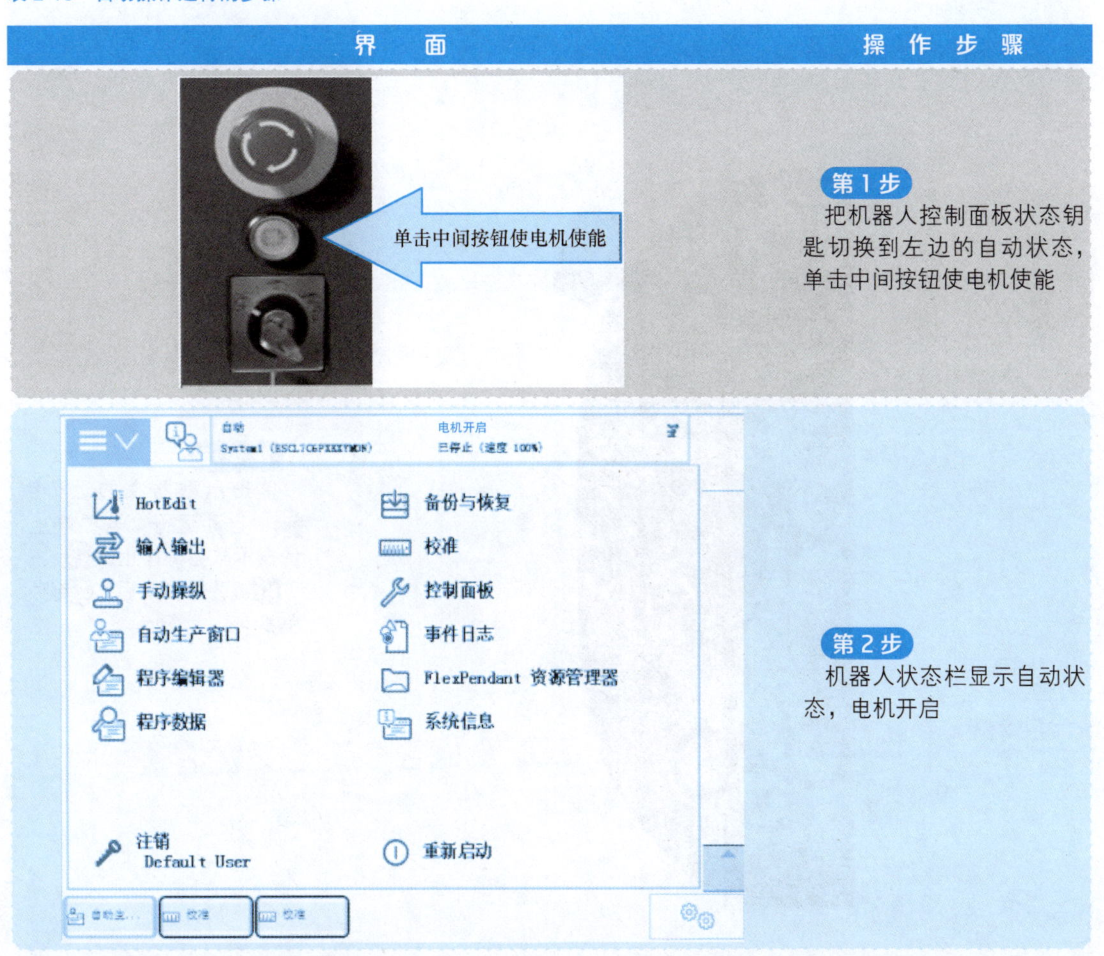

第 1 步
把机器人控制面板状态钥匙切换到左边的自动状态，单击中间按钮使电机使能

第 2 步
机器人状态栏显示自动状态，电机开启

（续）

界　面	操作步骤
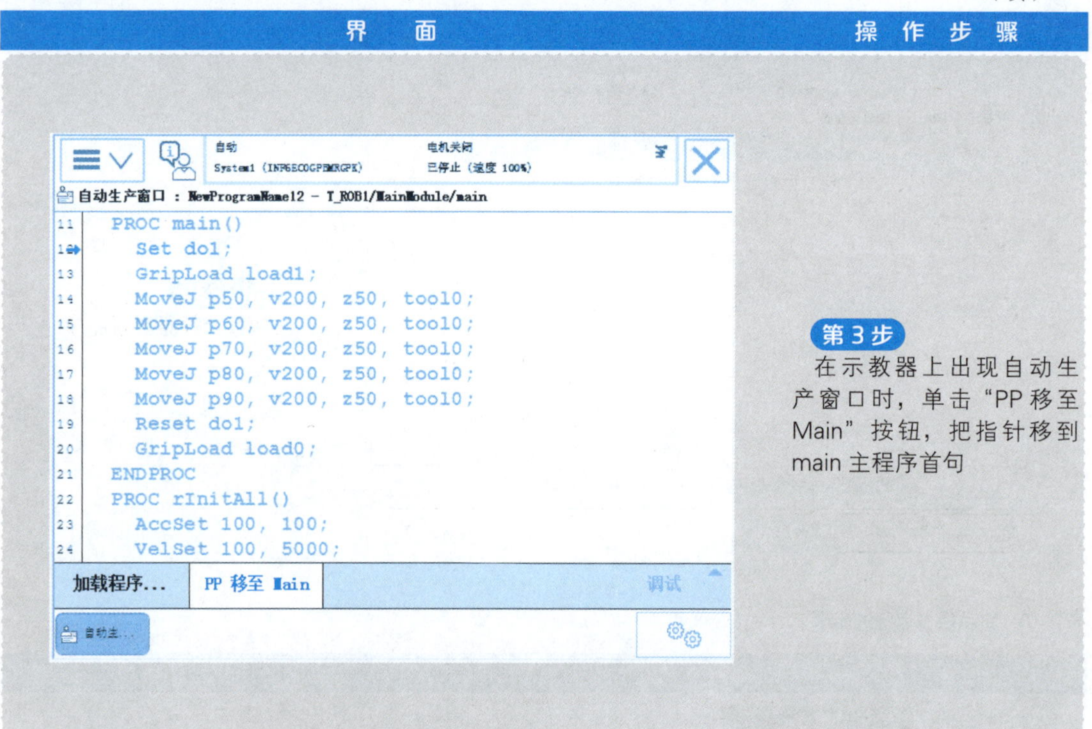	**第 3 步** 在示教器上出现自动生产窗口时，单击“PP 移至 Main”按钮，把指针移到 main 主程序首句
	**第 4 步** 单击示教器上的运行键，自动运行；若要停止，请按示教器的停止键 键为单步向后，键为单步向前

学生项目任务书

<table>
<tr><th>课程名称</th><th colspan="2">工业机器人现场编程</th><th>项目</th><th colspan="2">ABB 工业机器人的基本操作</th></tr>
<tr><td>工作任务</td><td colspan="2">1. 认识工业机器人示教器。
2. 查看工业机器人常用信息与事件日志。
3. 工业机器人数据的备份与恢复。
4. 工业机器人的手动操作。
5. 工业机器人转数计数器的更新及机器人自动运行操作。</td><td>时间</td><td colspan="2">4 课时</td></tr>
<tr><td>姓名学号</td><td></td><td>组别</td><td></td><td>日期</td><td></td></tr>
<tr><td>任务要求</td><td colspan="5">1. 能利用 ABB 机器人示教器进行机器人语言和时间的设置，熟悉 Robotstudio 软件的操作过程。
2. 能对 ABB 工业机器人进行转数计数器更新，掌握其操作方法。</td></tr>
<tr><td>任务目标</td><td colspan="5">1. 熟悉示教器。
2. 熟悉 ABB 语言设置的步骤。
3. 熟悉机器人系统时间的设置步骤。
4. 正确使用使能按钮。
5. 查看 ABB 机器人的常用信息与事件日志。
6.ABB 机器人数据的备份与恢复。
7. 了解转数计数器更新的目的。
8. 掌握转数计数器更新的操作方法。</td></tr>
<tr><td>提交成果</td><td colspan="3">1.ABB 机器人示教器语言显示正确（China）。
2.ABB 机器人系统备份正确（备份到指定位置）。
3. 机器人系统恢复正确（恢复指定的系统）。
4. 使 ABB 机器人做指定的轴关节运动。
5. 使 ABB 机器人做线性运动。
6. 使 ABB 机器人的 Tool0 做线性重定位运动。
7. 正确显示工业机器人电动机的偏移值。
8. 在校准界面显示转数计数器已更新。
9. 提交上传转数计数器更新操作视频。</td><td>70</td><td rowspan="4">合计：</td></tr>
<tr><td>工作态度</td><td colspan="3"></td><td>10</td></tr>
<tr><td>工作规范及团队协作</td><td colspan="3"></td><td>10</td></tr>
<tr><td>考勤情况</td><td colspan="3"></td><td>10</td></tr>
</table>

习题

1. 工业机器人手动操作方式有哪几种？

2. 操作手柄时应注意哪些问题？

3. 工业机器人系统时间如何设定？

4. 工业机器人操作系统如何备份与恢复？

第3章 CHAPTER 3

工业机器人I/O通信

【学习目标】

1. 了解工业机器人 I/O 通信的种类。
2. 能正确根据要求建立工业机器人 I/O 通信。
3. 能正确进行 DSQC651 板的配置。
4. 能进行 Profibus 适配器的配置。

3.1 认识工业机器人I/O通信的种类

工业机器人具有丰富的 I/O 通信接口，可以轻松地实现与周边设备进行通信。工业机器人 I/O 通信的种类见表 3-1。

表 3-1 工业机器人 I/O 通信的种类

PC	现场总线	ABB 标准
RS232 通信 OPC server Socket Message①	Device Net② Profibus② Profibus-DP② Profinet② EtherNet IP②	标准 I/O 板 PLC … … …

① 一种通信协议。
② 不同厂商推出的现场总线协议。

关于工业机器人的 I/O 通信接口说明如下：

1）标准 I/O 板提供的常用信号处理有数字输入 DI、数字输出 DO、模拟输入 AI、模拟输出 AO 以及输送链跟踪，在本章中会对此分别进行介绍。

2）工业机器人可以选配标准 ABB 的 PLC，省去了原来与外部 PLC 进行通信设置的麻烦，并且在机器人示教器上就能实现与 PLC 相关的操作。

本章将以最常用的 ABB 标准 I/O 板 DSQC651 和 Profibus-DP 为例，详细讲解如何进行相关的参数设定。

图 3-1 所示为控制柜接口。控制柜接口说明见表 3-2。

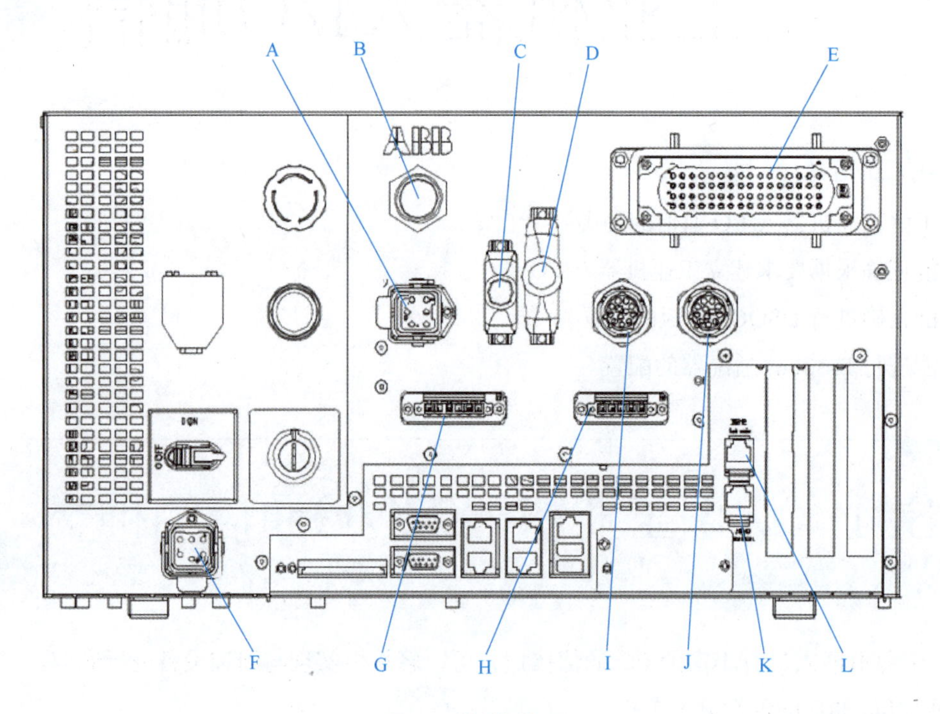

图3-1 控制柜接口

表 3-2 控制柜接口说明

标号	说明
A	附加轴，电源电缆插接器
B	示教器插接器
C	I/O 插接器
D	安全插接器
E	电源电缆插接器
F	电源输入插接器
G	电源插接器
H	DeviceNet 插接器
I	信号电缆插接器
J	信号电缆插接器
K	轴选择器插接器
L	附加轴（除机器人本体轴之外的轴，如外部移动轴）信号电缆插接器

3.2 认识常用ABB标准I/O板

本节将介绍表3-3中所示的常用ABB标准I/O板（具体规格参数以ABB官方最新公布信息为准）。

表3-3 常用ABB标准I/O板

型号	说明
DSQC651	分布式I/O模块di8\do8 ao2
DSQC652	分布式I/O模块di16\do16
DSQC653	分布式I/O模块di8\do8，带继电器
DSQC355A	分布式I/O模块ai4\ao4
DSQC377A	输送链跟踪单元

3.2.1 ABB标准I/O板DSQC651

DSQC651板主要提供8个数字输入信号、8个数字输出信号和2个模拟输出信号的处理。

1.DSQC651板模块接口

DSQC651板模块接口如图3-2所示，DSQC651板模块接口说明见表3-4。

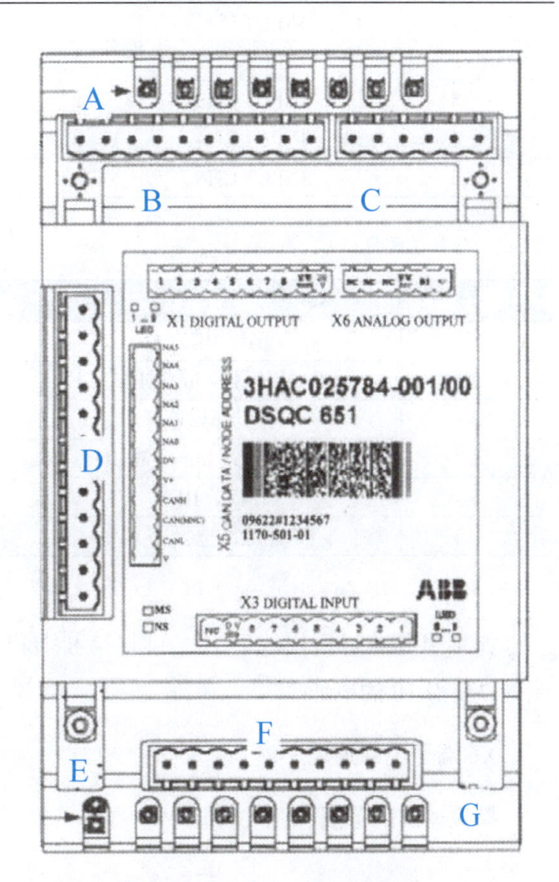

图3-2 DSQC651板模块接口

2.模块接口连接

X1端子说明见表3-5。

X3端子说明见表3-6。

X5端子说明见表3-7。

ABB标准I/O板是挂在DeviceNet网络上的，所以要设定模块在网络中的地址。端子X5的6~12的跳线用于决定模块的地址，地址可用范围为10~63。

表 3-4　DSQC651 板模块接口说明

标号	说　明	标号	说　明
A	数字输出信号指示灯	E	模块状态指示灯
B	X1 是数字输出接口	F	X3 是数字输入接口
C	X6 是模拟输出接口	G	数字输入信号指示灯
D	X5 是 DeviceNet 接口		

表 3-5　X1 端子说明

X1 端子编号	使用定义	地址分配	X1 端子编号	使用定义	地址分配
1	OUTPUT CH1	32	6	OUTPUT CH6	37
2	OUTPUT CH2	33	7	OUTPUT CH7	38
3	OUTPUT CH3	34	8	OUTPUT CH8	39
4	OUTPUT CH4	35	9	0V	
5	OUTPUT CH5	36	10	24V	

表 3-6　X3 端子说明

X3 端子编号	使用定义	地址分配	X3 端子编号	使用定义	地址分配
1	INPUT CH1	0	6	INPUT CH6	5
2	INPUT CH2	1	7	INPUT CH7	6
3	INPUT CH3	2	8	INPUT CH8	7
4	INPUT CH4	3	9	0V	
5	INPUT CH5	4	10	未使用	

表 3-7　X5 端子说明

X5 端子编号	使用定义	X5 端子编号	使用定义
1	0V，BLACK	7	模块 ID bit 0（LSB）
2	CAN 信号线 low，BLUE	8	模块 ID bit 1（LSB）
3	屏蔽线	9	模块 ID bit 2（LSB）
4	CAN 信号线 high，WHITE	10	模块 ID bit 3（LSB）
5	24V，RED	11	模块 ID bit 4（LSB）
6	GND 地址选择公共端	12	模块 ID bit 5（LSB）

注：BLACK 为黑色，BLUE 为蓝色，WHITE 为白色，RED 为红色。

如果想要获得模块地址 10，可将第 8 脚和第 10 脚的跳线剪去，如图 3-3 所示，2+8=10，就可以获得 10 的地址。

X6 端子说明见表 3-8。

模拟输出的范围：0~+10V。

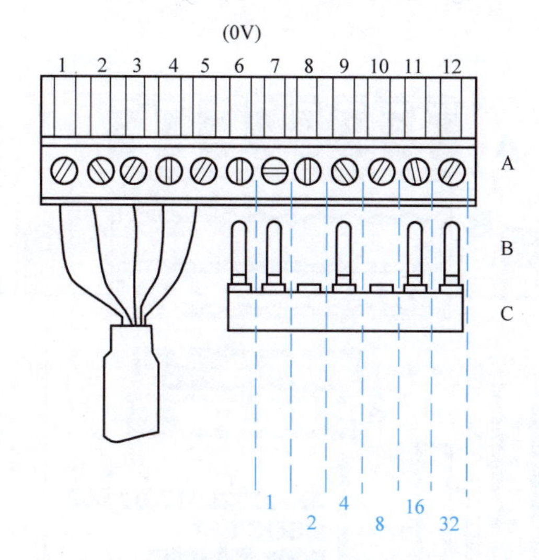

图3-3 获得模块地址10

表 3-8 X6 端子说明

X6 端子编号	使用定义	地址分配	X6 端子编号	使用定义	地址分配
1	未使用		4	0V	
2	未使用		5	模拟输出 ao1	0~15
3	未使用		6	模拟输出 ao2	16~31

3.2.2 ABB标准I/O板DSQC652

DSQC652 板主要提供 16 个数字输入信号和 16 个数字输出信号的处理。

1. DSQC652板模块接口

DSQC652 板模块接口如图 3-4 所示。DSQC652 板模块接口说明见表 3-9。

2.模块接口连接

X1 端子说明见表 3-10。

X2 端子说明见表 3-11。

X5、X3 端子同 DSQC651 板。

X4 端子说明见表 3-12。

3.2.3 ABB标准I/O板DSQC653

DSQC653 板主要提供 8 个数字输入信号和 8 个数字继电器输出信号的处理。

1. DSQC653板模块接口

DSQC653 板模块接口如图 3-5 所示，DSQC653 板模块接口说明见表 3-13。

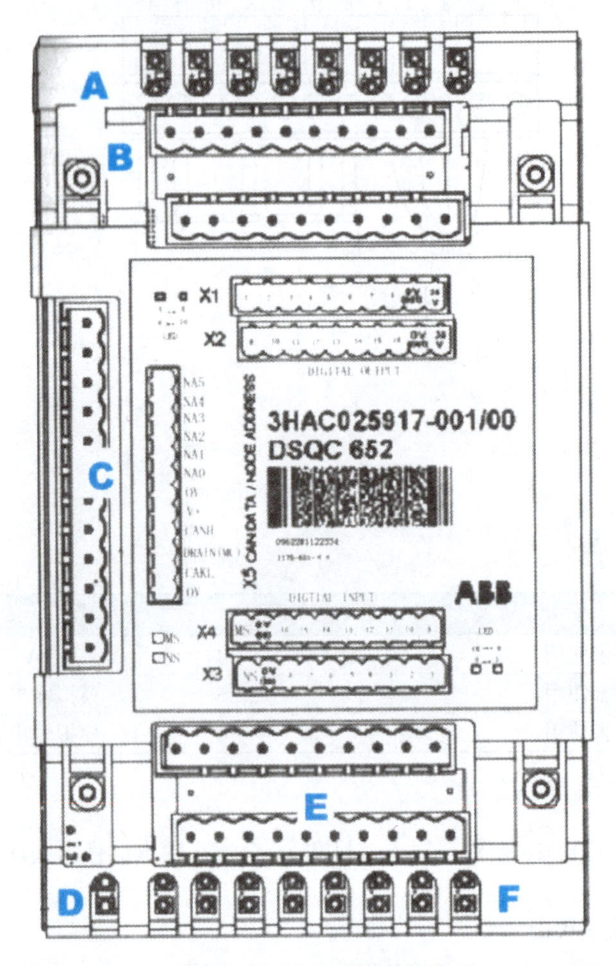

图3-4　DSQC652板模块接口

表 3-9　DSQC652 板模块接口说明

标号	说　　明	标号	说　　明
A	数字输出信号指示灯	D	模块状态指示灯
B	X1、X2 是数字输出接口	E	X3、X4 是数字输入接口
C	X5 是 DeviceNet 接口	F	数字输入信号指示灯

表 3-10　X1 端子说明

X1 端子编号	使用定义	地址分配	X1 端子编号	使用定义	地址分配
1	OUTPUT CH1	0	6	OUTPUT CH6	5
2	OUTPUT CH2	1	7	OUTPUT CH7	6
3	OUTPUT CH3	2	8	OUTPUT CH8	7
4	OUTPUT CH4	3	9	0V	
5	OUTPUT CH5	4	10	24V	

表 3-11　X2 端子说明

X2 端子编号	使用定义	地址分配	X2 端子编号	使用定义	地址分配
1	OUTPUT CH9	8	6	OUTPUT CH14	13
2	OUTPUT CH10	9	7	OUTPUT CH15	14
3	OUTPUT CH11	10	8	OUTPUT CH16	15
4	OUTPUT CH12	11	9	0V	
5	OUTPUT CH13	12	10	24V	

表 3-12　X4 端子说明

X4 端子编号	使用定义	地址分配	X4 端子编号	使用定义	地址分配
1	INPUT CH9	8	6	INPUT CH14	13
2	INPUT CH10	9	7	INPUT CH15	14
3	INPUT CH11	10	8	INPUT CH16	15
4	INPUT CH12	11	9	0V	
5	INPUT CH13	12	10	24V	

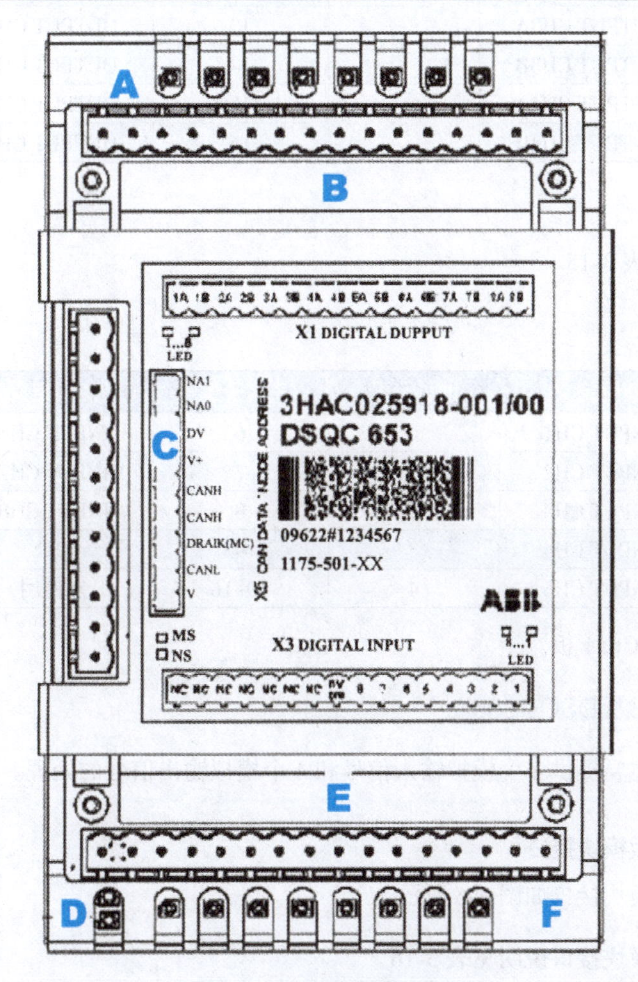

图3-5　DSQC653板模块接口

表 3-13　DSQC653 板模块接口说明

标号	说　明	标号	说　明
A	数字继电器输出信号指示灯	D	模板状态指示灯
B	X1 是数字继电器输出信号接口	E	X3 是数字输入信号接口
C	X5 是 DeviceNet 接口	F	数字输入信号指示灯

2.模块接口连接

X1 端子说明见表 3-14。

表 3-14　X1 端子说明

X1 端子编号	使用定义	地址分配	X1 端子编号	使用定义	地址分配
1	OUTPUT CH1A	0	9	OUTPUT CH5A	4
2	OUTPUT CH1B		10	OUTPUT CH5B	
3	OUTPUT CH2A	1	11	OUTPUT CH6A	5
4	OUTPUT CH2B		12	OUTPUT CH6B	
5	OUTPUT CH3A	2	13	OUTPUT CH7A	6
6	OUTPUT CH3B		14	OUTPUT CH7B	
7	OUTPUT CH4A	3	15	OUTPUT CH8A	7
8	OUTPUT CH4B		16	OUTPUT CH8B	

X3 端子说明见表 3-15。

表 3-15　X3 端子说明

X3 端子编号	使用定义	地址分配	X3 端子编号	使用定义	地址分配
1	INPUT CH1	0	6	INPUT CH6	5
2	INPUT CH2	1	7	INPUT CH7	6
3	INPUT CH3	2	8	INPUT CH8	7
4	INPUT CH4	3	9	0V	
5	INPUT CH5	4	10~16	未使用	

X5 端子同 DSQC651 板。

3.2.4　ABB标准I/O板DSQC355A

DSQC355A 板主要提供 4 个模拟输入信号和 4 个模拟输出信号的处理。

1. DSQC355A板模块接口

DSQC355A 板模块接口如图 3-6 所示。

DSQC355A 板模块接口说明见表 3-16。

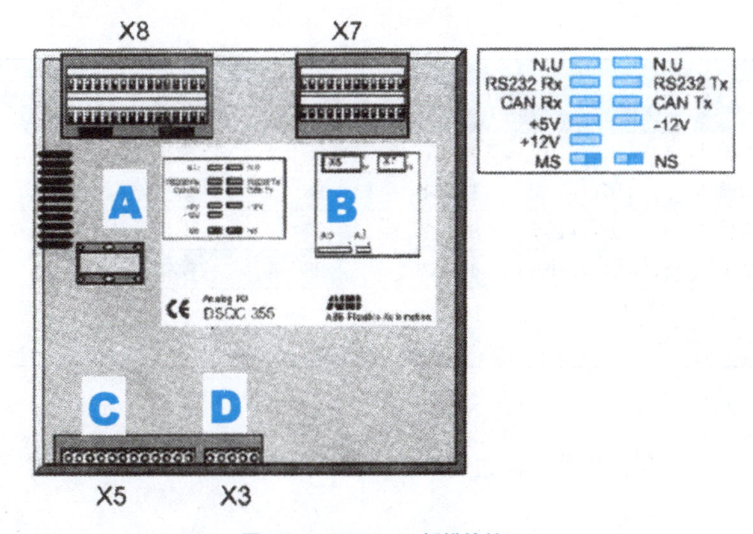

图3-6 DSQC355A板模块接口

表 3-16 DSQC355A 板模块接口说明

标号	说 明	标号	说 明
A	X8 是模拟输入端口	C	X5 是 DeviceNet 接口
B	X7 是模拟输出端口	D	X3 是供电电源接口

2.模块接口连接

X3 端子说明见表 3-17。

表 3-17 X3 端子说明

X3 端子编号	使用定义	X3 端子编号	使用定义
1	0V	4	未使用
2	未使用	5	+24V
3	接地		

X5 端子同 DSQC651。X7 端子说明见表 3-18。

表 3-18 X7 端子说明

X7 端子编号	使用定义	地址分配	X7 端子编号	使用定义	地址分配
1	模拟输出 _1，-10V/+10V	0~15	19	模拟输出 _1，0V	
2	模拟输出 _2，-10V/+10V	16~31	20	模拟输出 _2，0V	
3	模拟输出 _3，-10V/+10V	32~47	21	模拟输出 _3，0V	
4	模拟输出 _4，4~20mA	48~63	22	模拟输出 _4，0V	
5~18	未使用		23、24	未使用	

X8 端子说明见表 3-19。

表 3-19　X8 端子说明

X8 端子编号	使用定义	地址分配	X8 端子编号	使用定义	地址分配
1	模拟输入 _1，-10V/+10V	0~15	25	模拟输入 _1，0V	
2	模拟输入 _2，-10V/+10V	16~31	26	模拟输入 _2，0V	
3	模拟输入 _3，-10V/+10V	32~47	27	模拟输入 _3，0V	
4	模拟输入 _4，-10V/+10V	48~63	28	模拟输入 _4，0V	
5~16	未使用		29~32	0V	
17~24	+24V				

3.2.5　ABB标准I/O板DSQC377A

DSQC377A 板主要提供机器人输送链跟踪功能所需的编码器与同步开关信号的处理。

1. DSQC377A板模块接口

DSQC377A 板模块接口如图 3-7 所示，DSQC377A 板模块接口说明见表 3-20。

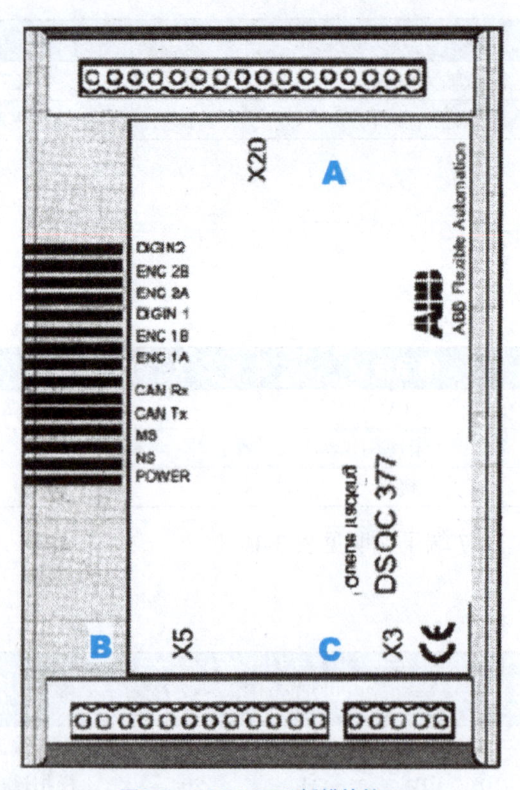

图3-7　DSQC377A板模块接口

表 3-20　DSQC377A 板模块接口说明

标号	说　明	标号	说　明
A	X20 是编码器与同步开关的端子	C	X3 是供电电源
B	X5 是 DeviceNet 接口		

2.模块接口连接

X3 端子同 DSQC355A。X5 端子同 DSQC651。X20 端子说明见表 3-21。

表 3-21 X20 端子说明

X20 端子编号	使 用 定 义	X20 端子编号	使 用 定 义
1	24V	6	编码器 1，B 相
2	0V	7	数字输入信号 1，24V
3	编码器 1，24V	8	数字输入信号 1，0V
4	编码器 1，0V	9	数字输入信号 1，信号
5	编码器 1，A 相	10~16	未使用

3.3 ABB标准I/O板DSQC651板的配置

ABB 标准 I/O 板 DSQC651 是最常用的模块。下面以创建数字输入信号 DI、数字输出信号 DO、组输入信号 GI、组输出信号 GO 和模拟输出信号 AO 为例进行详细介绍。

3.3.1 定义DSQC651板的总线连接

DSQC651 板的配置

ABB 标准 I/O 板都是下挂在 DeviceNet 现场总线上的设备，通过 X5 端子与 DeviceNet 现场总线进行通信。

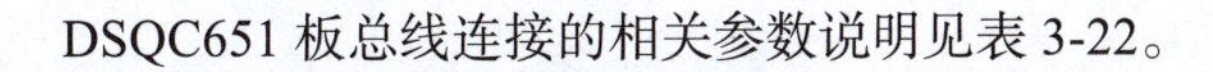

DSQC651 板总线连接的相关参数说明见表 3-22。

表 3-22 DSQC651 板总线连接的相关参数说明

参数名称	设定值	说 明
Name	board10	设定 I/O 板在系统中的名字，10 代表 I/O 板在 DeviceNet 总线上的地址是 10，方便在系统中识别
Type of Unit	d651	设定 I/O 板的类型
Connected to Bus	DeviceNet	设定 I/O 板连接的总线（系统默认值）
DeviceNet Address	10	设定 I/O 板在总线中的地址

RobotStudio6.01 版本与 RobotStudio5.15 总线连接操作步骤有所不同，DSQC651 模块连接的总线可选择的类型在创建机器人系统时进行设定，具体步骤见表 3-23。

表 3-23　总线连接操作步骤

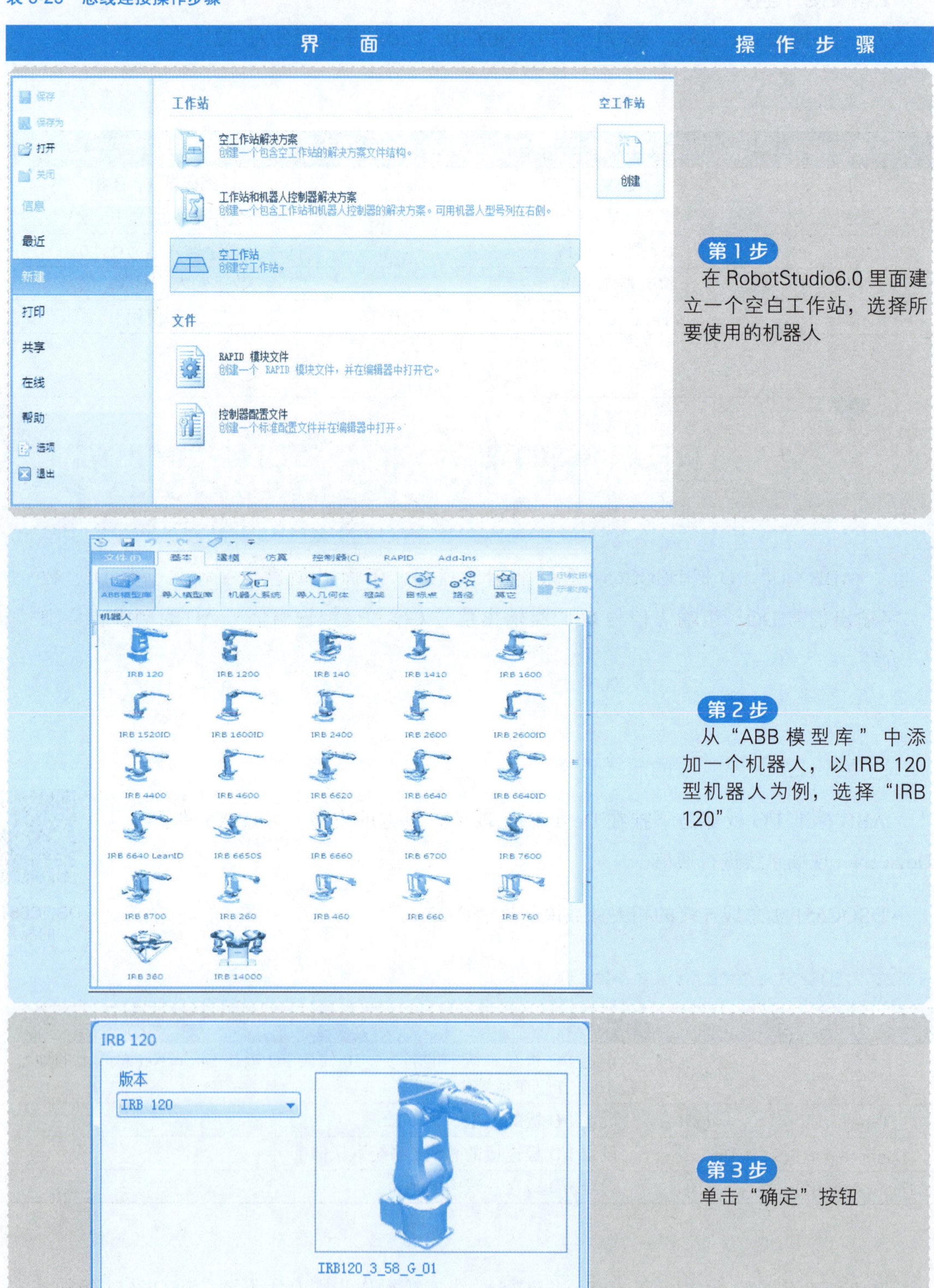

（续）

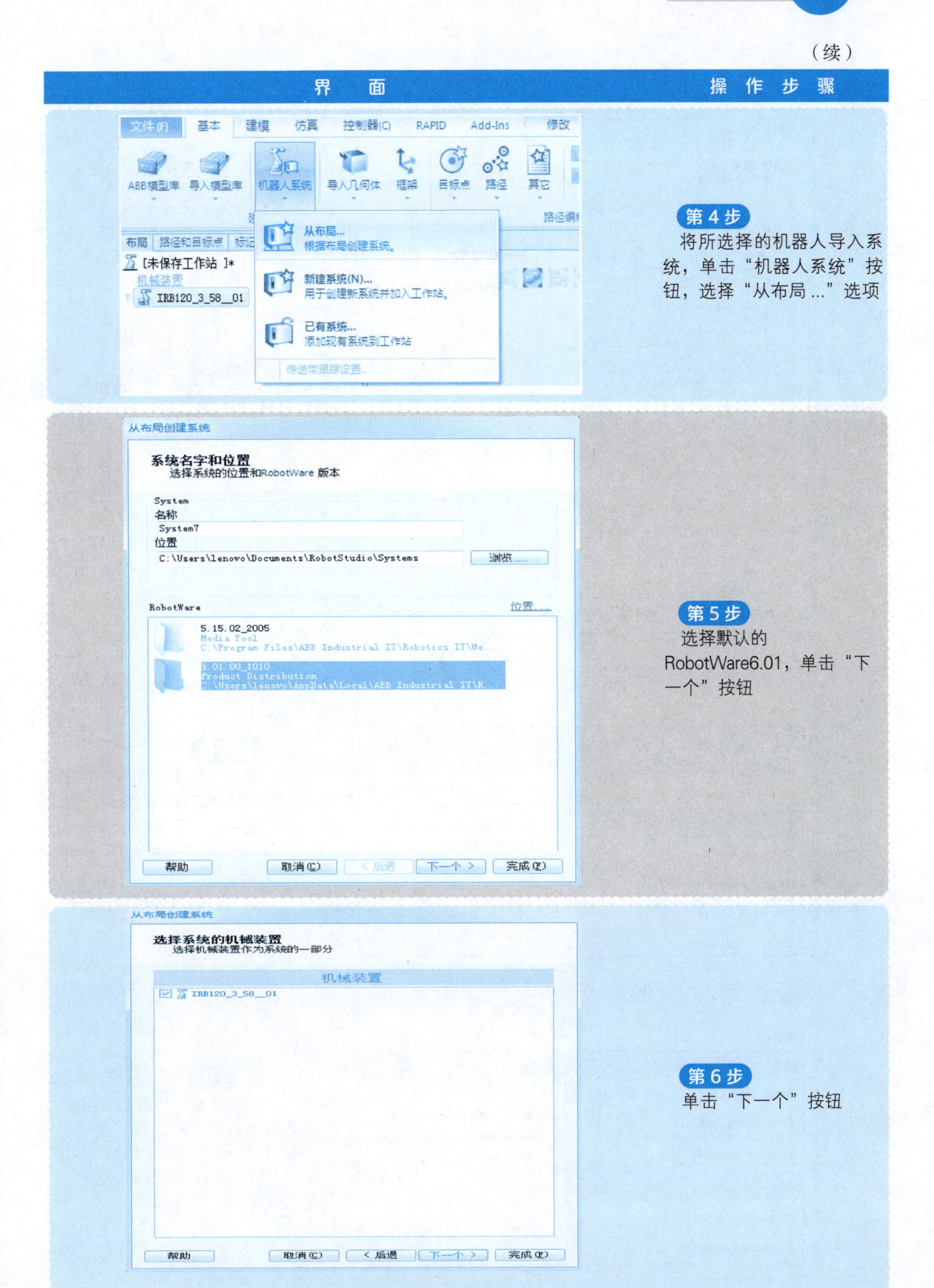

界面	操作步骤
	第 4 步 将所选择的机器人导入系统，单击“机器人系统”按钮，选择“从布局 ...”选项
	第 5 步 选择默认的 RobotWare6.01，单击“下一个”按钮
	第 6 步 单击“下一个”按钮

（续）

界　面	操 作 步 骤
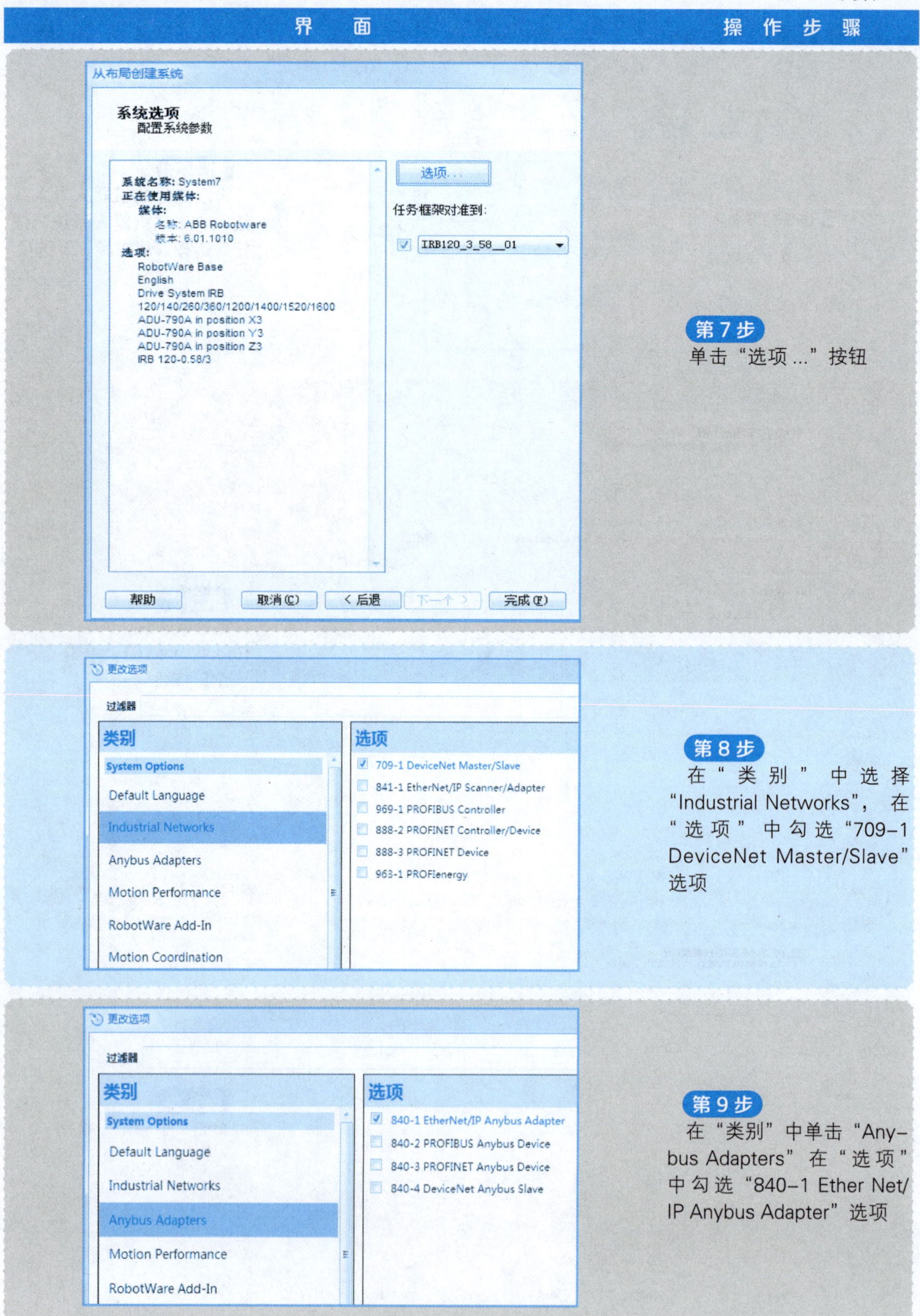	第 7 步 单击“选项 ...”按钮
	第 8 步 在“类别”中选择“Industrial Networks”，在“选项”中勾选“709-1 DeviceNet Master/Slave”选项
	第 9 步 在“类别”中单击“Any-bus Adapters”在“选项”中勾选“840-1 Ether Net/IP Anybus Adapter”选项

（续）

界 面	操 作 步 骤
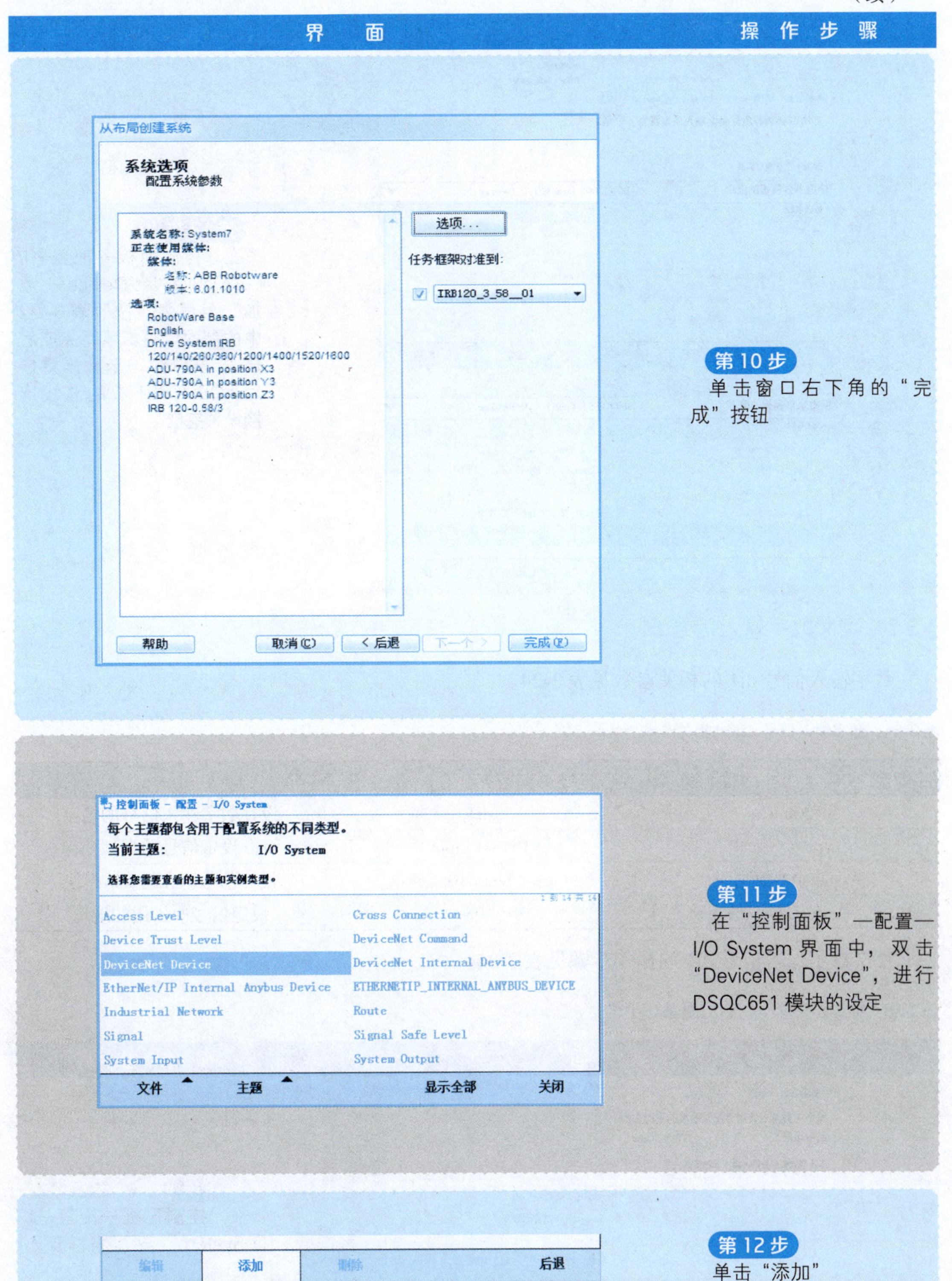	**第10步** 单击窗口右下角的“完成”按钮
	第11步 在“控制面板”—配置—I/O System界面中，双击“DeviceNet Device”，进行DSQC651模块的设定
	第12步 单击“添加”

（续）

界　面	操 作 步 骤

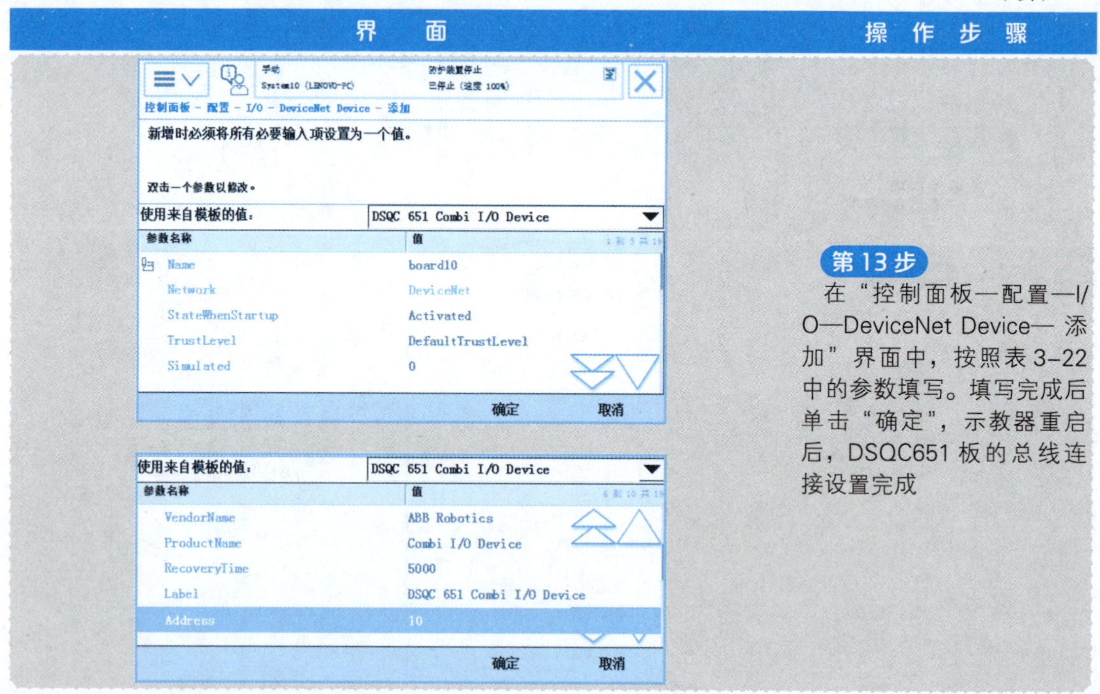

第 13 步　在“控制面板—配置—I/O—DeviceNet Device—添加”界面中，按照表 3-22 中的参数填写。填写完成后单击“确定”，示教器重启后，DSQC651 板的总线连接设置完成

3.3.2　定义数字输入信号di1

数字输入信号 di1 的相关参数见表 3-24。

表 3-24　数字输入信号 di1 的相关参数

参数名称	设定值	说　明
Name	di1	设定数字输入信号的名字
Type of Signal	Digital Input	设定信号的类型
Assigned to Device	board10	设定信号所在的 I/O 模块
Device Mapping	0	设定信号所占用的地址

定义数字输入信号 di1 的操作步骤见表 3-25。

表 3-25　定义数字输入信号 di1 的操作步骤

界　面	操 作 步 骤

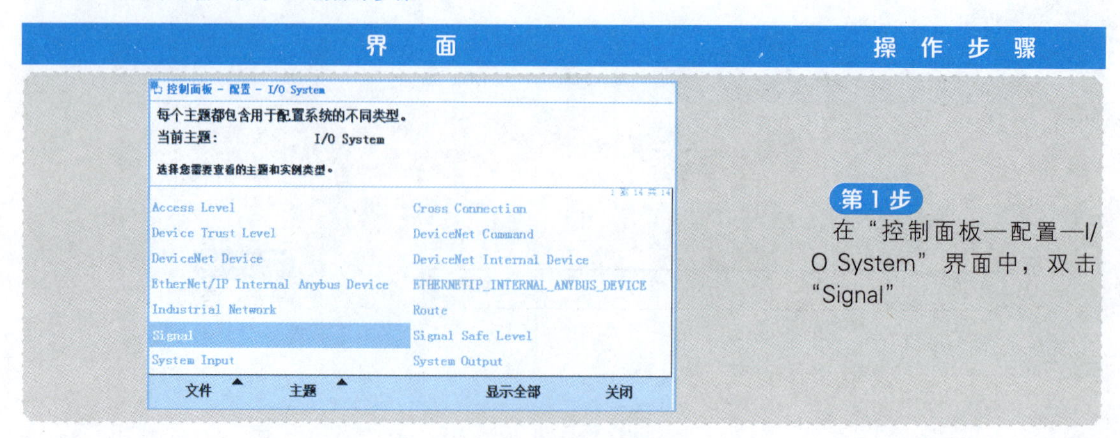

第 1 步　在“控制面板—配置—I/O System”界面中，双击“Signal”

（续）

界　面	操 作 步 骤
	第 2 步 单击"添加"
	第 3 步 在 Signal 的添加界面中按照表 3-24 中的参数进行填写。填写完成后单击"确定"，重启示教器后完成设定

3.3.3　定义数字输出信号do1

数字输出信号 do1 的相关参数见表 3-26。

表 3-26　数字输出信号 do1 的相关参数

参数名称	设定值	说　明
Name	do1	设定数字输出信号的名字
Type of Signal	Digital Output	设定信号的类型
Assigned to Device	board10	设定信号所在的 I/O 模块
Device Mapping	32	设定信号所占用的地址

定义数字输出信号 do1 的操作步骤见表 3-27。

表 3-27　定义数字输出信号 do1 的操作步骤

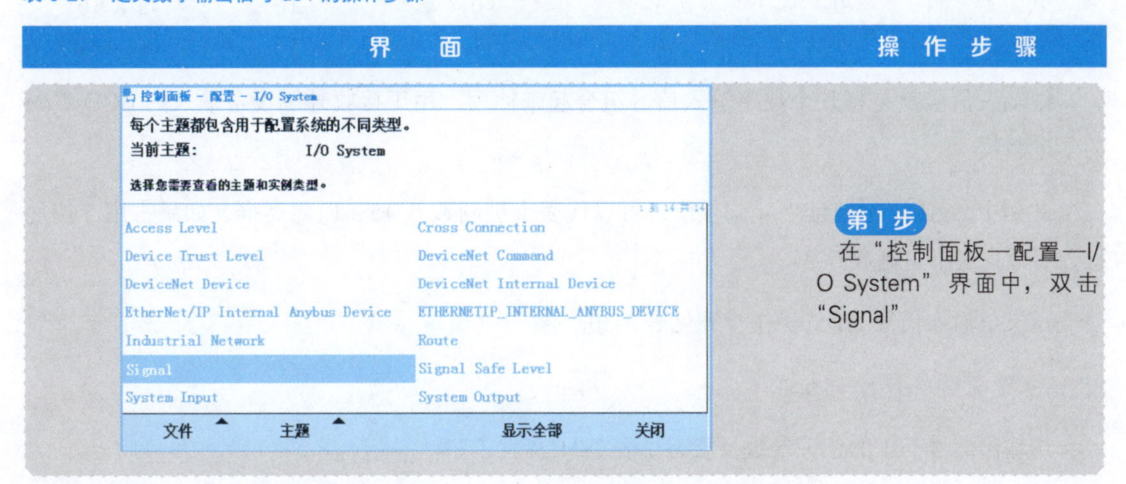

界　面	操 作 步 骤
	第 1 步 在"控制面板—配置—I/O System"界面中，双击"Signal"

（续）

界面	操作步骤
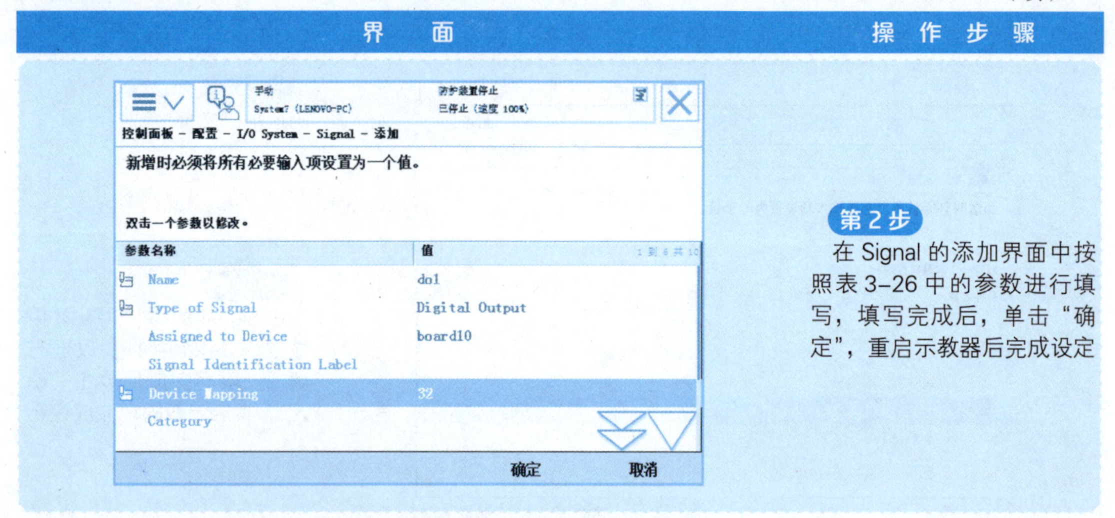	第2步 在 Signal 的添加界面中按照表 3-26 中的参数进行填写，填写完成后，单击“确定”，重启示教器后完成设定

3.3.4 定义组输入信号gi1

组输入信号 gi1 的相关参数及状态见表 3-28 及表 3-29。

表 3-28 组输入信号 gi1 的相关参数

参数名称	设定值	说 明
Name	gi1	设定组输入信号的名字
Type of Signal	Group Input	设定信号的类型
Assigned to Device	board10	设定信号所在的 I/O 模块
Device Mapping	1~4	设定信号所占用的地址

表 3-29 组输入信号 gi1 的状态

状态	地址 1	地址 2	地址 3	地址 4	十进制数
	1	2	4	8	
状态 1	0	1	0	1	2+8=10
状态 2	1	0	1	1	1+4+8=13

组输入信号就是将几个数字输入信号组合起来使用，用于接收外围设备输入的 BCD 编码的十进制数。

此例中，gi1 占用地址 1~4 共 4 位，可以代表十进制数 0~15，以此类推，如果占用 5 位地址，可以代表十进制数 0~31。

定义组输入信号 gi1 的操作步骤见表 3-30。

3.3.5 定义组输出信号go1

组输出信号 go1 的相关参数及状态见表 3-31 及表 3-32。

表 3-30　定义组输入信号 gi1 的操作步骤

界面	操作步骤
	第 1 步 在“控制面板—配置—I/O System”界面中，双击“Signal”
	第 2 步 在 Signal 的添加界面中按照表 3-28 中的参数进行填写，填写完成后，单击“确定”，重启后完成设定

表 3-31　组输出信号 go1 的相关参数

参数名称	设定值	说　明
Name	go1	设定组输出信号的名字
Type of Signal	Group Output	设定信号的类型
Assigned to Device	board10	设定信号所在的 I/O 模块
Device Mapping	33~36	设定信号所占用的地址

表 3-32　组输出信号 go1 的相关状态

状态	地址 33	地址 34	地址 35	地址 36	十进制数
	1	2	4	8	
状态 1	0	1	0	1	2+8=10
状态 2	1	0	1	1	1+4+8=13

组输出信号就是将几个数字输出信号组合起来使用，用于输出 BCD 编码的十进制数。

此例中，go1 占用地址 33~36 共 4 位，可以代表十进制数 0~15。以此类推，如果占用 5 位地址，可以代表十进制数 0~31。定义组输入信号 go1 的操作步骤见表 3-33。

表 3-33 定义组输入信号 go1 的操作步骤

界　面	操 作 步 骤
	第 1 步 在“控制面板—配置—I/O System”界面中，双击“Signal”
	第 2 步 在 Signal 的添加界面中按照表 3-31 中的参数进行填写。填写完成后，单击“确定”，重启后完成设定

3.3.6 定义模拟输出信号ao1

模拟输出信号 ao1 的相关参数见表 3-34。

表 3-34 模拟输出信号 ao1 的相关参数

参数名称	设定值	说　明
Name	ao1	设定模拟输出信号的名字
Type of Signal	Analog Output	设定信号的类型
Assigned to Device	board10	设定信号所在的 I/O 模块
Device Mapping	0~15	设定信号所占用的地址
Analog Encoding Type	Unsigned	设定模拟信号属性
Maximum Logical Value	10	设定最大逻辑值
Maximum Physical Value	10	设定最大物理值
Maximum Bit Value	65535	设定最大位值

定义模拟输出信号 ao1 的操作步骤见表 3-35。

表 3-35　定义模拟输出信号 ao1 的操作步骤

界　面	操 作 步 骤

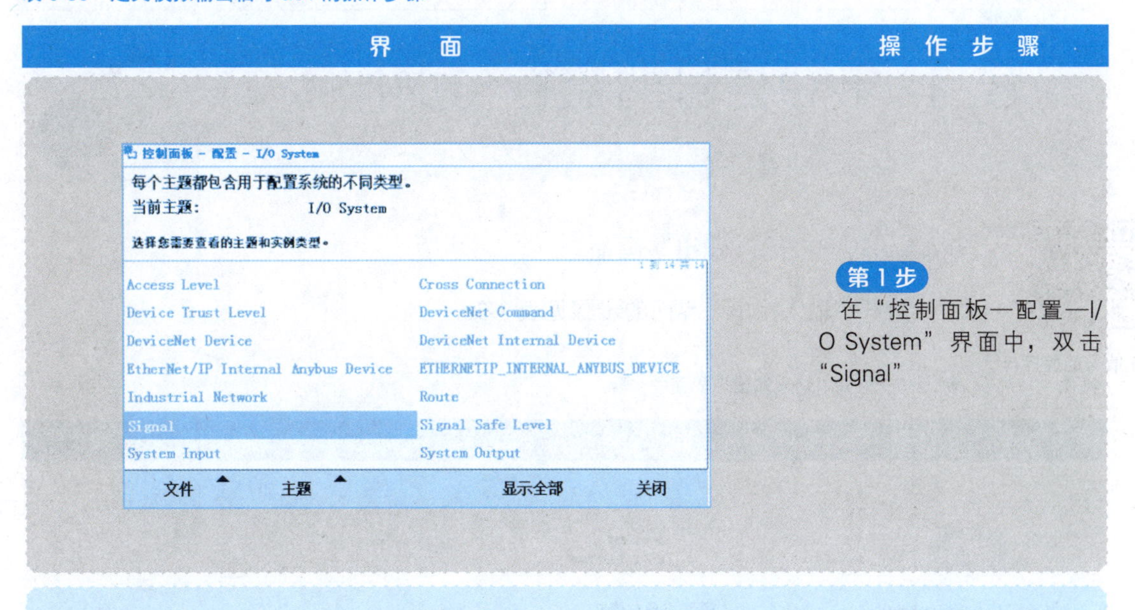

第 1 步
在“控制面板—配置—I/O System”界面中，双击“Signal”

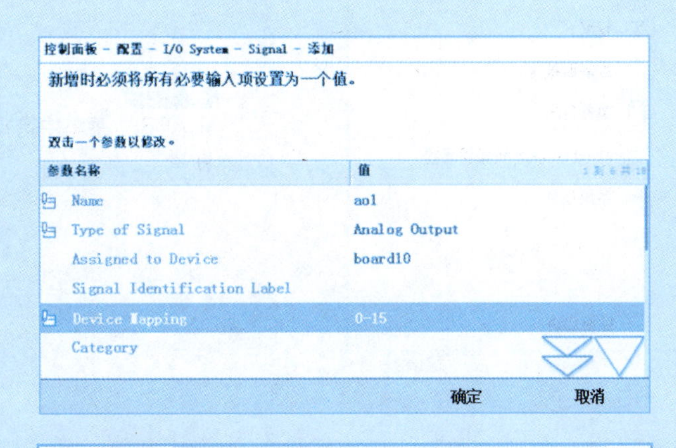

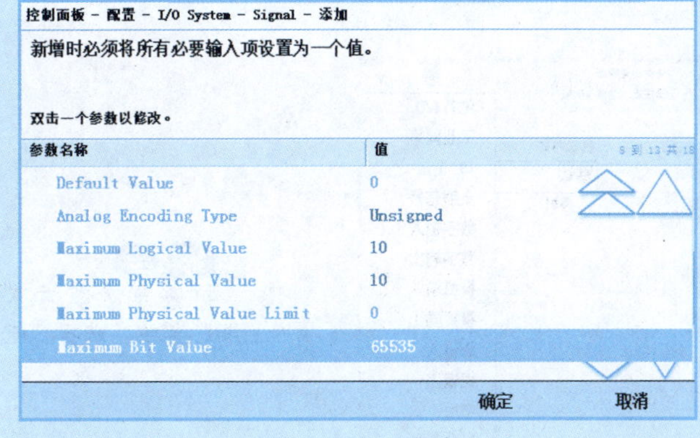

第 2 步
在 Signal 的添加界面中按照表 3-24 中的参数进行填写。填写完成后，单击“确定”，然后在提示重启的对话框中单击“是”进行重启，完成设定

3.4　I/O信号的监控与操作

I/O 信号的监控与操作

3.4.1　打开“输入输出”画面

打开“输入输出”界面的步骤见表 3-36。

表 3-36　打开“输入输出”界面的步骤

<table>
<tr><th>界　面</th><th>操 作 步 骤</th></tr>
<tr><td>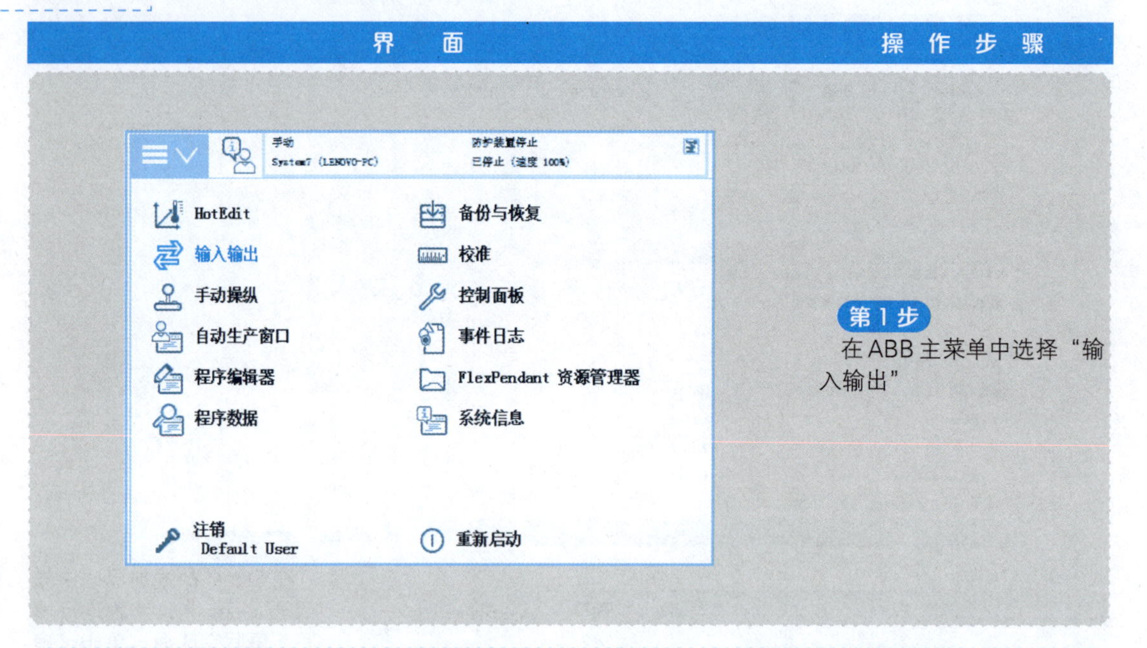
</td><td>第 1 步
在 ABB 主菜单中选择“输入输出”</td></tr>
<tr><td>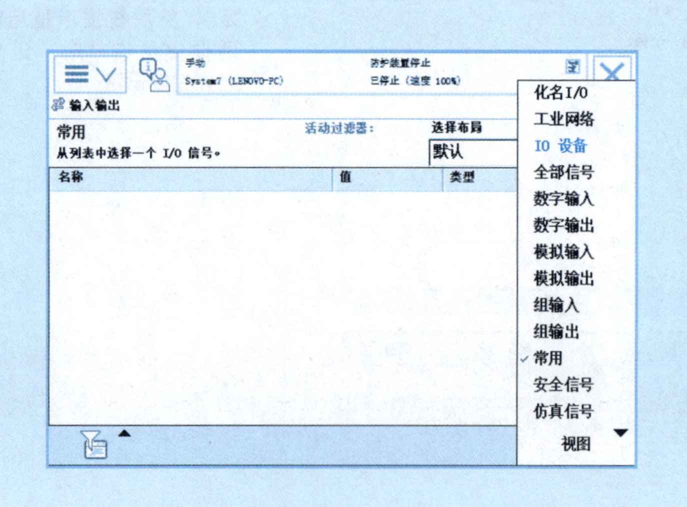
</td><td>第 2 步
打开示教器右下角“视图”菜单，选择“IO 设备”</td></tr>
</table>

（续）

界　面	操 作 步 骤

第 3 步
选中“board10”，单击“信号”

第 4 步
在这个界面中可看到在上一节中所定义的信号。可对信号进行监控、仿真和强制操作

3.4.2 对I/O信号进行仿真和强制操作

在机器人调试和检修时，可对 I/O 信号的状态或数值进行仿真和强制操作。

1.对di1进行仿真操作

对 di1 进行仿真操作的步骤见表 3-37。

表 3-37　对 di1 进行仿真操作的步骤

界　面	操 作 步 骤

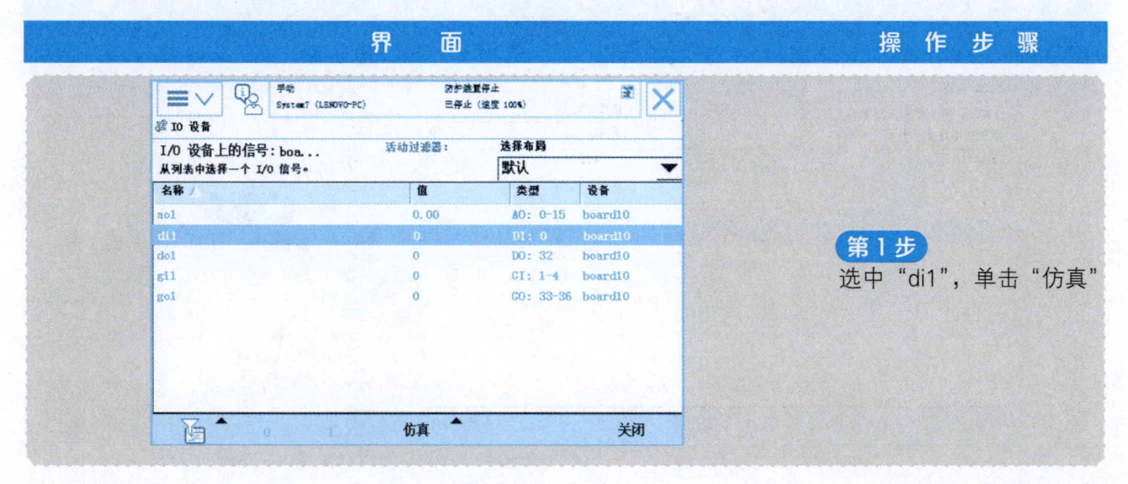

第 1 步
选中“di1”，单击“仿真”

（续）

界　面	操作步骤
	第 2 步 单击“1”，将 di1 的状态仿真为“1”
	第 3 步 仿真结束后，单击“消除仿真”

2.对do1进行强制操作

对 do1 进行强制操作的步骤见表 3-38。

表 3-38　对 do1 进行强制操作的步骤

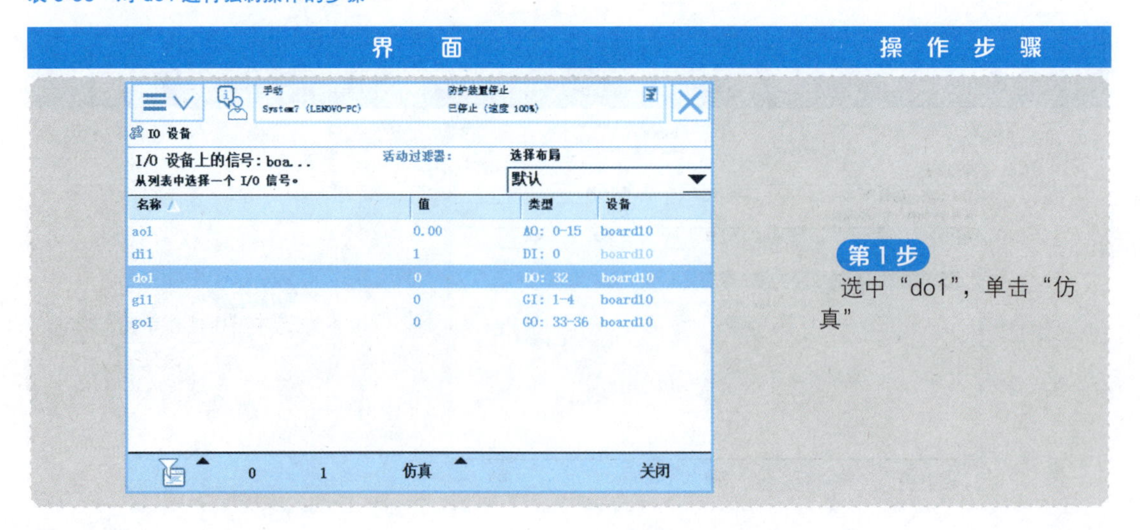

界　面	操作步骤
	第 1 步 选中“do1”，单击“仿真”

（续）

<table>
<tr><th>界　面</th><th>操 作 步 骤</th></tr>
<tr><td>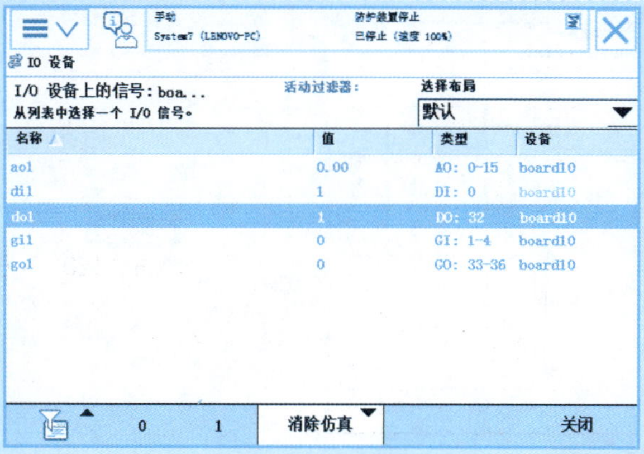
</td><td>第 2 步
通过单击“0”和“1”，对 do1 的状态进行强制操作</td></tr>
<tr><td>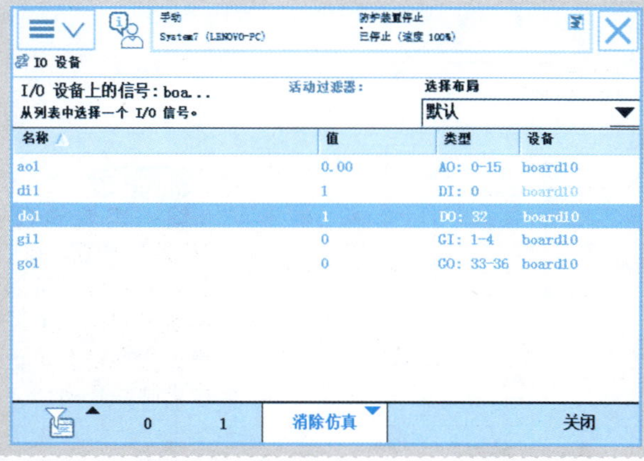
</td><td>第 3 步
仿真结束后，单击“消除仿真”，恢复初值</td></tr>
</table>

3.对gi1进行仿真操作

对 gi1 进行仿真操作的步骤见表 3-39。

表 3-39　对 gi1 进行仿真操作的步骤

<table>
<tr><th>界　面</th><th>操 作 步 骤</th></tr>
<tr><td>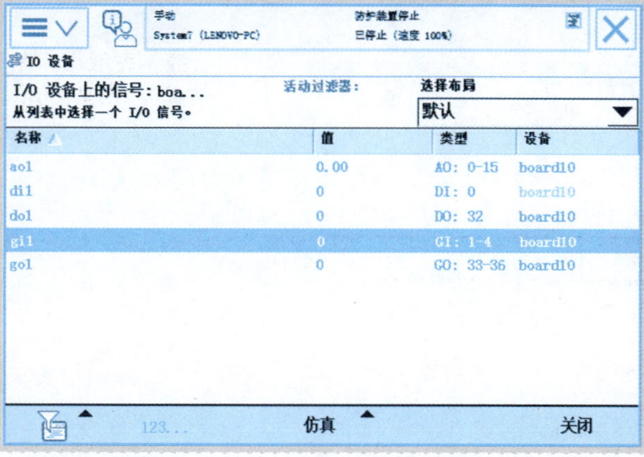
</td><td>第 1 步
选中“gi1”，然后单击“仿真”</td></tr>
</table>

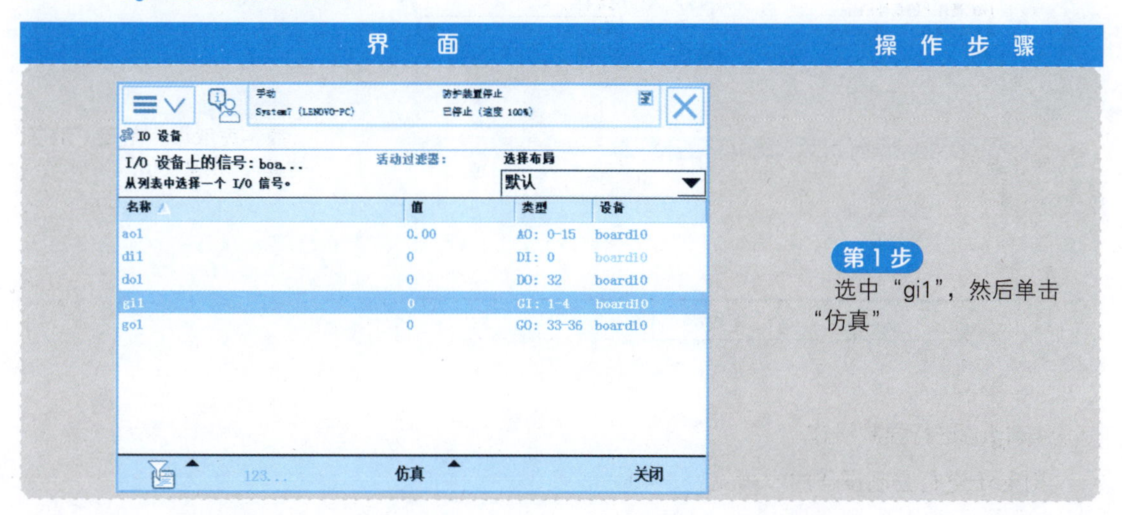

（续）

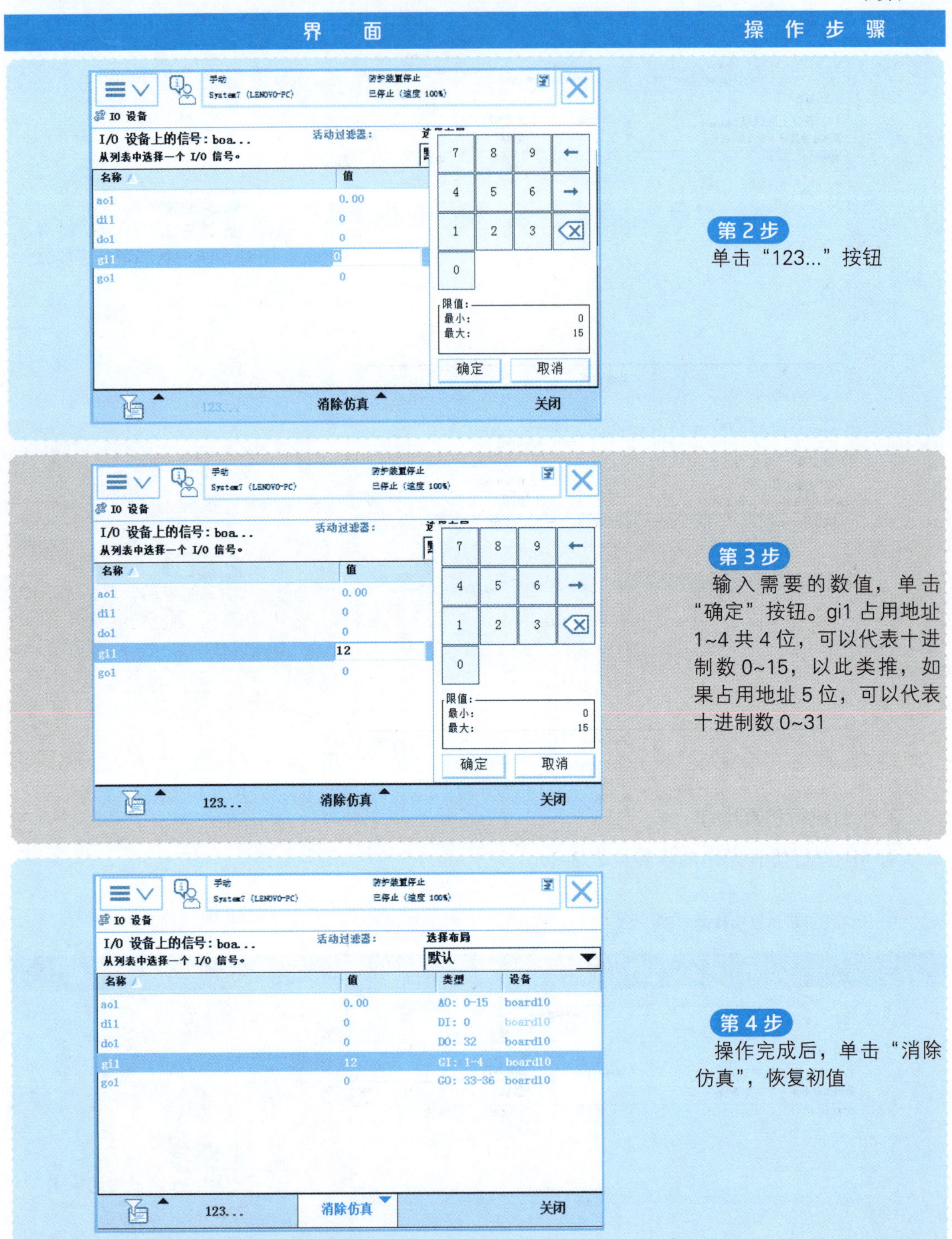

4.对go1进行强制操作

对go1进行强制操作的步骤见表3-40。

表 3-40 对 go1 进行强制操作的步骤

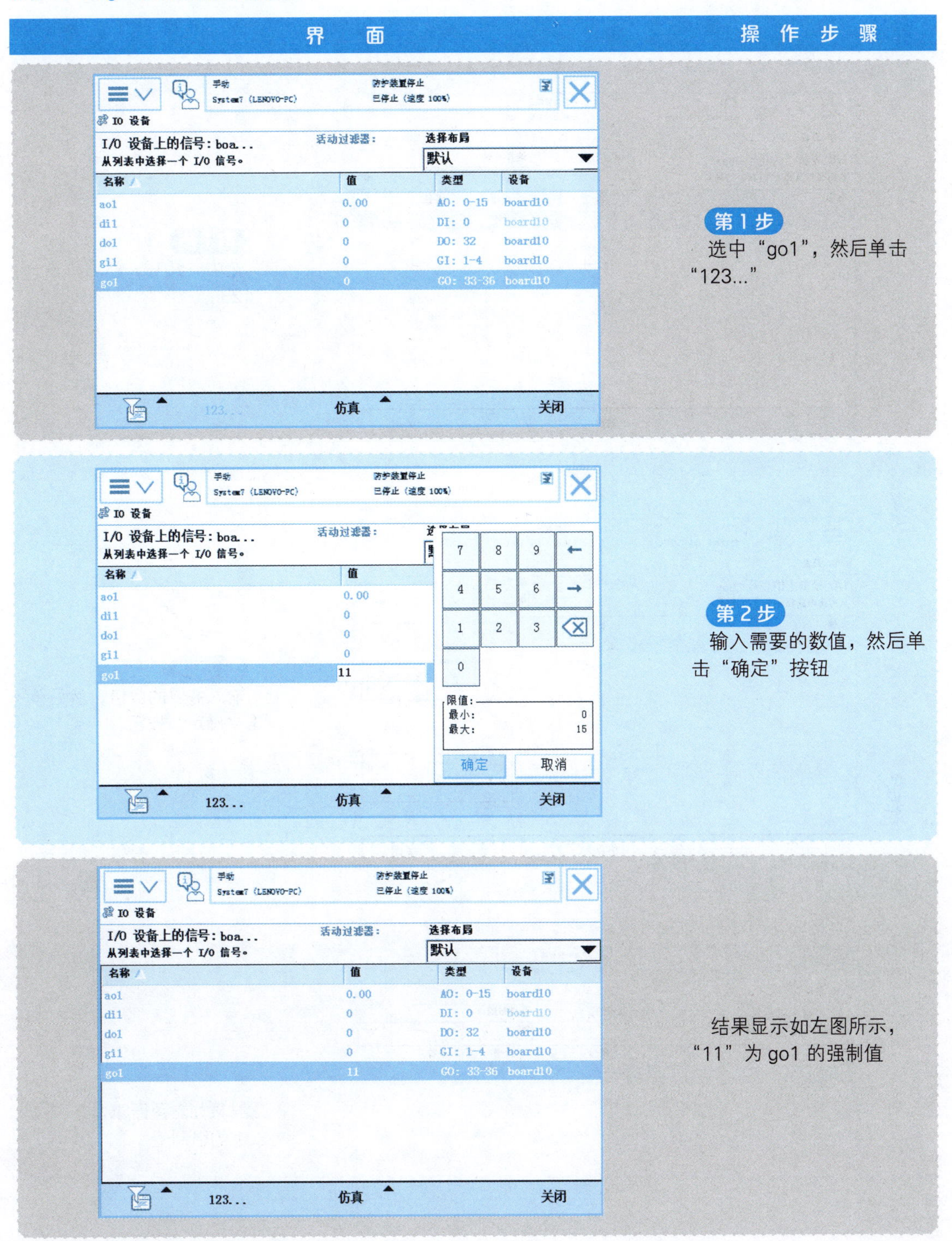

界面	操作步骤
	第 1 步 选中“go1”，然后单击“123...”
	第 2 步 输入需要的数值，然后单击“确定”按钮
	结果显示如左图所示，“11”为 go1 的强制值

5.对ao1进行强制操作

对 ao1 进行强制操作的步骤见表 3-41。

表 3-41 对 ao1 进行强制操作的步骤

<table>
<tr><th>界 面</th><th>操 作 步 骤</th></tr>
<tr><td>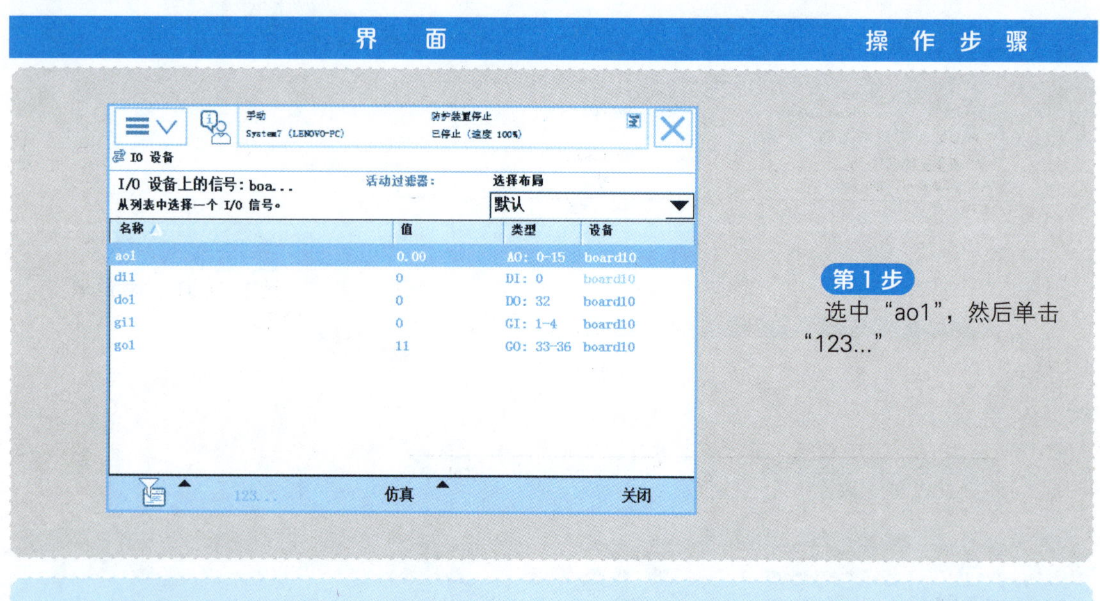
</td><td>第 1 步
选中“ao1”，然后单击“123...”</td></tr>
<tr><td>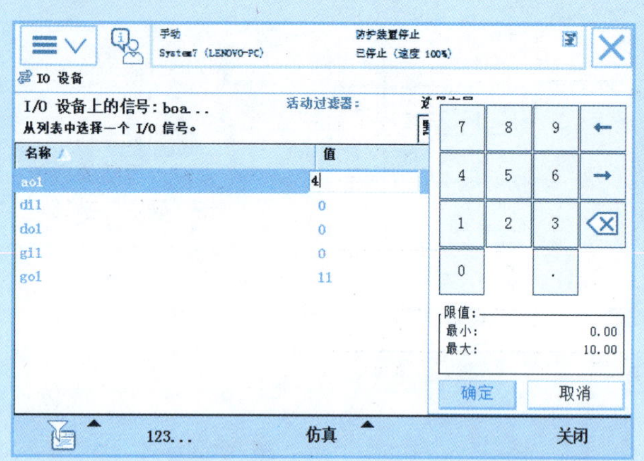
</td><td>第 2 步
输入需要的数值，然后单击“确定”按钮</td></tr>
<tr><td>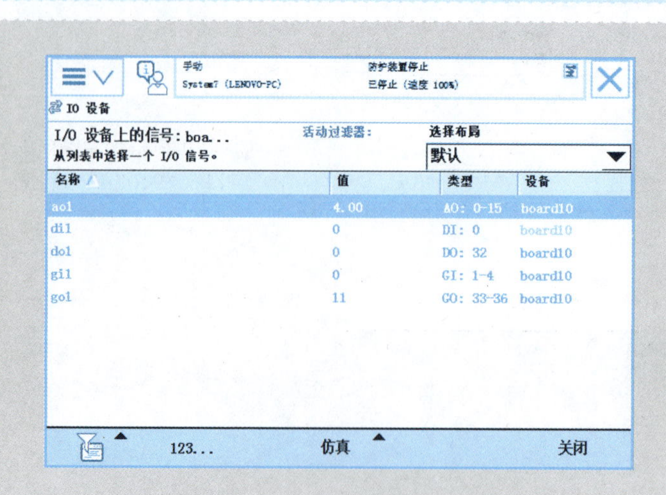
</td><td>结果如左图所示，“4”为 ao1 的强制值</td></tr>
</table>

3.5 Profibus适配器的连接

除了通过标准I/O板与外围设备进行通信以外，ABB工业机器人还可以使用DSQC667模块通过Profibus与PLC进行快捷和大数据量的通信，如图3-8所示。

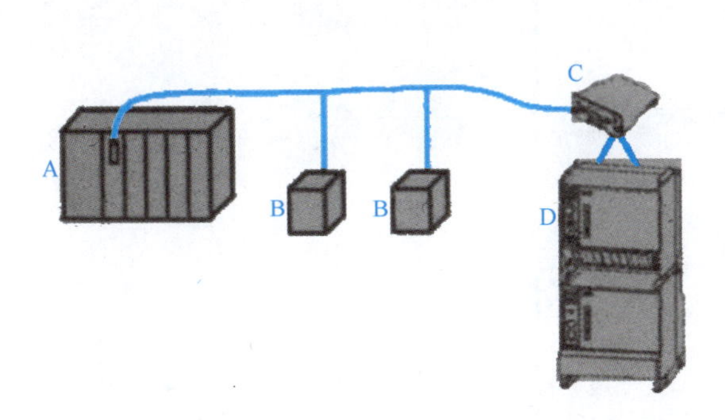

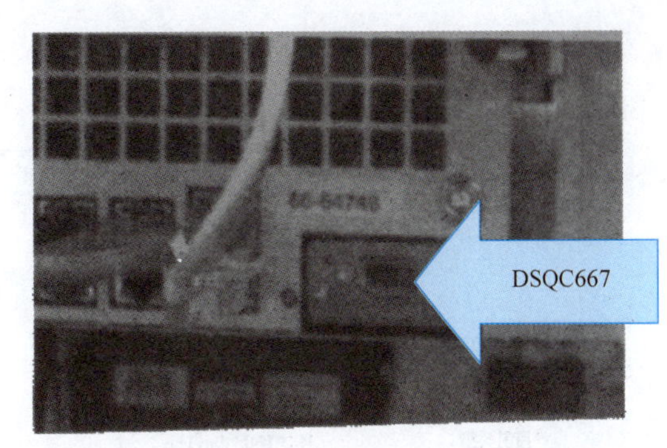

图3-8 使用DSQC667模块通过Profibus与PLC进行通信

图3-8中通过Profibus与PLC进行通信的说明见表3-42。

表3-42 通过Profibus与PLC进行通信的说明

标号	说　明	标号	说　明
A	PLC的主站	C	机器人Profibus适配器DSQC667
B	总线上的从站	D	机器人的控制柜

参数名称及说明见表3-43。

Profibus
适配器的连接

表3-43 参数名称及说明

参数名称	设定值	说　明
Name	Profibus8	设定I/O板在系统中的名字
Connected to Bus	Profibus	设定I/O板连接的总线（默认）
Profibus Address	8	设定I/O板在总线中的地址

DSQC667模块安装在控制柜中的主机上，最多支持512个数字输入和512个数字输出。相关的设定操作步骤见表3-44。

表 3-44 DSQC667 模块相关的设定操作步骤

界 面	操 作 步 骤
手动 System13 (LENOVO-PC) 防护装置停止 已停止（速度 100%） 控制面板 - 配置 - I/O System 每个主题都包含用于配置系统的不同类型。 当前主题： I/O System 选择您需要查看的主题和实例类型。 Access Level / Cross Connection Device Trust Level / Industrial Network PROFIBUS Device / PROFIBUS Internal Anybus Device Route / Signal Signal Safe Level / System Input System Output 文件 主题 显示全部 关闭	第 1 步 进入“控制面板—配置—I/O System 界面
手动 System13 (LENOVO-PC) 防护装置停止 已停止（速度 100%） 控制面板 - 配置 - I/O System - PROFIBUS Device 目前类型： PROFIBUS Device 新增或从列表中选择一个进行编辑或删除。 编辑 添加 删除 后退	第 2 步 双击“PROFIBUS Device”，进入左图所示的界面
手动 System13 (LENOVO-PC) 防护装置停止 已停止（速度 100%） 控制面板 - 配置 - I/O System - PROFIBUS Device - 添加 新增时必须将所有必要输入项设置为一个值。 双击一个参数以修改。 参数名称 / 值 Name / profibus8 Network / PROFIBUS StateWhenStartup / Activated TrustLevel / DefaultTrustLevel Simulated / 0 VendorName 确定 取消	第 3 步 单击“添加”并按照表 3-43 中的参数设定 Profibus 适配器

（续）

界面	操作步骤
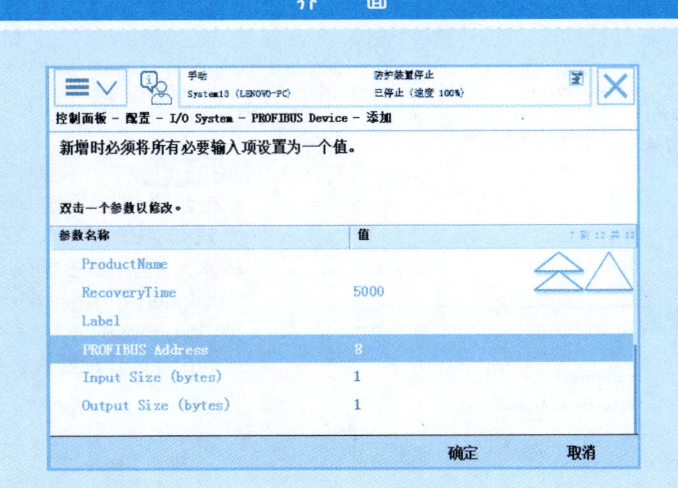	第 3 步 单击“添加”并按照表 3-43 中的参数设定 Profibus 适配器
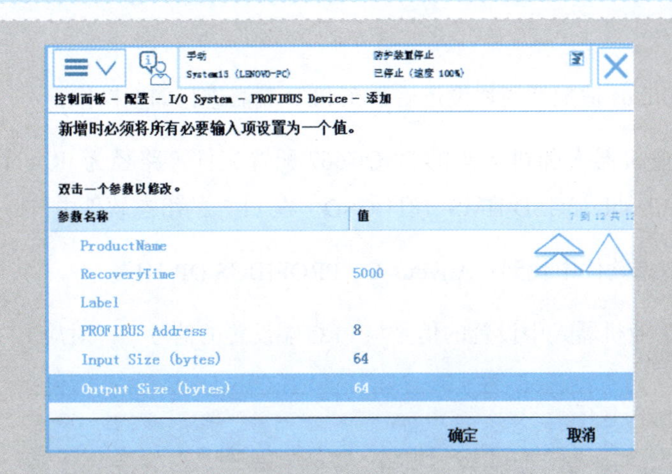	第 4 步 将“Input Size”和“Output Size”设定为 64，单击“确定”，则数字输入信号为 512 个，数字输出信号为 512 个
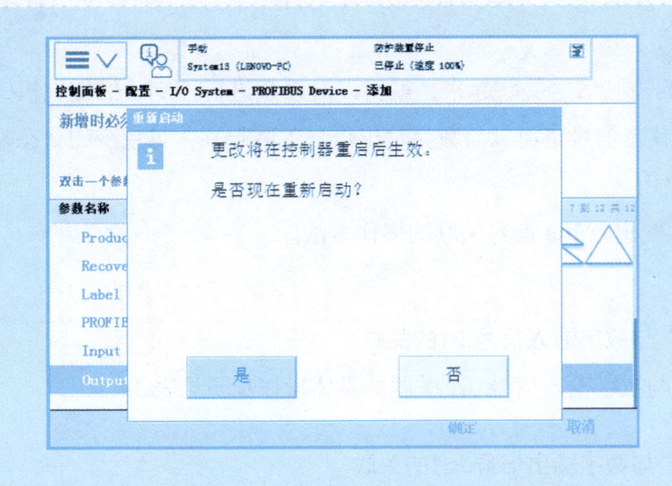	第 5 步 在重启对话框中单击“是”按钮，重启系统，使设置生效

（续）

界　面	操 作 步 骤
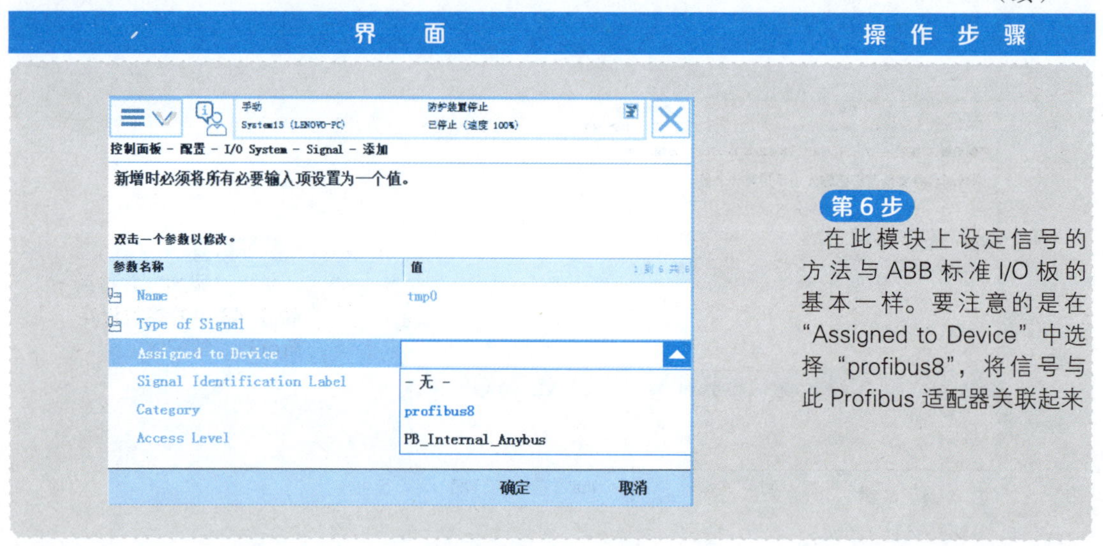	**第 6 步** 在此模块上设定信号的方法与 ABB 标准 I/O 板的基本一样。要注意的是在“Assigned to Device”中选择“profibus8”，将信号与此 Profibus 适配器关联起来

完成 ABB 工业机器人的 Profibus 适配器模块设定后，在 PLC 端需进行如下操作：

输入输出和 I/O 关联

1）将 ABB 工业机器人随机光盘的 DSQC667 配置文件（路径为 \RobotWare 5.13\Utility\Fieldbus\Profibus\GSD\HMS_1811.GSD）在 PLC 的组态软件中打开。

2）在 PLC 的组态软件中找到“Anybus-CC PROFIBUS DP-V1”。

3）确认 ABB 工业机器人中设置的信号与 PLC 端设置的信号一一对应。

3.6 系统输入/输出与I/O信号的关联

将数字输入信号与系统的控制信号关联起来，就可以对系统进行控制（例如电机的开启、程序启动等）。系统的状态信号也可以与数字输出信号关联起来，将系统的状态输出给外围设备，以作为控制之用。

下面介绍建立系统输入 / 输出与 I/O 信号关联的操作方法。

1.建立系统输入“电机开启”与数字输入信号di1的关联

建立系统输入“电机开启”与数字输入信号 di1 关联的具体操作步骤见表 3-45。

2.建立系统输出“电机开启”与数字输出信号do1的关联

建立系统输出“电机开启”与数字输出信号 do1 关联的操作步骤见表 3-46。

表 3-45　建立系统输入“电机开启”与数字输入信号 di1 关联的操作步骤

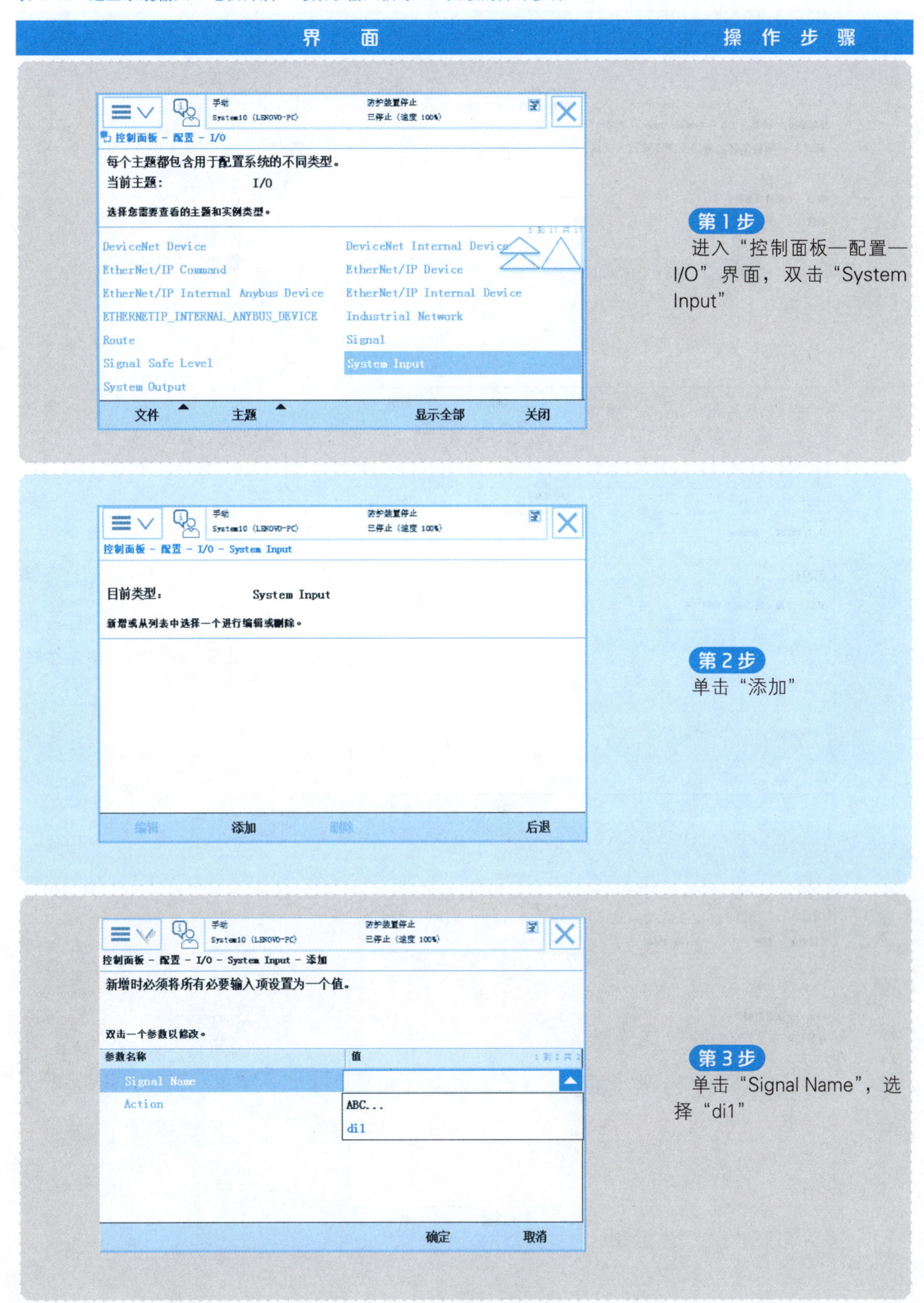

界面	操作步骤
	第 1 步 进入“控制面板—配置—I/O”界面，双击“System Input”
	第 2 步 单击“添加”
	第 3 步 单击“Signal Name”，选择“di1”

（续）

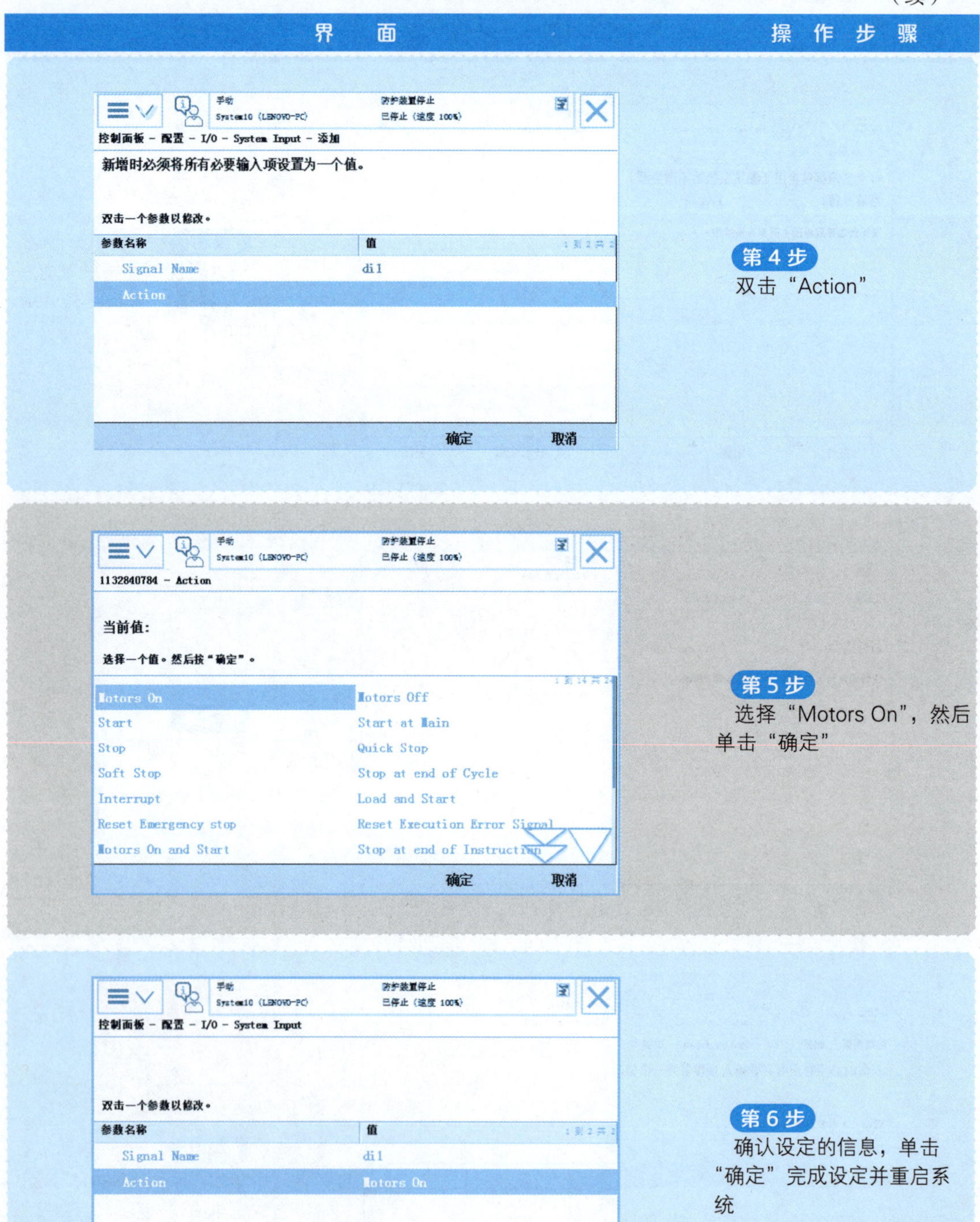

界 面
操 作 步 骤
控制面板 - 配置 - I/O - System Input - 添加
新增时必须将所有必要输入项设置为一个值。
双击一个参数以修改。
参数名称
值
Signal Name
di1
Action
确定
取消
第 4 步
双击“Action”
1132840784 - Action
当前值：
选择一个值。然后按“确定”。
Motors On
Motors Off
Start
Start at Main
Stop
Quick Stop
Soft Stop
Stop at end of Cycle
Interrupt
Load and Start
Reset Emergency stop
Reset Execution Error Signal
Motors On and Start
Stop at end of Instruction
确定
取消
第 5 步
选择“Motors On”，然后单击“确定”
控制面板 - 配置 - I/O - System Input
双击一个参数以修改。
参数名称
值
Signal Name
di1
Action
Motors On
确定
取消
第 6 步
确认设定的信息，单击“确定”完成设定并重启系统

表 3-46　建立系统输出“电机开启”与数字输出信号 do1 关联的操作步骤

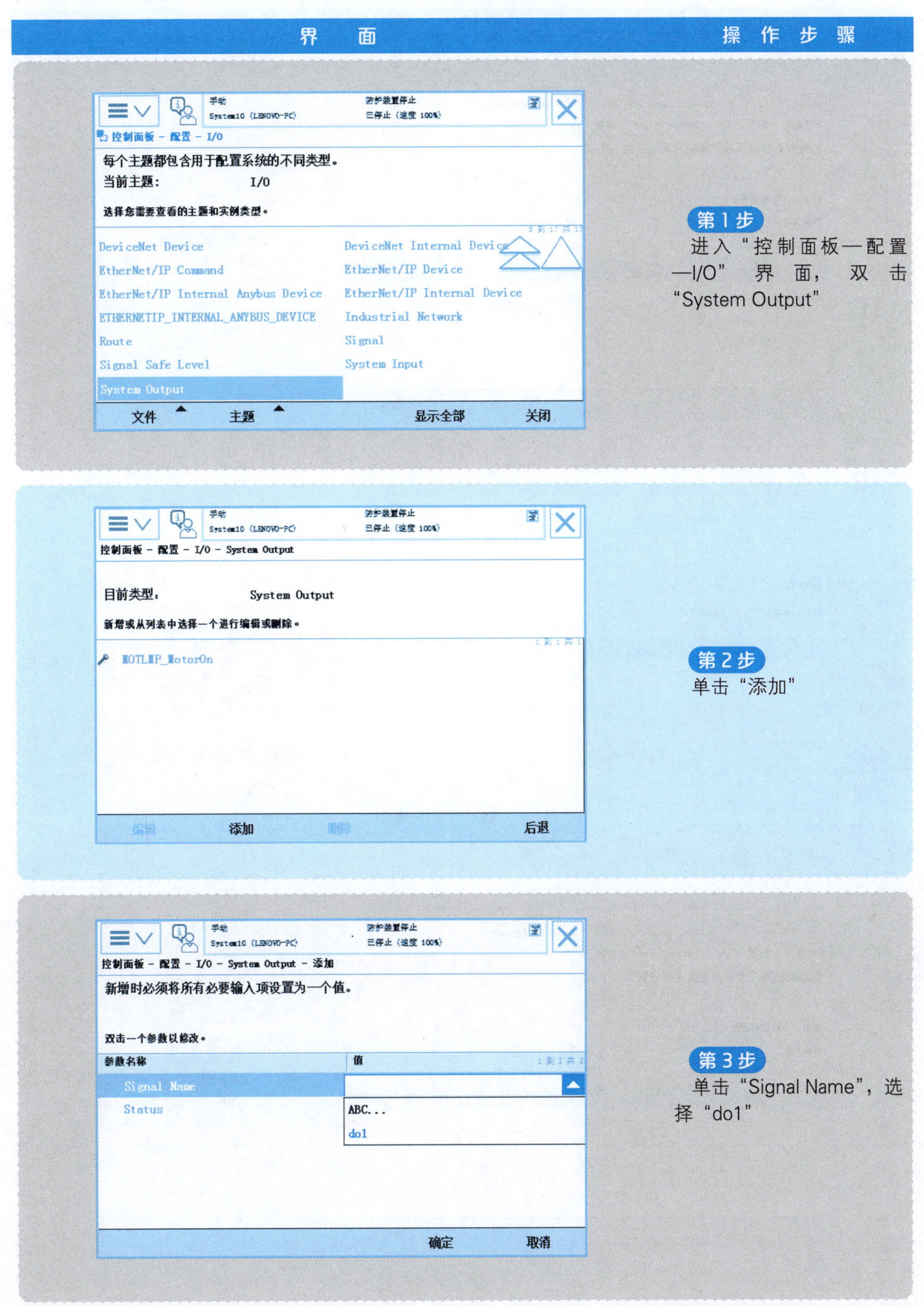

界　面	操 作 步 骤
	第 1 步 进入“控制面板—配置—I/O”界面，双击“System Output”
	第 2 步 单击“添加”
	第 3 步 单击“Signal Name”，选择“do1”

（续）

第 4 步

双击“Status”

第 5 步

选择“Motor On”，然后单击“确定”

第 6 步

确认设定的信息，单击“确定”完成设定并重启

3.7 定义可编程按键

为了方便对 I/O 信号进行强制与仿真操作，可将可编程按键分配给想要快捷控制的 I/O 信号。示教器上的可编程按键如图 3-9 所示。

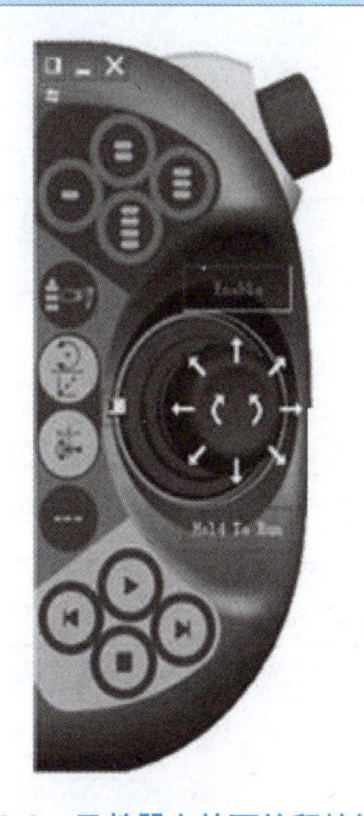

配置可编程按键

图3-9 示教器上的可编程按键

为可编程按键 1 配置数字输出信号 do1 的操作步骤见表 3-47。

表 3-47 为可编程按键 1 配置数字输出信号 do1 的操作步骤

界 面	操 作 步 骤
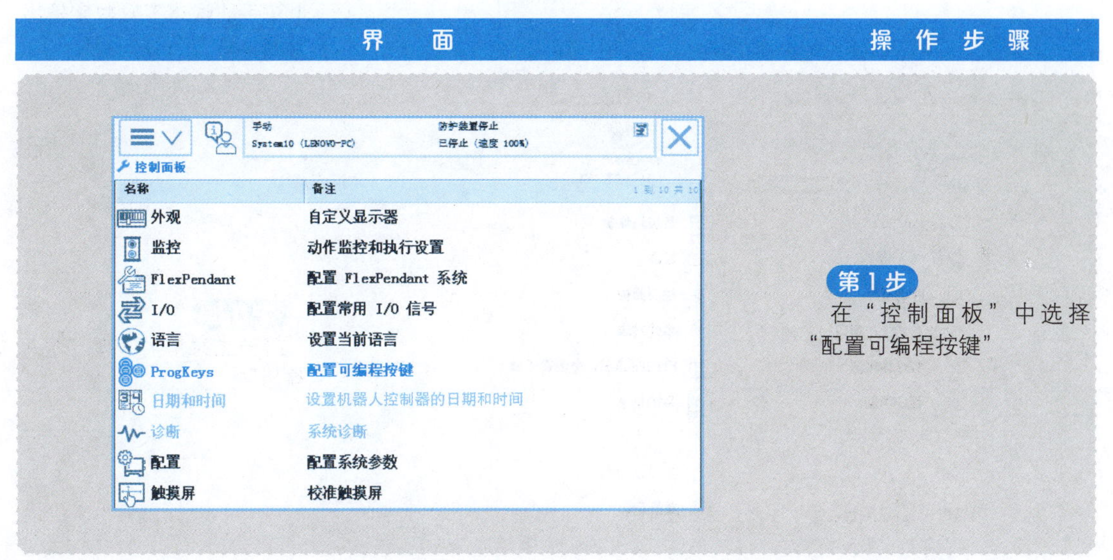	第 1 步 在“控制面板”中选择“配置可编程按键”

（续）

界 面	操 作 步 骤

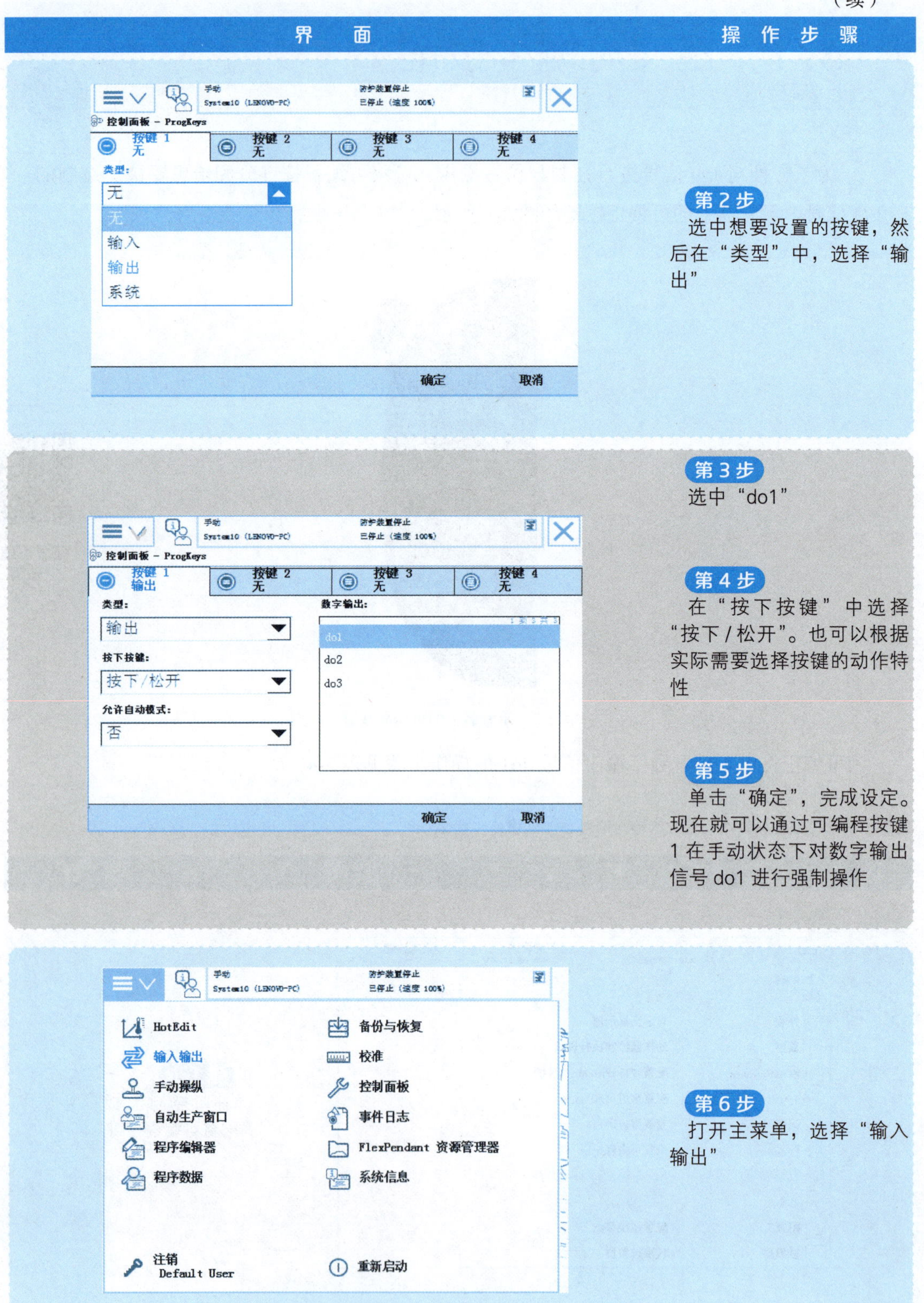

第 2 步
选中想要设置的按键，然后在“类型”中，选择“输出”

第 3 步
选中“do1”

第 4 步
在“按下按键”中选择“按下 / 松开”。也可以根据实际需要选择按键的动作特性

第 5 步
单击“确定”，完成设定。现在就可以通过可编程按键 1 在手动状态下对数字输出信号 do1 进行强制操作

第 6 步
打开主菜单，选择“输入输出”

（续）

界　面	操 作 步 骤

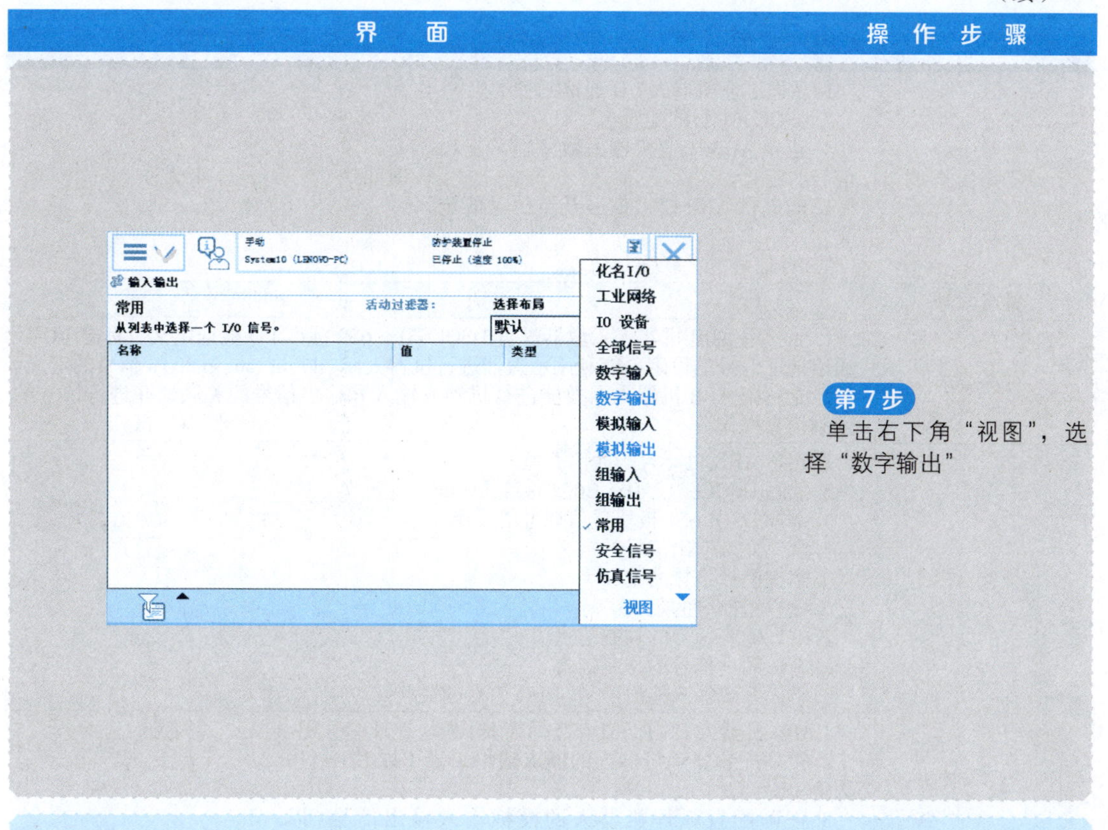

第 7 步

单击右下角“视图”，选择“数字输出”

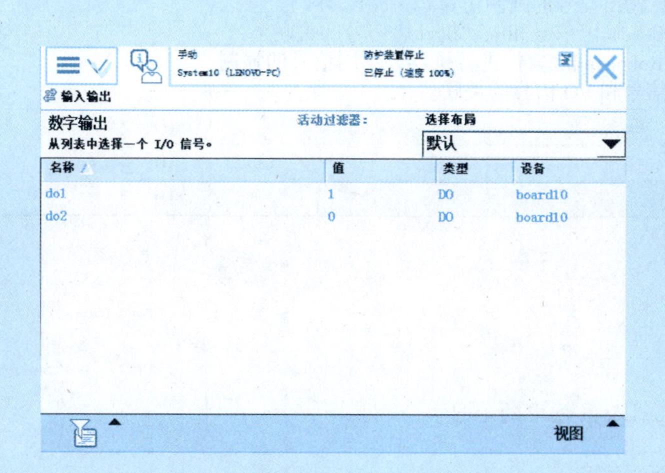

第 8 步

单击所设定按键进行仿真，do1 数值就会显示为“1”，松开鼠标，do1 数值又会变为“0”

学生项目任务书

<table>
<tr><th>课程名称</th><th colspan="2">工业机器人现场编程</th><th>项目</th><th colspan="2">工业机器人 I/O 通信</th></tr>
<tr><td>工作任务</td><td colspan="2">1. 认识工业机器人 I/O 通信的种类。
2. DSQC651 板的配置。
3. 建立 ABB 工业机器人数字输入输出信号的定义。
4. 能进行 ABB 模拟信号及组信号的定义。
5. I/O 信号的关联强制仿真。</td><td>时间</td><td colspan="2">4 课时</td></tr>
<tr><td>姓名学号</td><td></td><td>组别</td><td></td><td>日期</td><td></td></tr>
<tr><td>任务要求</td><td colspan="5">1. 能利用 ABB 机器人示教器配置 DSQC651、652 标准 I/O 地址定义及标准 I/O 板通信地址信号的设定，能利用示教器进行机器人 di、do、ai、ao、gi 和 go 信号的定义。
2. 能利用 ABB 机器人示教器进行机器人输入和输出信号的关联，并进行信号的强制仿真操作。</td></tr>
<tr><td>任务目标</td><td colspan="5">1. 熟悉 ABB 机器人的通信类型。
2. 熟悉 DSQC651、DSQC652 标准 I/O 的地址定义。
3. 掌握 DSQC651 板块通信地址的设定。
4. 掌握输入输出信号的定义。
5. 掌握模拟信号的定义。
6. 熟悉组信号的定义。
7. 掌握输入信号的强制仿真。
8. 掌握输出信号的强制仿真。
9. 掌握系统输入输出信号与 I/O 信号的关联。</td></tr>
<tr><td>提交成果</td><td colspan="3">1.ABB 机器人 DSQC651\652 标准 I/O 板块地址的分配。
2. 正确配置弧焊机器人的输入输出信号（以 IRB1410 为例）。
3. 正确配置弧焊机器人的模拟输入输出信号(以 IRB1410 为例)。
4. 能进行机器人组信号的定义。
5. 正确进行输入信号的强制仿真（以 di1 为例）。
6. 正确进行输出信号的强制仿真(以 do1 为例)。
7. 能进行输入输出信号和电动机开启信号的关联。
8. 能采用 Robotstudio 软件进行机器人不同信号的强制仿真及系统信号和 I/O 信号的关联。</td><td>70</td><td rowspan="4">合计:</td></tr>
<tr><td>工作态度</td><td colspan="3"></td><td>10</td></tr>
<tr><td>工作规范及团队协作</td><td colspan="3"></td><td>10</td></tr>
<tr><td>考勤情况</td><td colspan="3"></td><td>10</td></tr>
</table>

习题

1. 如何确定信号板在工业机器人系统中的地址?

2. 请定义 di1，di2 的数字输入信号。

3. 如何关联工业机器人系统输入输出?

4. 如何定义可编程按键?

第4章 CHAPTER 4 工业机器人程序数据的建立

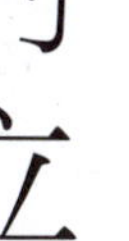

【学习目标】

1. 能根据程序要求正确建立工业机器人程序的数据。
2. 能正确设定 ABB 工业机器人 tooldata、wobjdata、loaddata 三个关键程序数据。

4.1 建立工业机器人程序数据

4.1.1 程序数据概述

程序数据建立

程序数据是在程序模块或系统模块中设定的值和定义的一些环境数据。创建好的程序数据可通过同一个模块或其他模块中的指令进行引用。图 4-1 所示为常用的直线运动指令，在该行程序中调用了四个常用的程序数据。

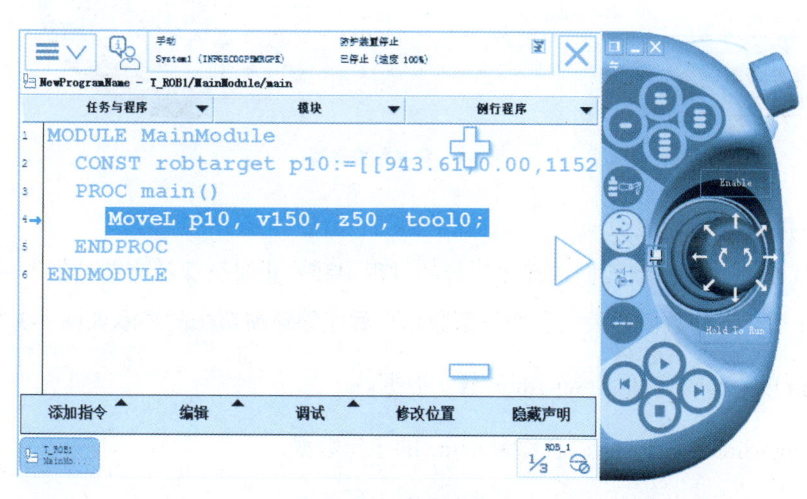

图4-1 基本程序界面

图 4-1 中所使用的程序数据详细说明见表 4-1。

表 4-1　程序数据详细说明

程序数据	数据类型	说　明
p10	robtarget	机器人运动目标位置数据
v150	speeddata	机器人运动速度数据
z50	zonedata	机器人运动转弯数据
tool0	tooldata	机器人工作数据 TCP

4.1.2　程序数据的类型与分类

1.程序数据的类型分类

ABB 工业机器人的程序数据共有 76 个，程序数据可以根据实际情况进行创建，为 ABB 工业机器人程序设计提供了良好的数据支撑。

数据类型可以利用示教器的“程序数据”窗口进行查看（图 4-2），用户可根据需要进行选择，并创建程序数据。

图4-2　程序数据类型

2.程序数据的存储类型

（1）变量 VAR　变量型数据在程序执行的过程中和停止时会保持当前的值。一旦程序指针被移到主程序后，当前数值会丢失。变量型数据在程序编辑窗口中的显示如图 4-3 所示。

VAR num length:=0; 名称为 length 的数字数据。

VAR string name:=” Rose”; 名称为 name 的字符数据。

VAR bool flag:=FALSE; 名称为 flag 的布尔量数据。

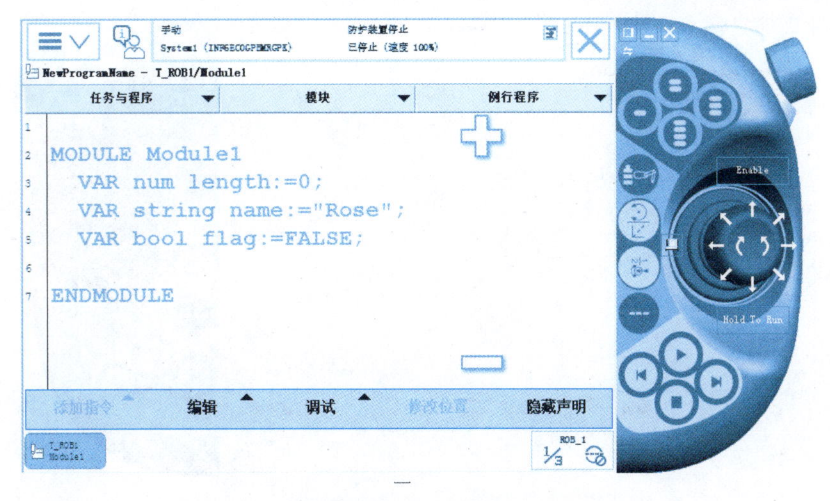

图4-3　变量型数据在程序编辑窗口中的显示

其中，VAR 表示存储类型为变量，num 表示程序数据类型。

在定义数据时，可以定义变量数据的初始值。如 length 的初始值为 0，name 的初始值为 John，flag 的初始值为 FALSE。在 ABB 工业机器人执行的 RAPID 程序中也可以对变量存储类型程序数据进行赋值操作，如图 4-4 所示。在执行程序时，变量数据为程序中的赋值，在指针复位后将恢复为初始值。

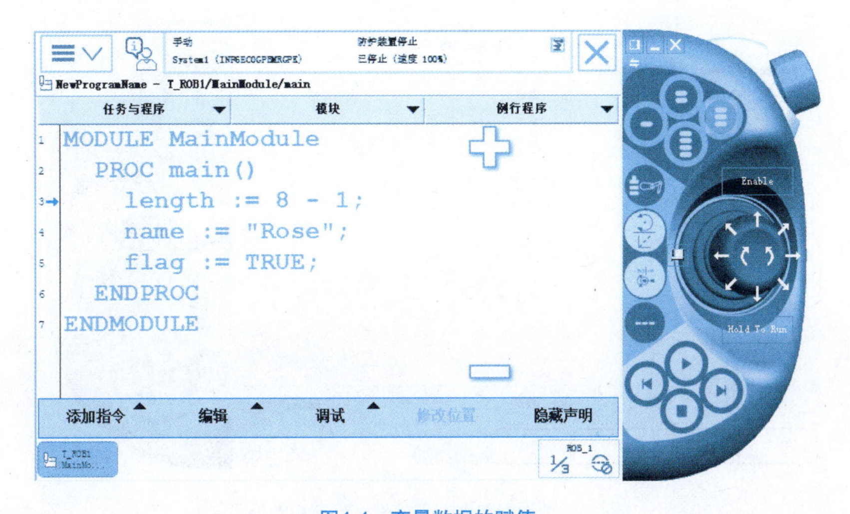

图4-4　变量数据的赋值

（2）可变量 PERS　可变量最大的特点是，无论程序的指针如何，都会保持最后赋予的值。可变量型数据在程序编辑窗口中的显示如图 4-5 所示。

PERS num abc:=2; 名称为 abc 的数字数据。

PERS string text:=”Hi”; 名称为 text 的字符数据。

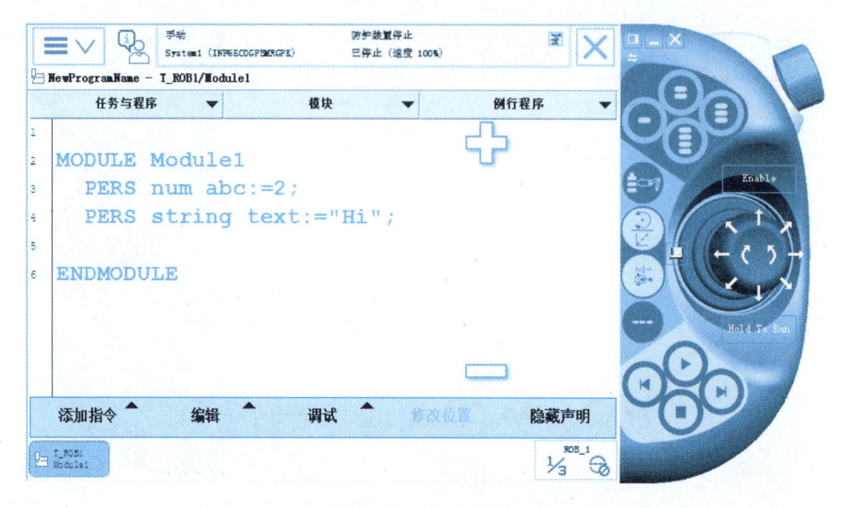

图4-5　可变量型数据在程序编辑窗口中的显示

在机器人执行的 RAPID 程序中也可以对可变量型数据进行赋值操作，PERS 表示存储类型为可变量。在程序执行以后，赋值的结果会一直保持，直到对其进行重新赋值。

（3）常量 CONST　常量在定义时已被赋予了数值。存储类型为常量的程序数据，不允许在程序中进行赋值操作；需要修改时，必须手动进行修改。常量型数据在程序编辑窗口中的显示如图 4-6 所示。

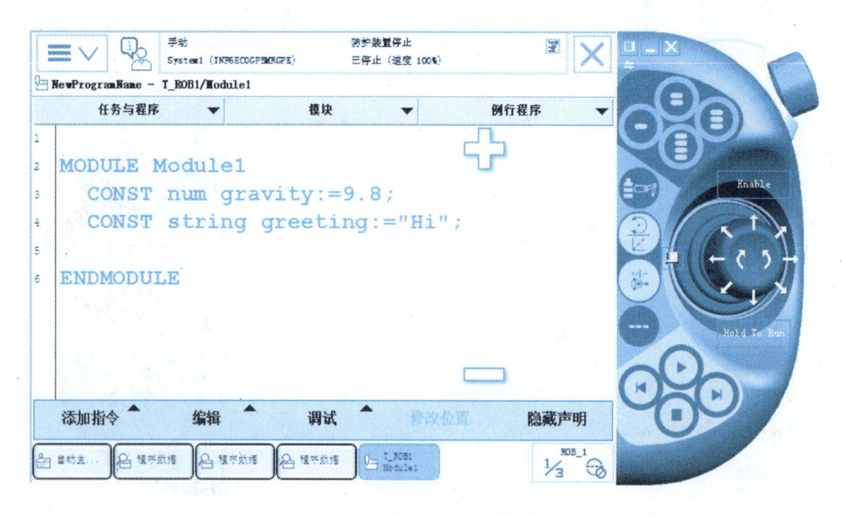

图4-6　常量型数据在程序编辑窗口中的显示

CONST num gravity:=9.8; 名称为 gravity 的数字数据。

CONST string greeting:=" Hi"；名称为 greeting 的字符数据。

3.常用的程序数据

根据不同的用途，ABB 工业机器人系统定义了不同的程序数据。系统中还有针对一些特殊功能的程序数据，在对应的功能说明书中有相应的详细介绍（详见随机光盘中的电子版说明书）。实际应用中，可根据需要新建不同的程序数据类型。表 4-2 是 ABB 工业机器人系统中常用的程序数据。

表 4-2　ABB 工业机器人系统中常用的程序数据

程序数据	说　明	程序数据	说　明
bool	布尔量	pos	位置数据（只有 X、Y 和 Z 参数）
byte	整数数据 0~255	pose	坐标转换
clock	计时数据	robjoint	机器人轴角度数据
dionum	数字输入 / 输出信号	robtarget	机器人与外轴的位置数据
extjoint	外轴位置数据	speeddata	机器人与外轴的速度数据
intnum	中断标志符	string	字符串
jointtarget	关节位置数据	tooldata	工具数据
loaddata	负荷数据	trapdata	中断数据
mecunit	机械装置数据	wobjdata	工件数据
num	数值数据	zonedata	TCP 转弯半径数据
orient	姿态数据		

4.1.3　建立程序数据的方式与步骤

在 ABB 工业机器人系统中，可以通过以下两种方式建立程序数据：

1）直接在示教器中的程序数据界面中建立程序数据。

2）在建立程序指令时，同时自动生成对应的程序数据（详见程序指令）。

下面以在示教器中的程序数据界面中建立 bool 数据为例，介绍程序数据的建立步骤（表 4-3）。

表 4-3　程序数据的建立步骤

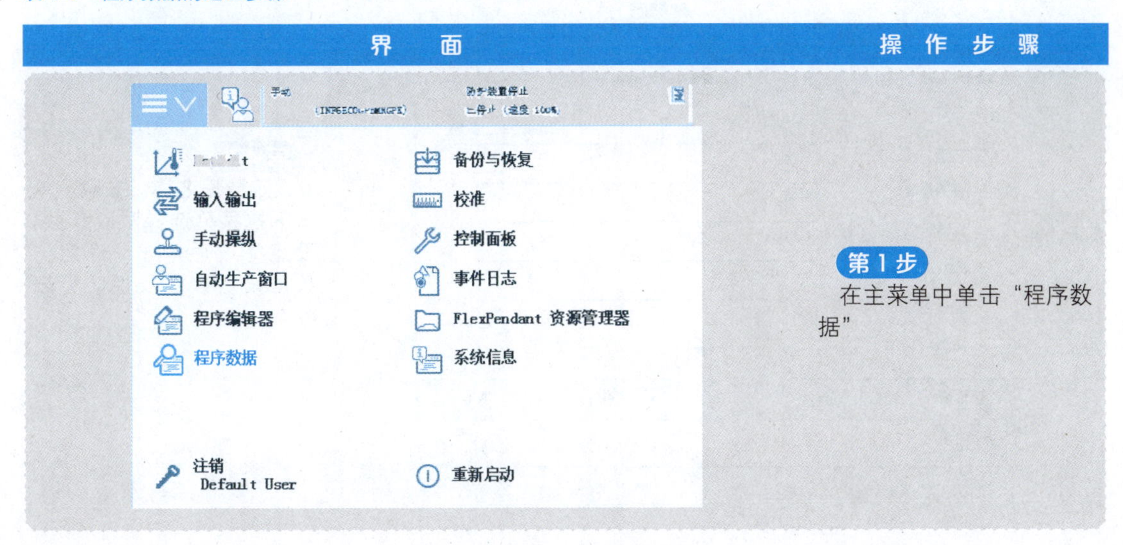

（续）

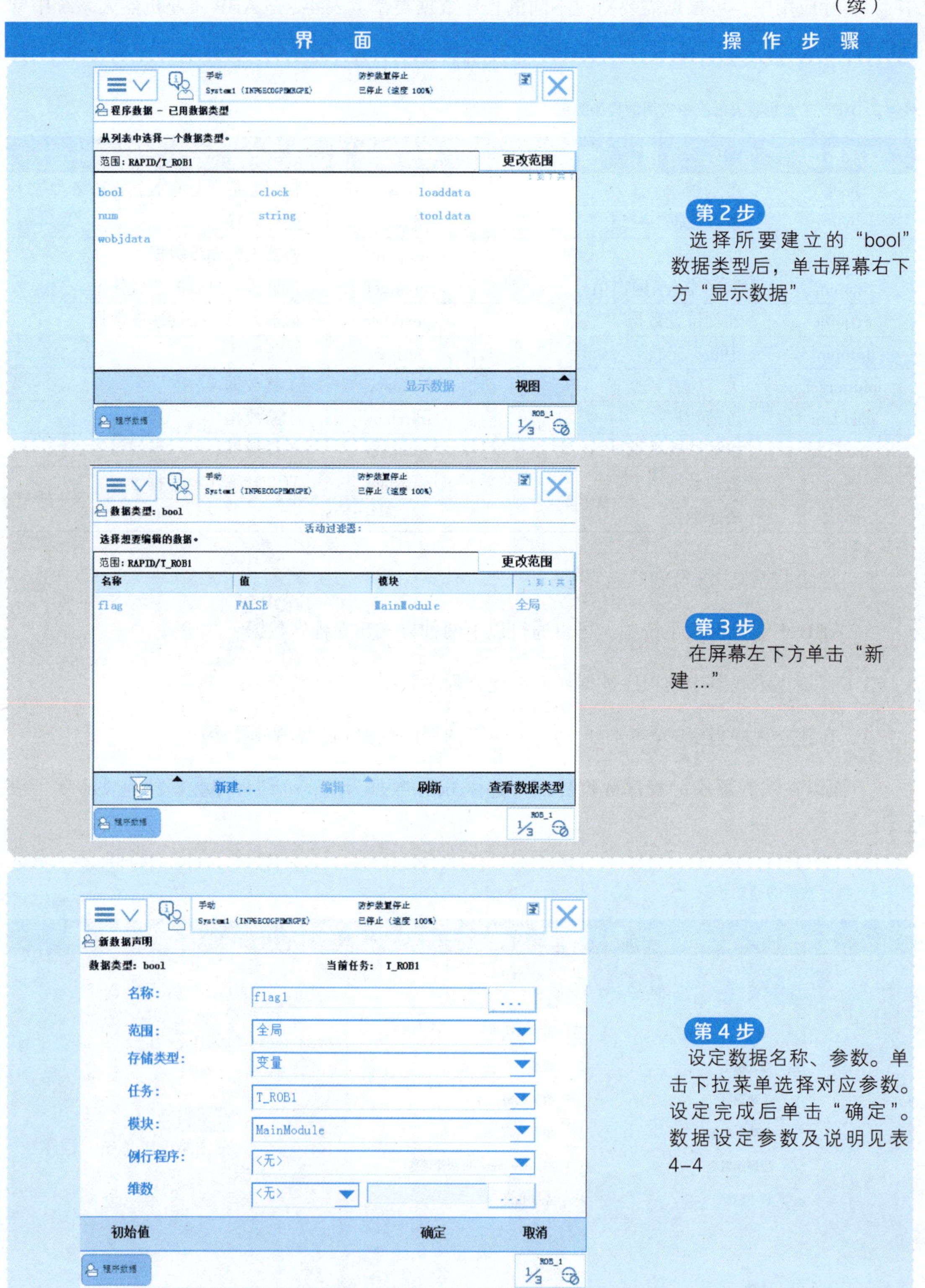

界　面	操 作 步 骤

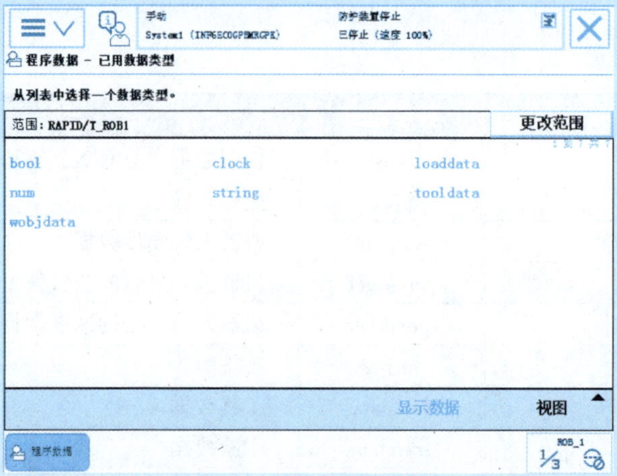

第 2 步

选择所要建立的“bool”数据类型后，单击屏幕右下方“显示数据”

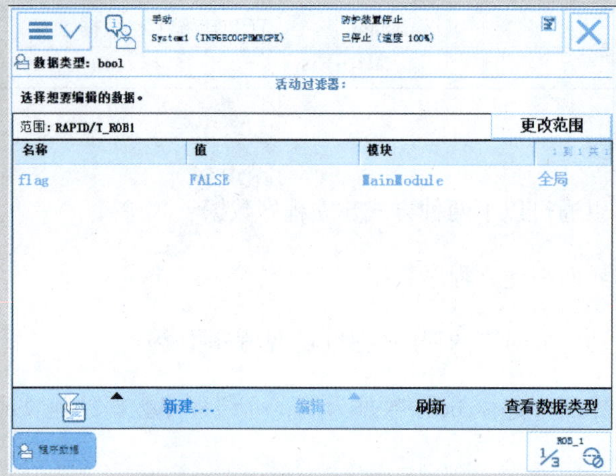

第 3 步

在屏幕左下方单击“新建...”

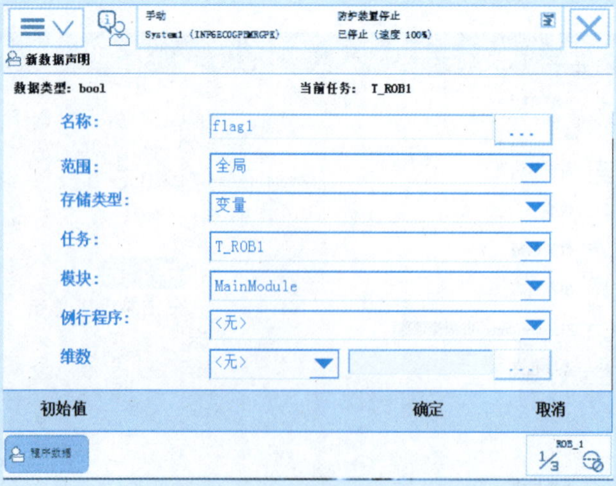

第 4 步

设定数据名称、参数。单击下拉菜单选择对应参数。设定完成后单击“确定”。数据设定参数及说明见表4-4

表 4-4 数据设定参数

设定参数	说　明	设定参数	说　明
名称	设定数据的名称	模块	设定数据所在的模块
范围	设定数据可使用的范围（如全局、本地、任务、用户）	例行程序	设定数据所在的例行程序
存储类型	设定数据的可存储类型	维数	设定数据的维数
任务	设定数据所在的任务	初始值	设定数据的初始值

4.2 建立工业机器人三个关键程序数据

在进行正式的编程之前，必须构建必要的编程环境。有三个必需的关键程序数据（工具数据 tooldata、工件坐标 wobjdata、负荷数据 loaddata）需要在编程前进行定义。

4.2.1 工具数据tooldata的建立

工具坐标 tooldata 的建立

工具数据 tooldata 用于描述安装在机器人第六轴上的工具的 TCP（Tool Center Point，工具中心点）、质量、重心等参数数据。

一般不同的机器人应配置不同的工具，如弧焊的机器人使用弧焊枪作为工具（图 4-7），而用于搬运板材的机器人就会使用吸盘式的夹具作为工具。

默认工具中心点位于工业机器人法兰盘中心。图 4-8 所示为工业机器人原始的 TCP。

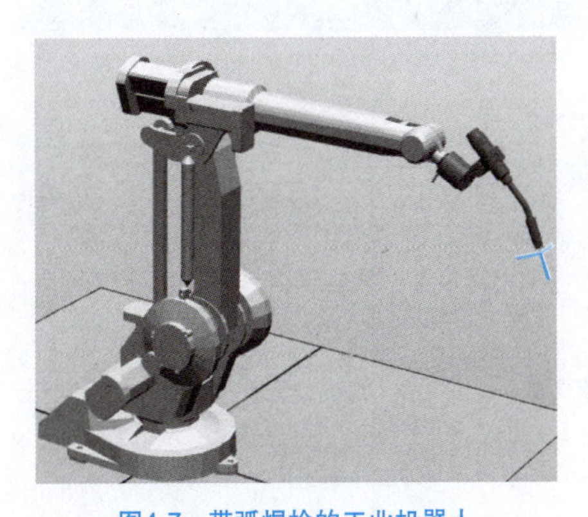

图4-7 带弧焊枪的工业机器人

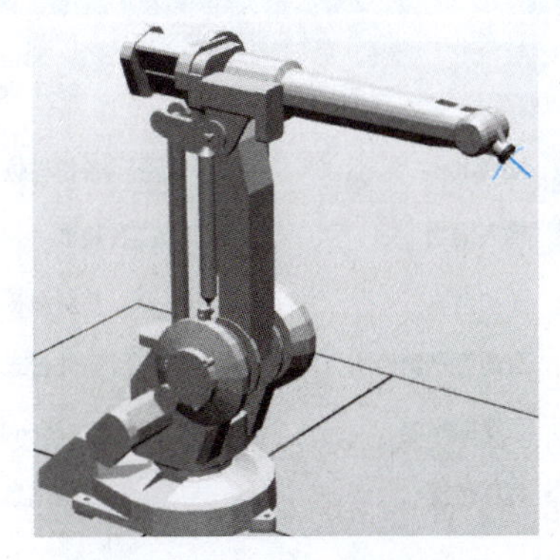

图4-8 工业机器人原始的TCP

工业机器人 TCP 数据的设定方法如下：

1）首先在工业机器人工作范围内找一个非常精确的固定点作为参考点。

2）然后在工业机器人已安装的工具上确定一个参考点（最好是工具的中心点）。

3）用手动操纵工业机器人的方法移动工具上的参考点，以四种以上不同的机器人姿态尽可能与固定点刚好碰上。为了获得更准确的 TCP，使用六点法进行操作，第四点是用工具的参考点垂直于固定点，第五点是工具参考点从固定点向将要设定为 TCP 的 X 方向移动，第六点是工具参考点从固定点向将要设定为 TCP 的 Z 方向移动。

4）机器人通过上述各点的位置数据计算求得 TCP 的数据，然后 TCP 的数据保存在 tooldata 这个程序数据中，可被程序调用。

执行程序时，工业机器人将 TCP 移至编程位置。如果要更改工具以及工具坐标，工业机器人的移动将随之更改，以便新的 TCP 到达目标。所有机器人在手腕处都有一个预定义工具坐标，该坐标被称为 tool0。可将一个或多个新工具坐标定义为 tool0 的偏移值。

工业机器人的 tooldata 可以通过三个方式建立，分别是四点法、五点法、六点法。四点法不改变 tool0 的坐标方向，五点法改变 tool0 的 Z 方向，六点法改变 tool0 的 X 和 Z 方向（在焊接方面最为常用）。在获取前三个点的姿态位置时，其姿态位置相差越大，最终获取的 TCP 精度越高。

在工业生产中，工业机器人机械加工、激光切割和焊接等对工具数据 tooldata 的精度要求比较高，高精度 TCP 能确保工业机器人在机械加工、激光切割中获得更高的精度。因此，在确定 tooldata 数据定位点时，一定要有精益求精的工匠精神，在操作过程中以最高的精度确定 TCP 各个定位点，最终获得高精度的工具数据。

下面以六点法为例，介绍 tooldata 数据的建立步骤（工业机器人的工作模式必须为手动模式），见表 4-5。

表 4-5　tooldata 数据的建立步骤

界　面	操 作 步 骤
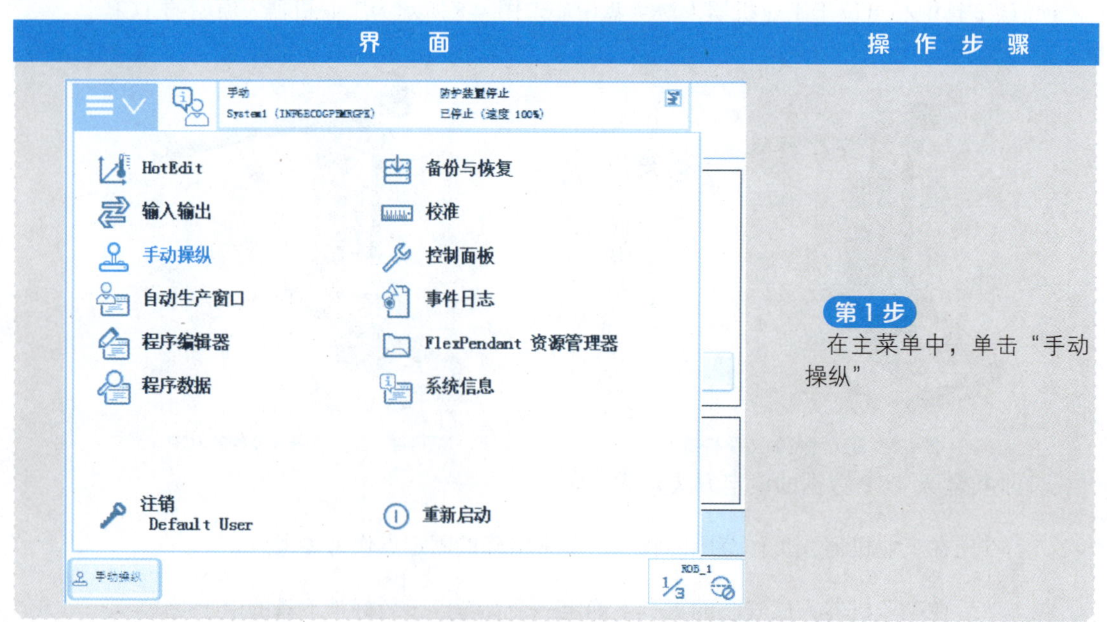	第 1 步 在主菜单中，单击“手动操纵”

（续）

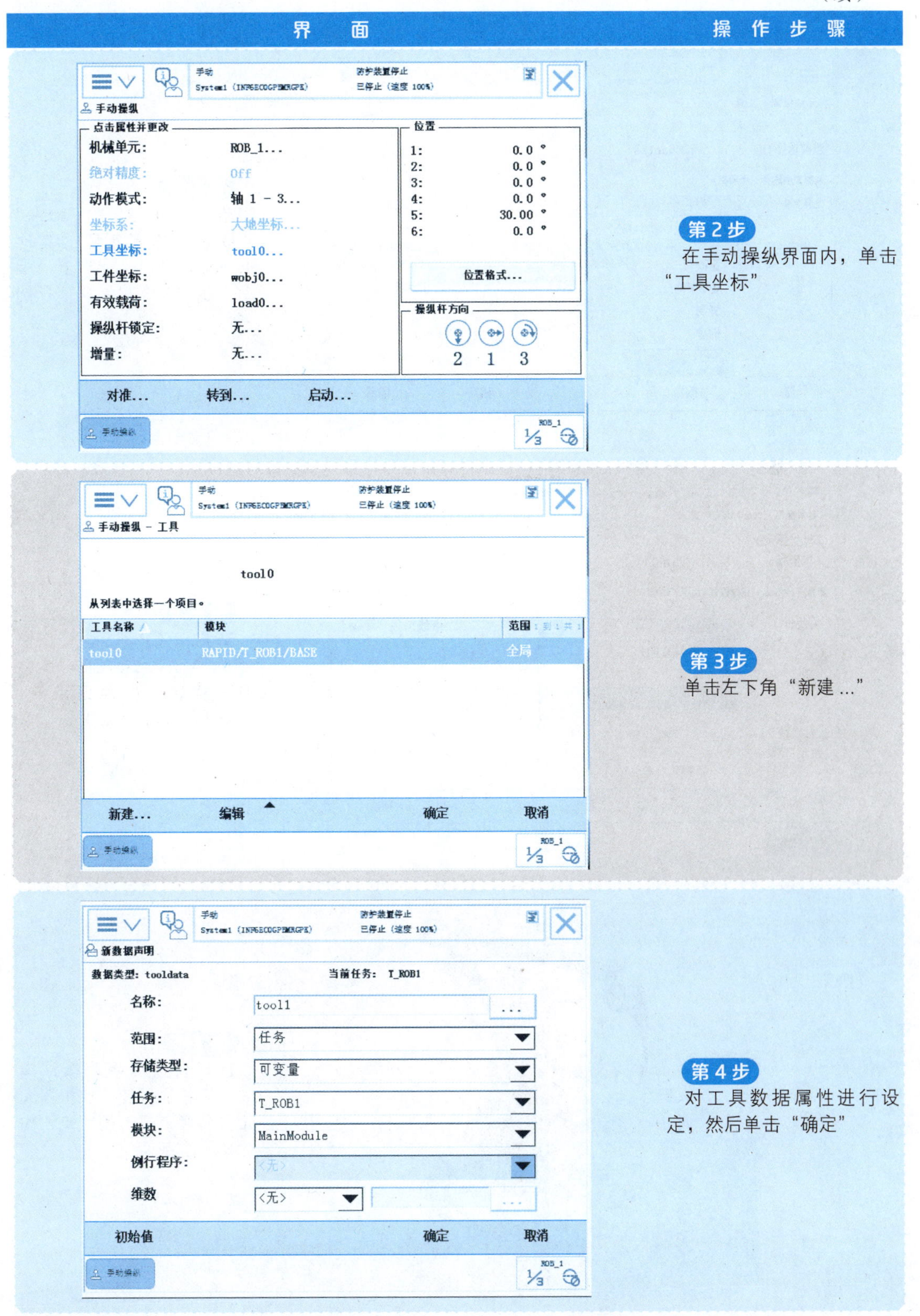

界　面	操 作 步 骤
	第 2 步 在手动操纵界面内，单击“工具坐标”
	第 3 步 单击左下角“新建 ...”
	第 4 步 对工具数据属性进行设定，然后单击“确定”

（续）

界　面	操作步骤
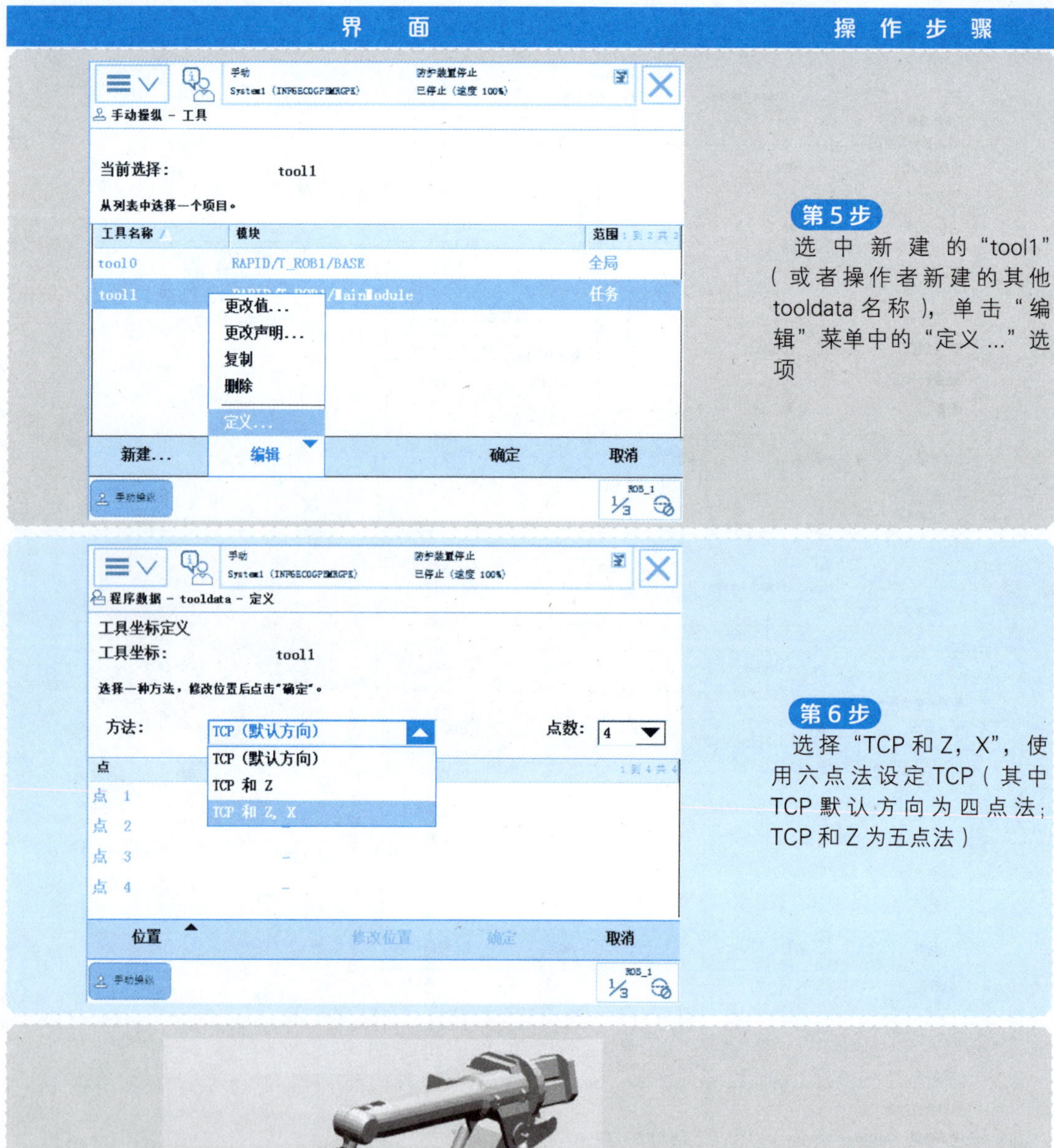	**第 5 步** 选中新建的“tool1”（或者操作者新建的其他 tooldata 名称），单击“编辑”菜单中的“定义 ...”选项
	第 6 步 选择“TCP 和 Z，X”，使用六点法设定 TCP（其中 TCP 默认方向为四点法；TCP 和 Z 为五点法）
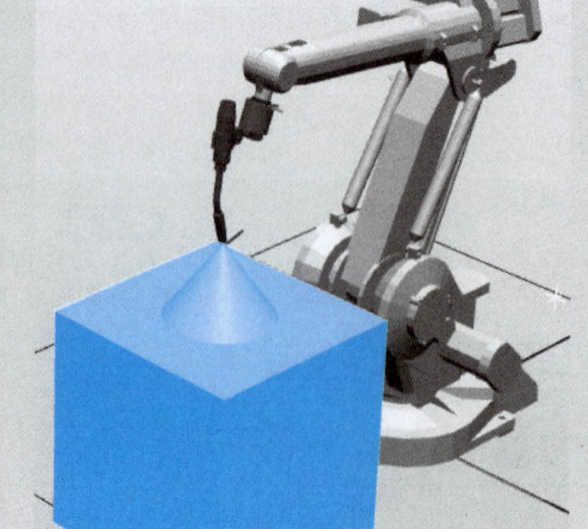	**第 7 步** 选择合适的手动操纵模式。用操纵杆使工业机器人工具参考点靠上固定点，作为第一个点

（续）

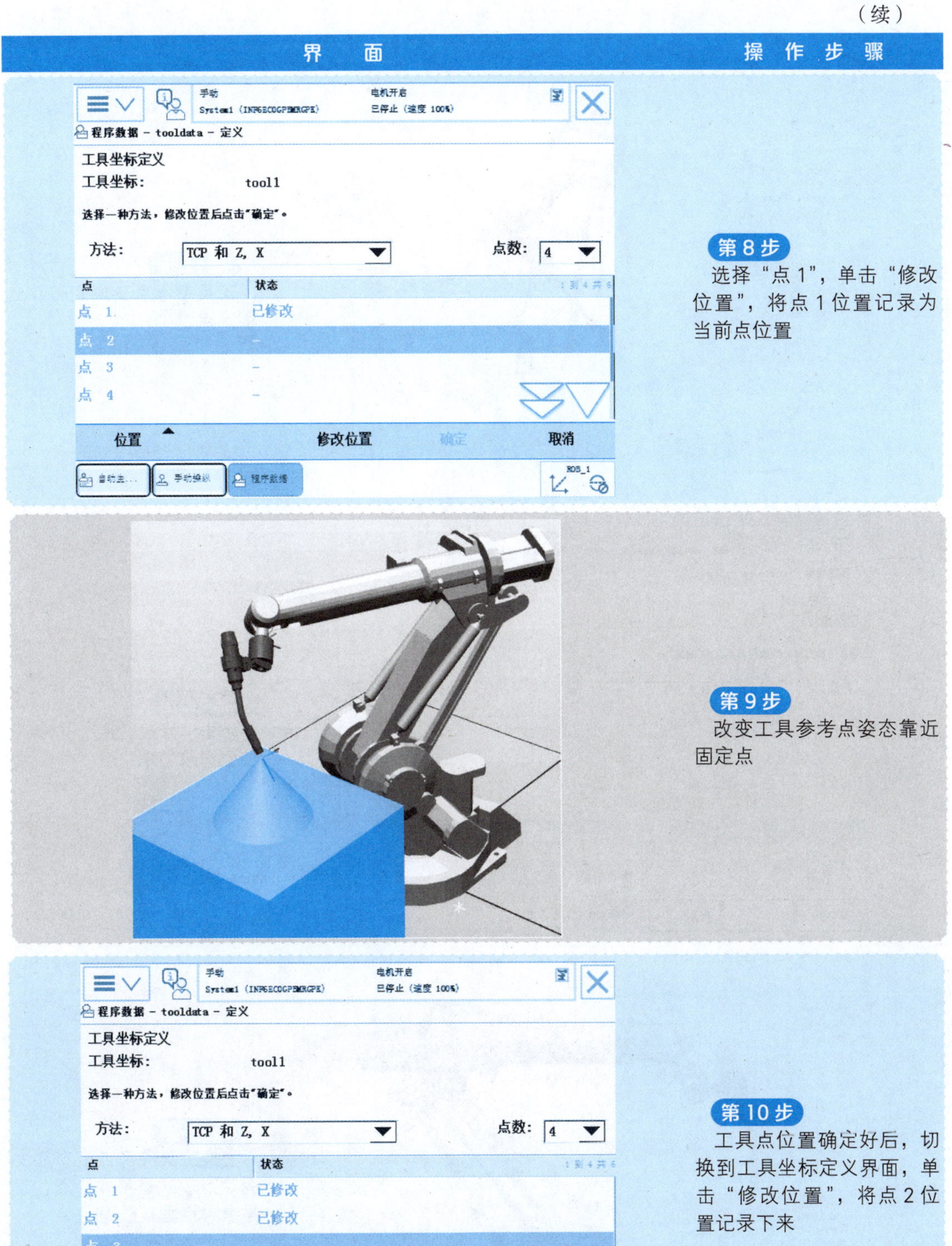

界 面	操 作 步 骤
	第 8 步 选择“点 1”，单击“修改位置”，将点 1 位置记录为当前点位置
	第 9 步 改变工具参考点姿态靠近固定点
	第 10 步 工具点位置确定好后，切换到工具坐标定义界面，单击“修改位置”，将点 2 位置记录下来

（续）

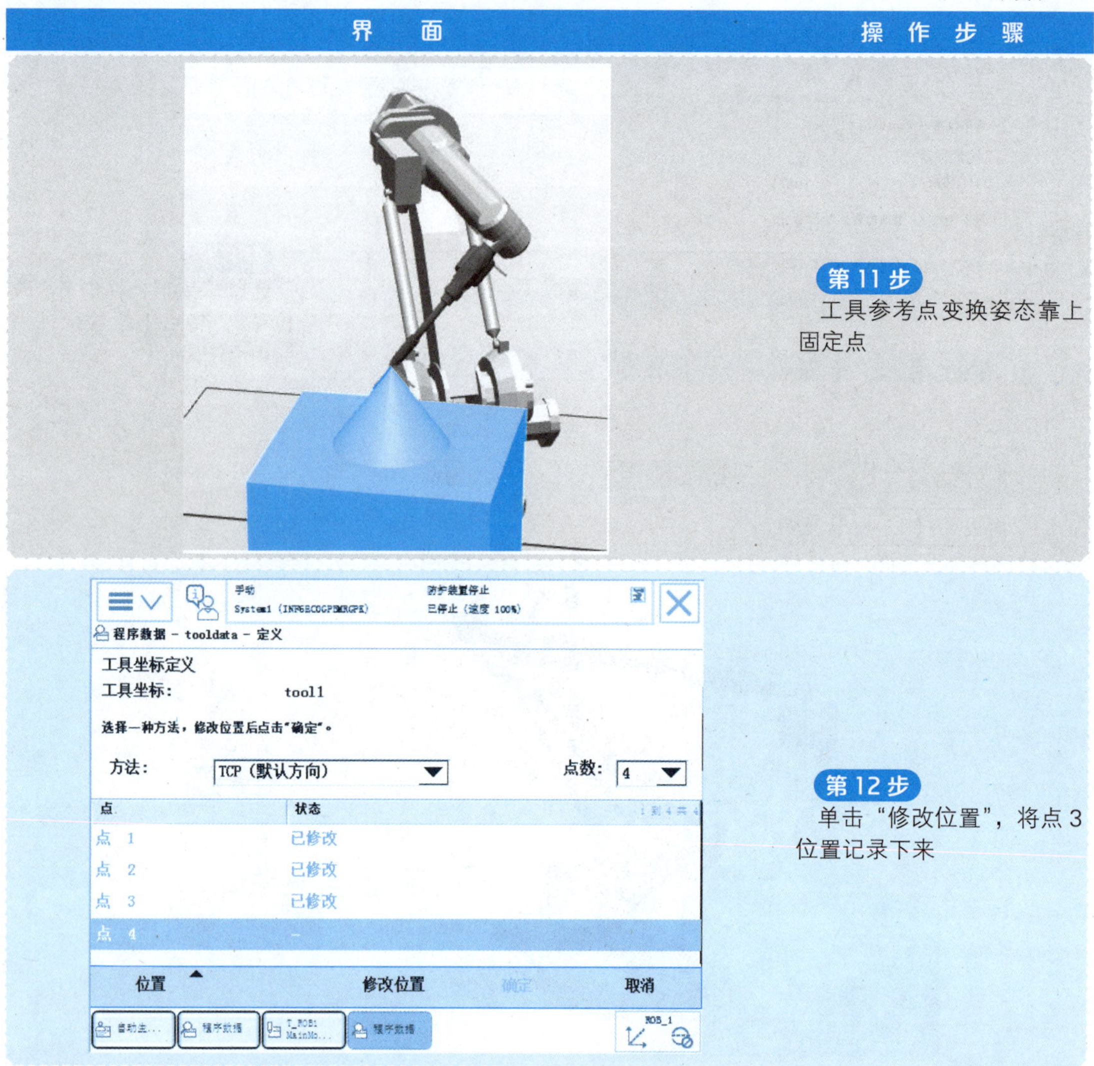

第 11 步

工具参考点变换姿态靠上固定点

第 12 步

单击“修改位置”，将点 3 位置记录下来

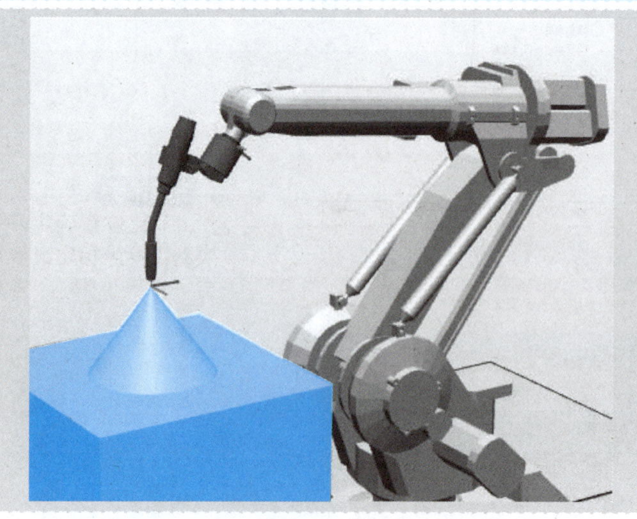

第 13 步

变换工具参考点姿态靠上固定点。这是第 4 个点，工具参考点垂直于固定点

（续）

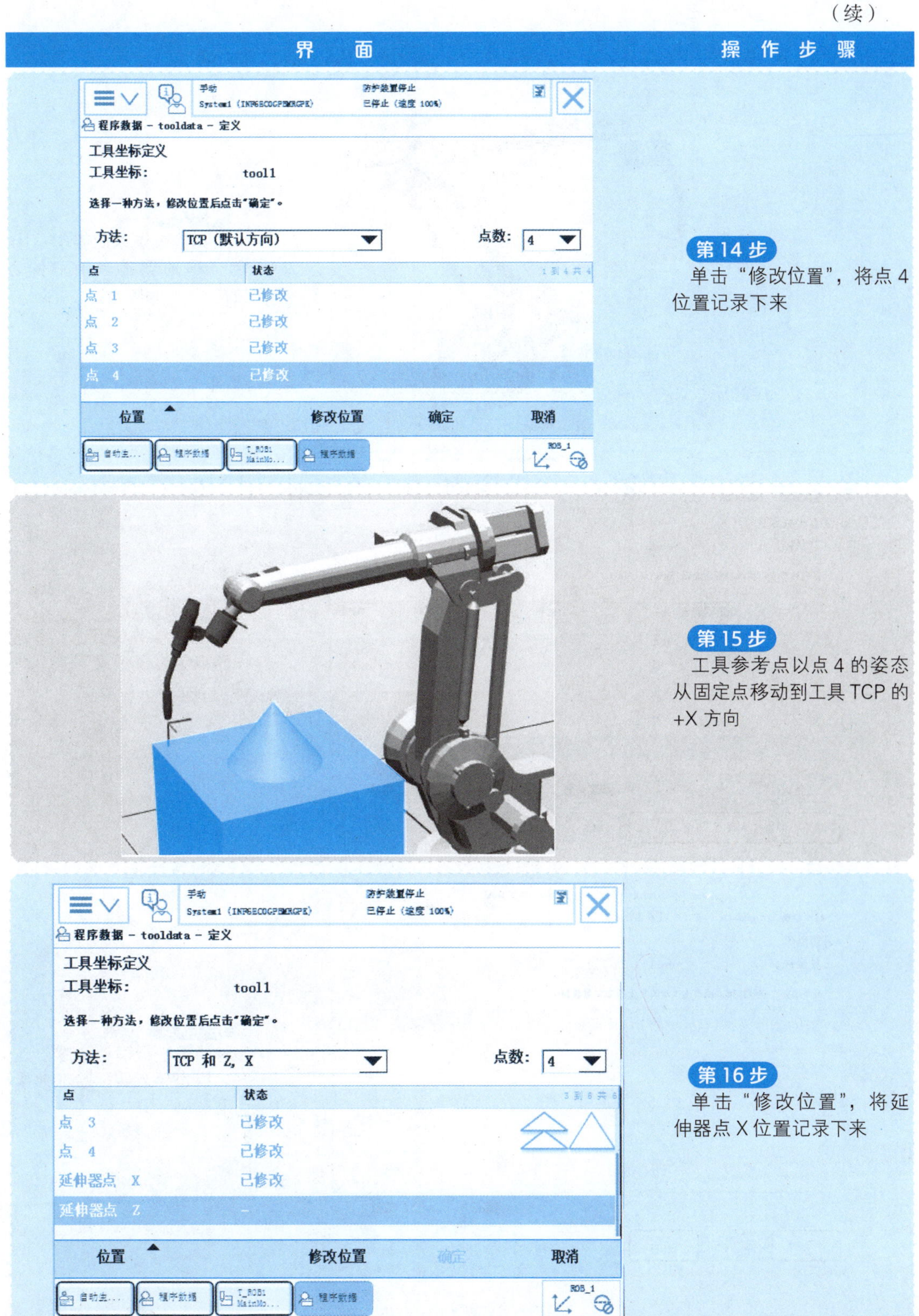

界　面	操 作 步 骤
	第 14 步 单击“修改位置”，将点 4 位置记录下来
	第 15 步 工具参考点以点 4 的姿态从固定点移动到工具 TCP 的 +X 方向
	第 16 步 单击“修改位置”，将延伸器点 X 位置记录下来

（续）

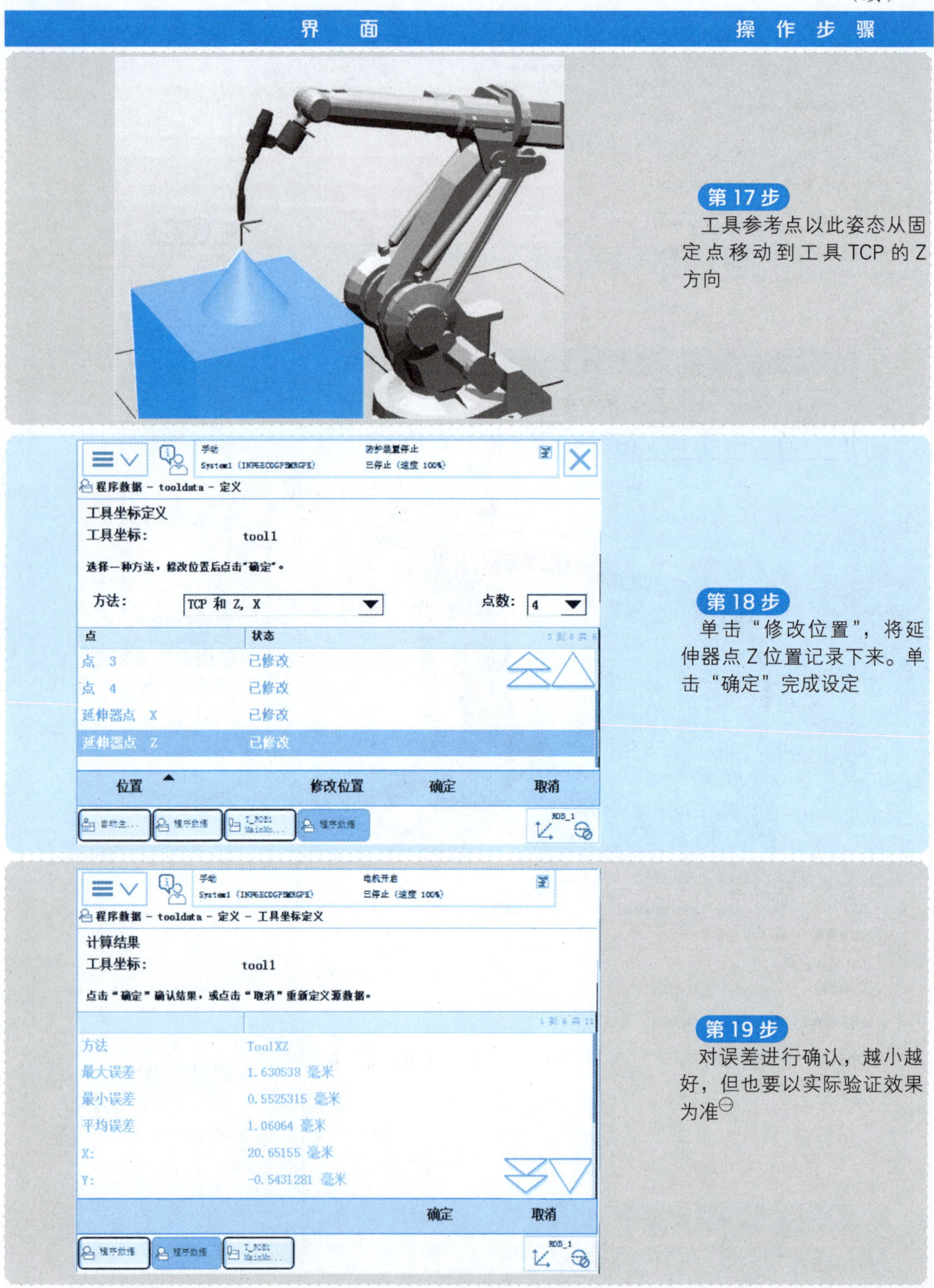

⊖ 操作界面中数据单位有的用中文名称，有的用国际符号，本书不做统一。其为系统默认的界面，由系统决定。

（续）

界　面	操 作 步 骤

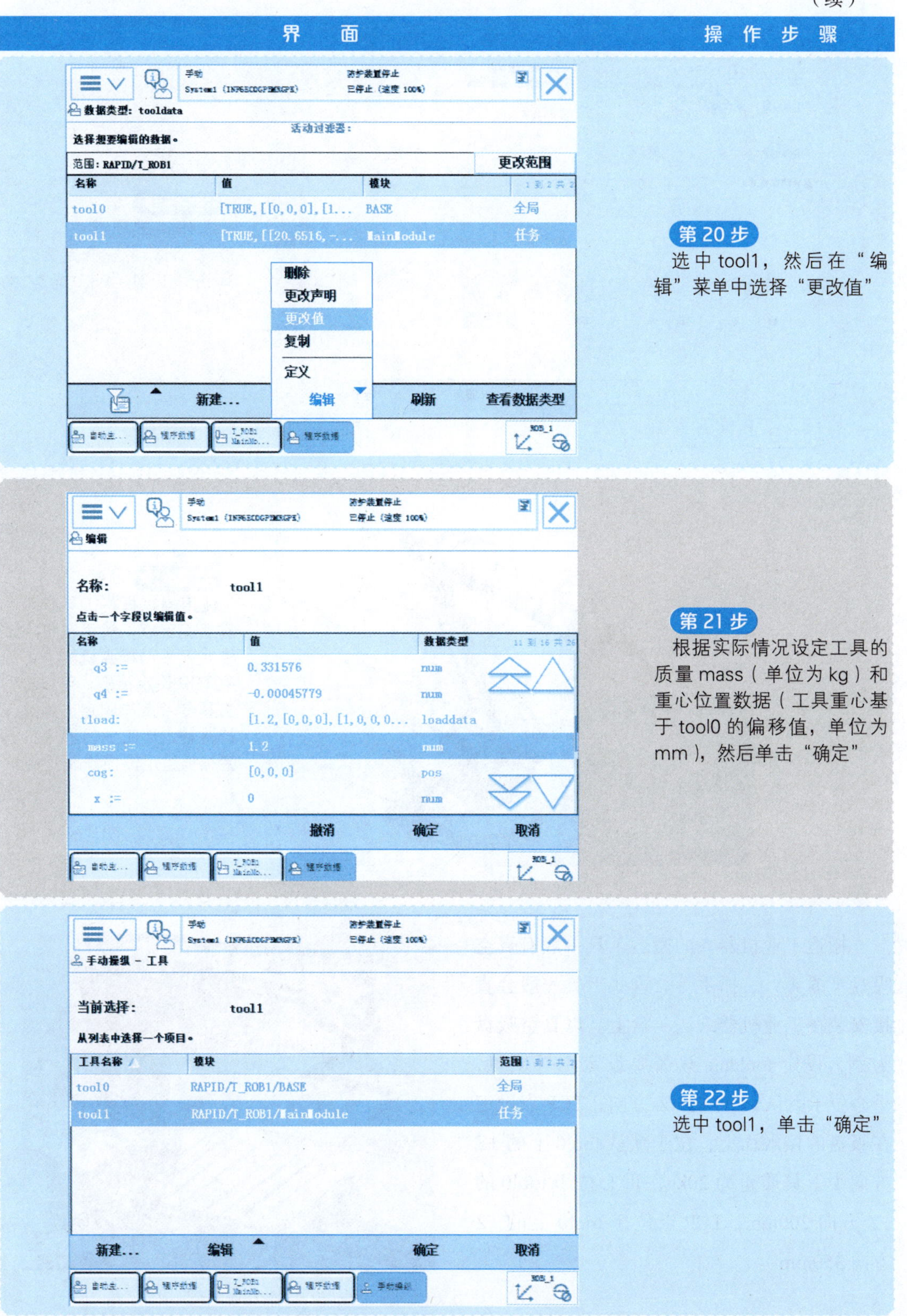

第 20 步

选中 tool1，然后在“编辑”菜单中选择“更改值”

第 21 步

根据实际情况设定工具的质量 mass（单位为 kg）和重心位置数据（工具重心基于 tool0 的偏移值，单位为 mm），然后单击“确定”

第 22 步

选中 tool1，单击“确定”

（续）

第 23 步
动作模式选定为“重定位”。坐标系统选定为“工具”。工具坐标选定为“tool1”

第 24 步
使用操纵杆将工具参考点靠上固定点，然后在重定位模式下手动操纵机器人，如果 TCP 设定精确，可以看到工具参考点与固定点始终保持接触，而工业机器人工具会根据重定位操作改变姿态

搬运工业机器人的搬运工具一般有真空吸盘（图 4-9）、抓手等。这些工具一般会直接安装在工业机器人法兰盘上。以真空吸盘为例，设定 tooldata 只需要设定工具质量，重心位于默认 tool0 的 +Z 方向，TCP 点设定在吸盘的接触面上，位于默认 tool0 上的 +Z 方向（工具质量为 20kg，重心位于 tool0 的 +Z 方向 200mm，TCP 点位于 tool0 上的 +Z 方向 350mm）。

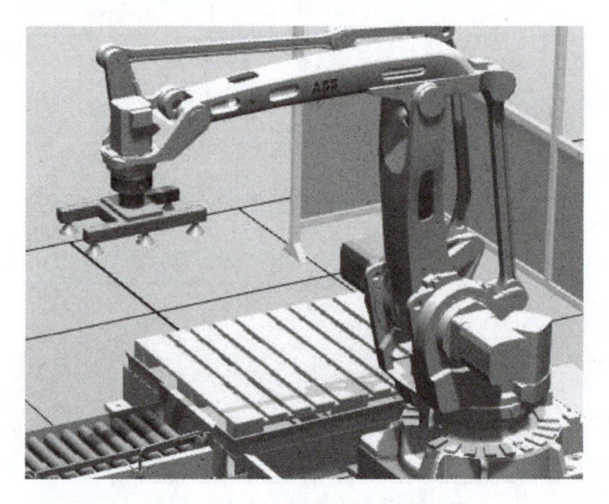

图4-9　工业机器人真空吸盘工具

在示教器上设定 tooldata 的步骤见表 4-6。

表 4-6　在示教器上设定 tooldata 的步骤

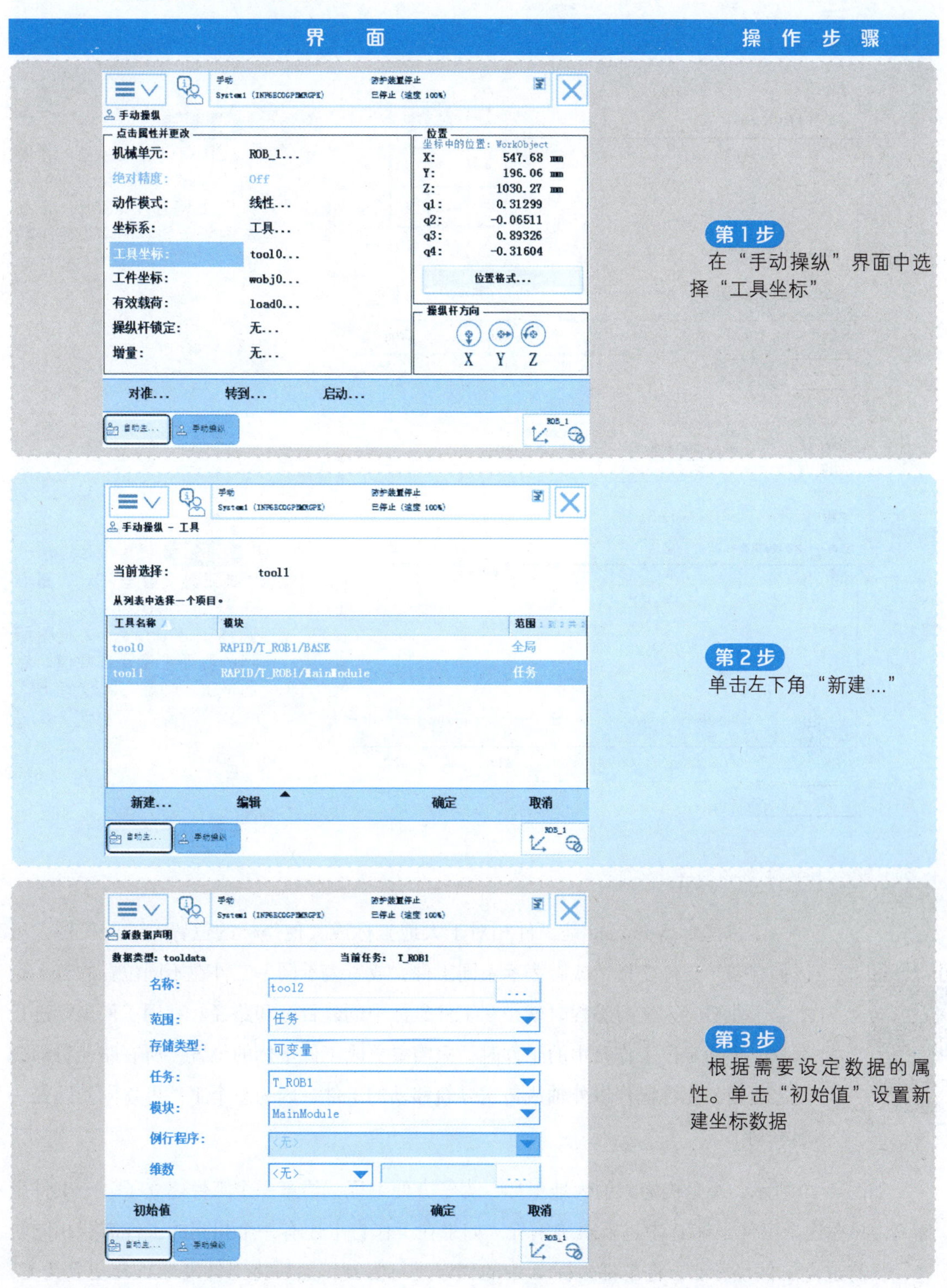

（续）

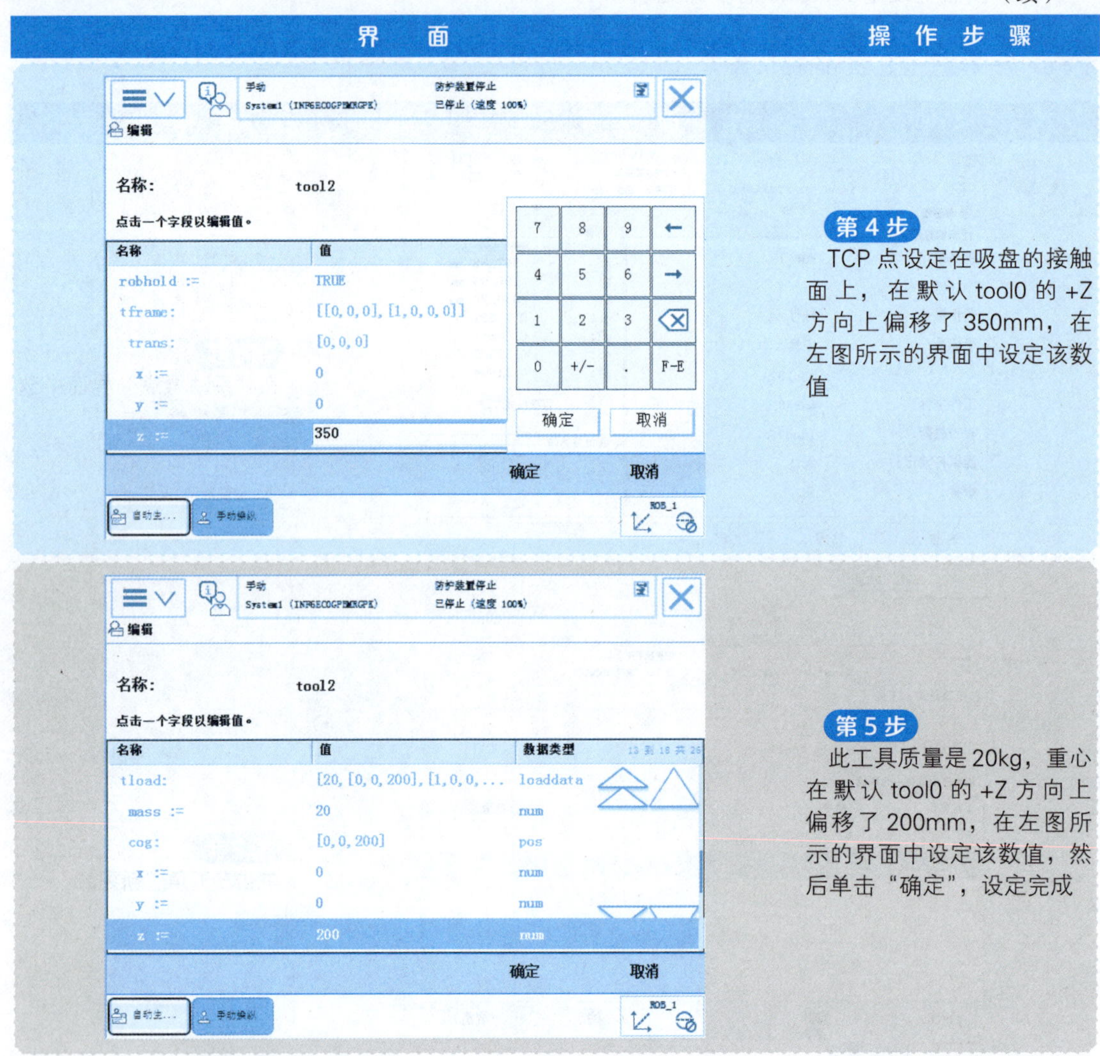

界　面	操作步骤
（见上图）	**第4步** TCP点设定在吸盘的接触面上，在默认tool0的+Z方向上偏移了350mm，在左图所示的界面中设定该数值
（见上图）	**第5步** 此工具质量是20kg，重心在默认tool0的+Z方向上偏移了200mm，在左图所示的界面中设定该数值，然后单击“确定”，设定完成

4.2.2　工件坐标wobjdata的建立

工件坐标系的建立

工件坐标wobjdata是工件相对于大地坐标或其他坐标的位置。工业机器人可以拥有若干工件坐标，或者表示不同工件，或者表示同一工件在不同位置的若干副本。工业机器人进行编程时就是在工件坐标中创建目标和路径。利用工件坐标进行编程，重新定位工作站中的工件时，只需要更改工件坐标的位置，所有路径将即刻随之更新；允许操作以外轴或传送导轨移动的工件，因为整个工件可连同其路径一起移动。

如图4-10所示，A是机器人的大地坐标，为了方便编程，给第一个工件建立了一个工件坐标B，并在这个工件坐标B中进行轨迹编程。如果在工作台上还有一个相同的工件需要相同轨迹，只需建立工件坐标C，将工件坐标B中的程序进行复制，然后将工件坐标从B更新为C，无须重复轨迹编程。

如图 4-11 所示，如果在工件坐标 B 中对 A 对象进行了轨迹编程，当工件坐标的位置变化成工件坐标 D 后，只需在机器人系统重新定义工件坐标 D，则工业机器人的轨迹就自动更新到 C 了，不需要再次进行轨迹编程。

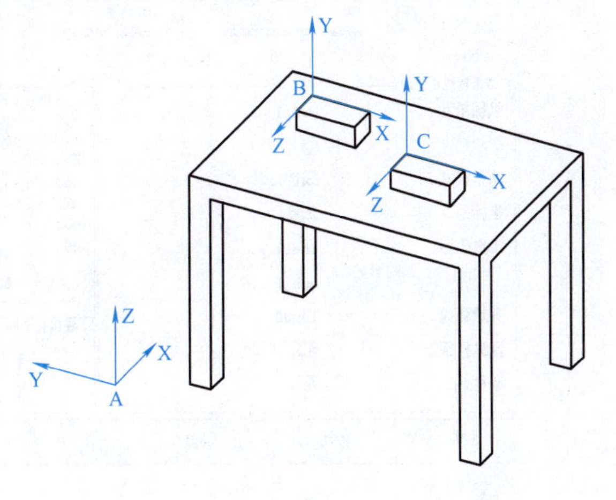

图4-10 工件坐标

在对象的平面上，只需要定义三个点，就可以建立一个工件坐标，如图 4-12 所示。

X1 点确定工件坐标的原点；X1、X2 点确定工件坐标 X 正方向；Y1 确定工件坐标 Y 的正方向。建立的工件坐标符合图 4-13 所示的右手定则。

建立工件坐标的步骤见表 4-7。

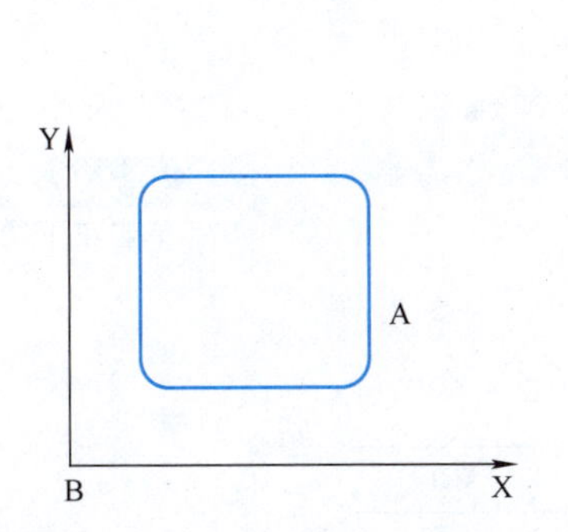

图4-11 工件坐标的应用

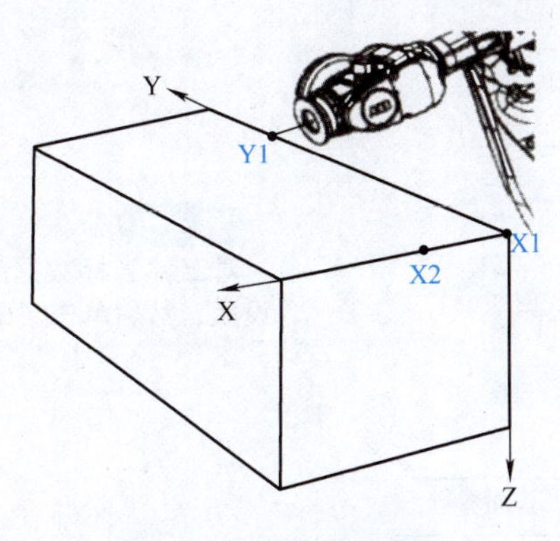

图4-12 工件坐标的建立

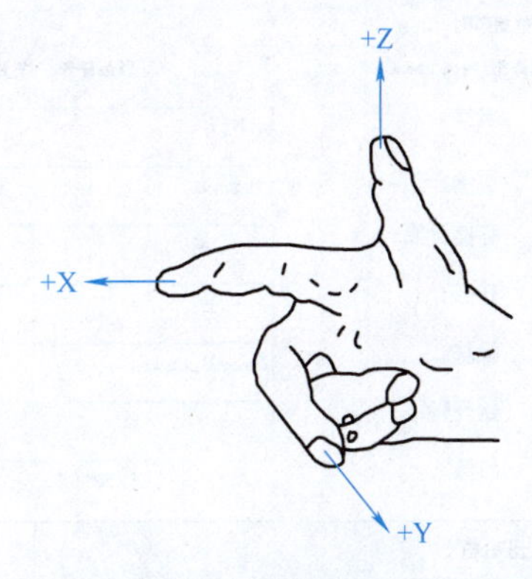

图4-13 右手定则

表 4-7　建立工件坐标的步骤

界　面	操 作 步 骤

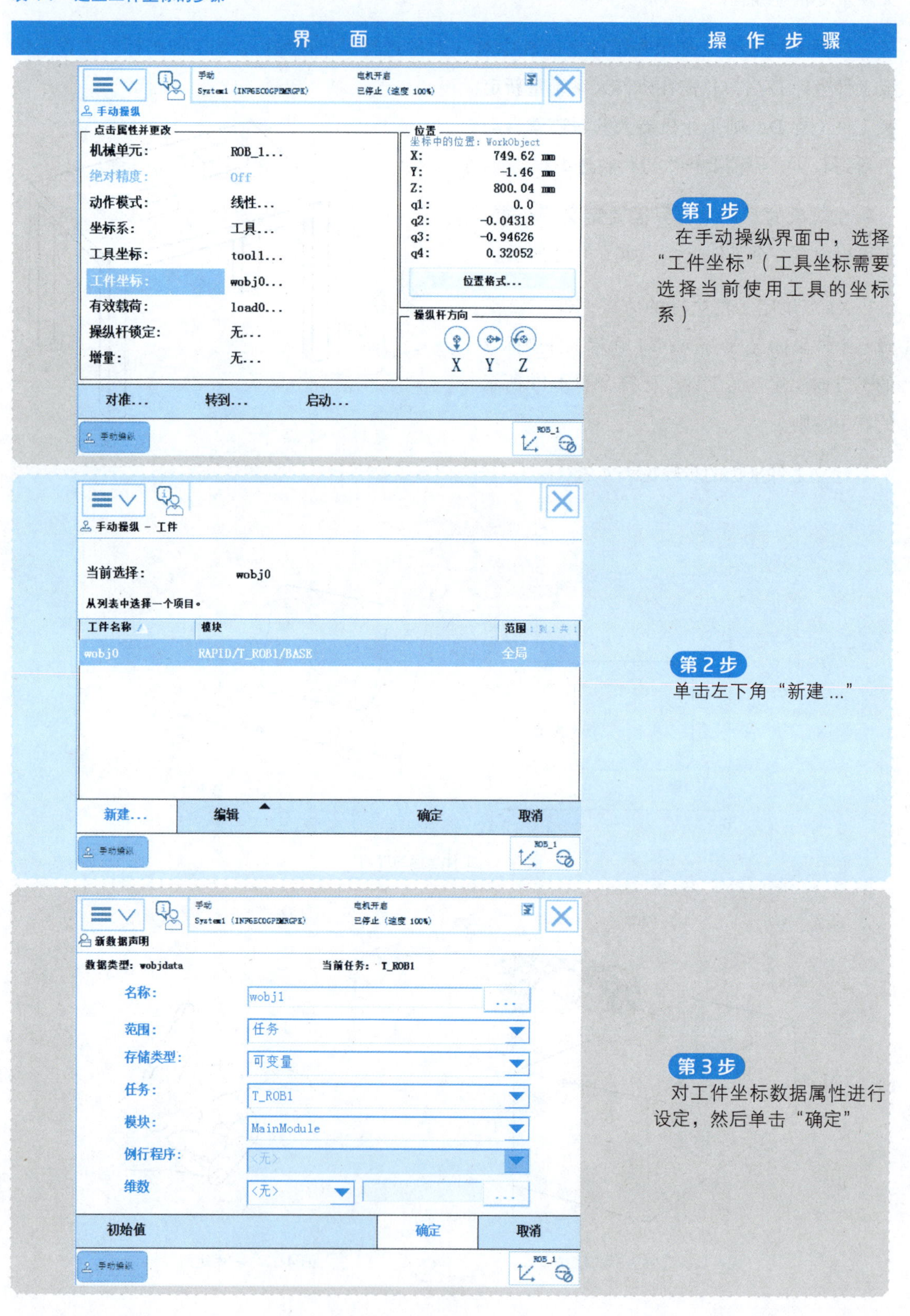

第 1 步

在手动操纵界面中，选择“工件坐标”（工具坐标需要选择当前使用工具的坐标系）

第 2 步

单击左下角“新建...”

第 3 步

对工件坐标数据属性进行设定，然后单击“确定”

（续）

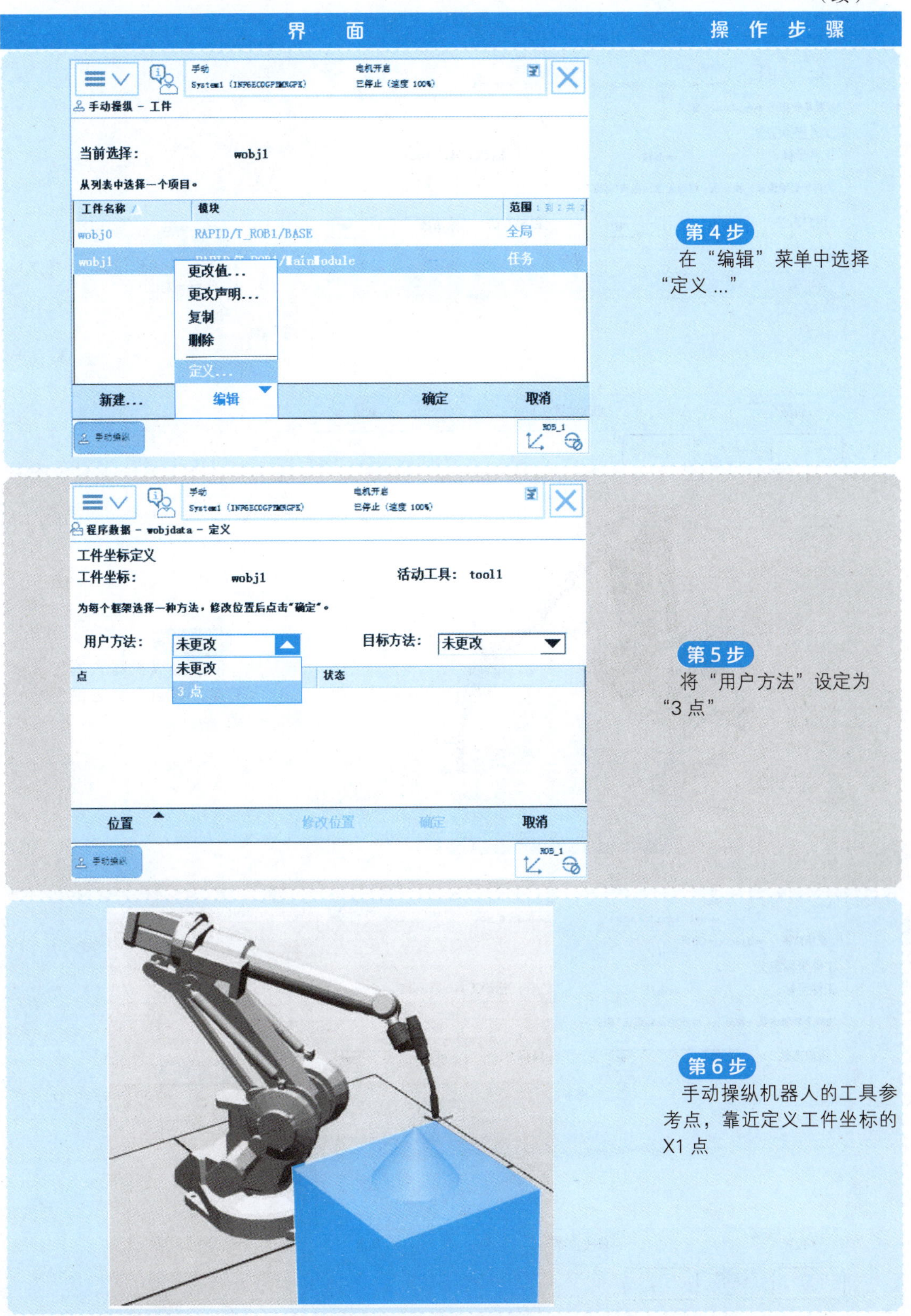

界面	操作步骤
	第 4 步 在“编辑”菜单中选择“定义 ...”
	第 5 步 将“用户方法”设定为“3 点”
	第 6 步 手动操纵机器人的工具参考点，靠近定义工件坐标的 X1 点

（续）

界 面	操 作 步 骤

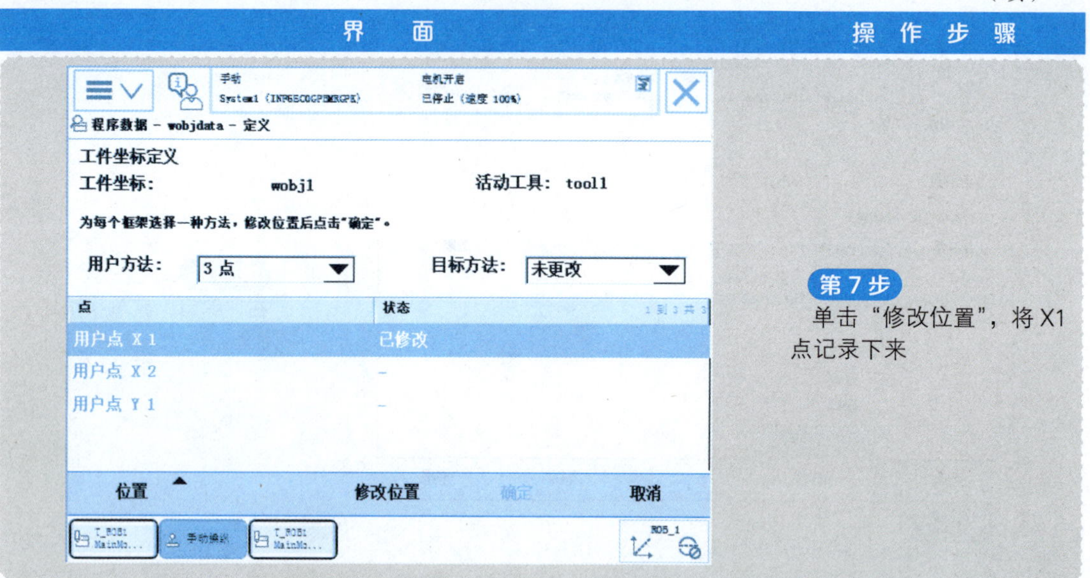

第 7 步

单击“修改位置”，将 X1 点记录下来

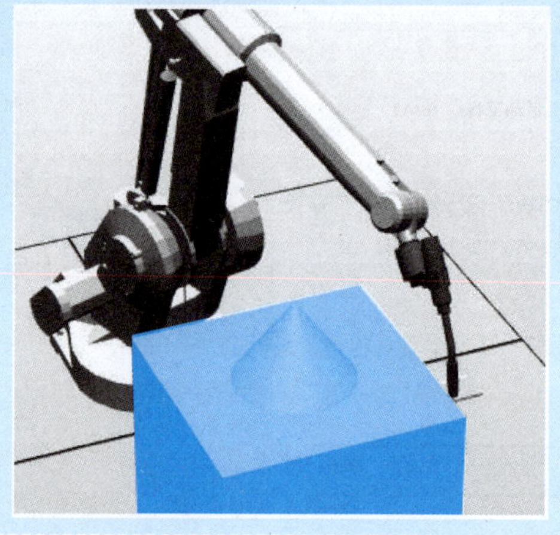

第 8 步

手动操纵机器人的工具参考点，靠近定义工件坐标的 X2 点

手动
System1 (INP6EC0GPEMRGPE)
电机开启
已停止 (速度 100%)
程序数据 - wobjdata - 定义
工件坐标定义
工件坐标: wobj1
活动工具: tool1
为每个框架选择一种方法，修改位置后点击"确定"。
用户方法: 3 点
目标方法: 未更改

点	状态
用户点 X 1	已修改
用户点 X 2	已修改
用户点 Y 1	-

位置 修改位置 确定 取消

手动操纵 ROB_1

第 9 步

单击“修改位置”，将 X2 点记录下来

（续）

界面	操作步骤
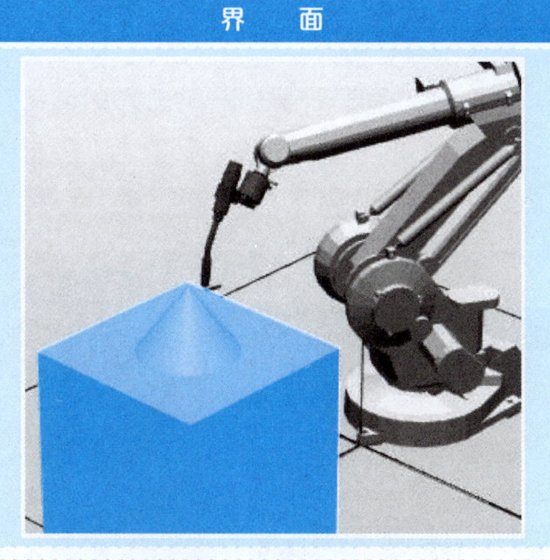	**第 10 步** 手动操纵机器人的工具参考点，靠近定义工件坐标的 Y1 点
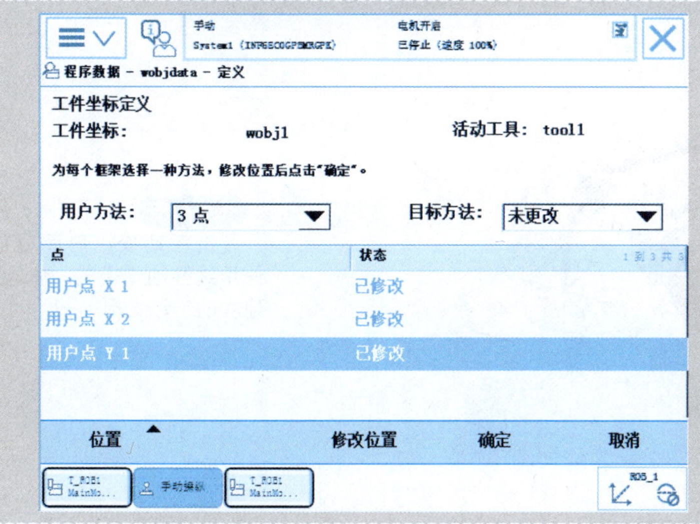	**第 11 步** 单击“修改位置”，将 Y1 点记录下来，单击“确定”
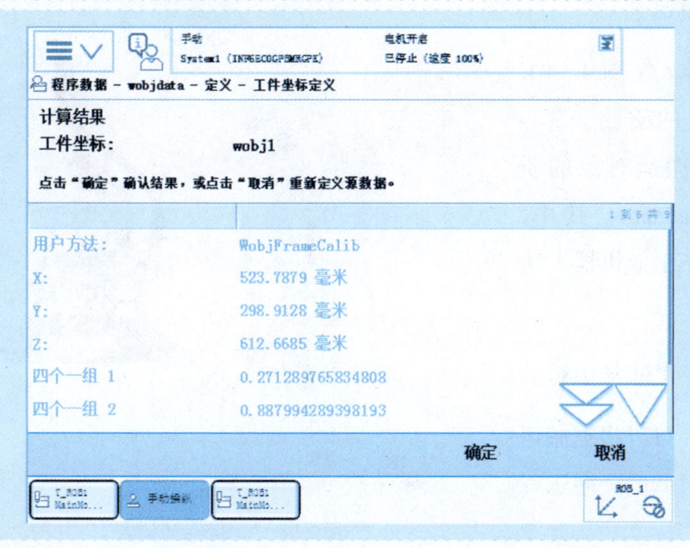	**第 12 步** 对自动生成的工件坐标数据进行确认，然后单击“确定”

（续）

界　面	操作步骤
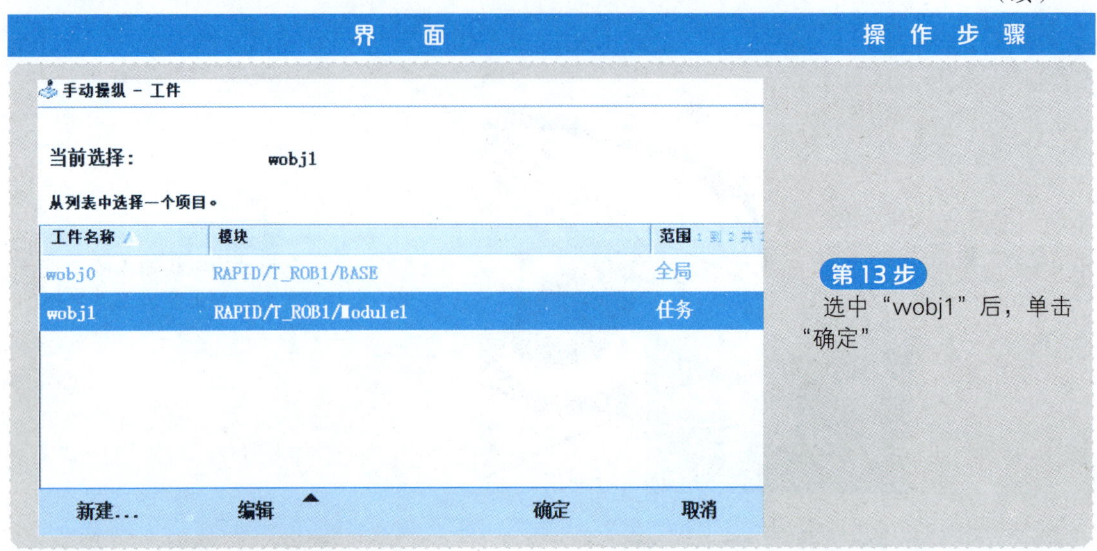	**第13步** 选中“wobj1”后，单击“确定”
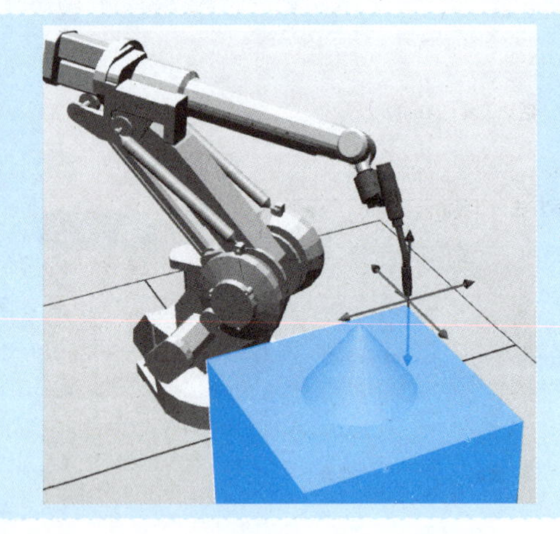	**第14步** 设定手动操纵界面项目，使用线性动作模式，体验新建立的工件坐标

4.2.3　有效载荷loaddata的设定

LOADDATA 设定

对于搬运机器人（图4-14），必须正确设定夹具的质量、重心数据tooldata以及搬运对象的质量和重心数据loaddata。其中，tooldata数据是基于工业机器人法兰盘中心tool0来设定的。

设定loaddata数据的操作步骤见表4-8。

在工业机器人运行过程中，可以根据搬运的具体情况对有效载荷进行实时调整。搬运程序如图4-15所示。

图4-14　ABB搬运机器人

表 4-8　设定 loaddata 数据的操作步骤

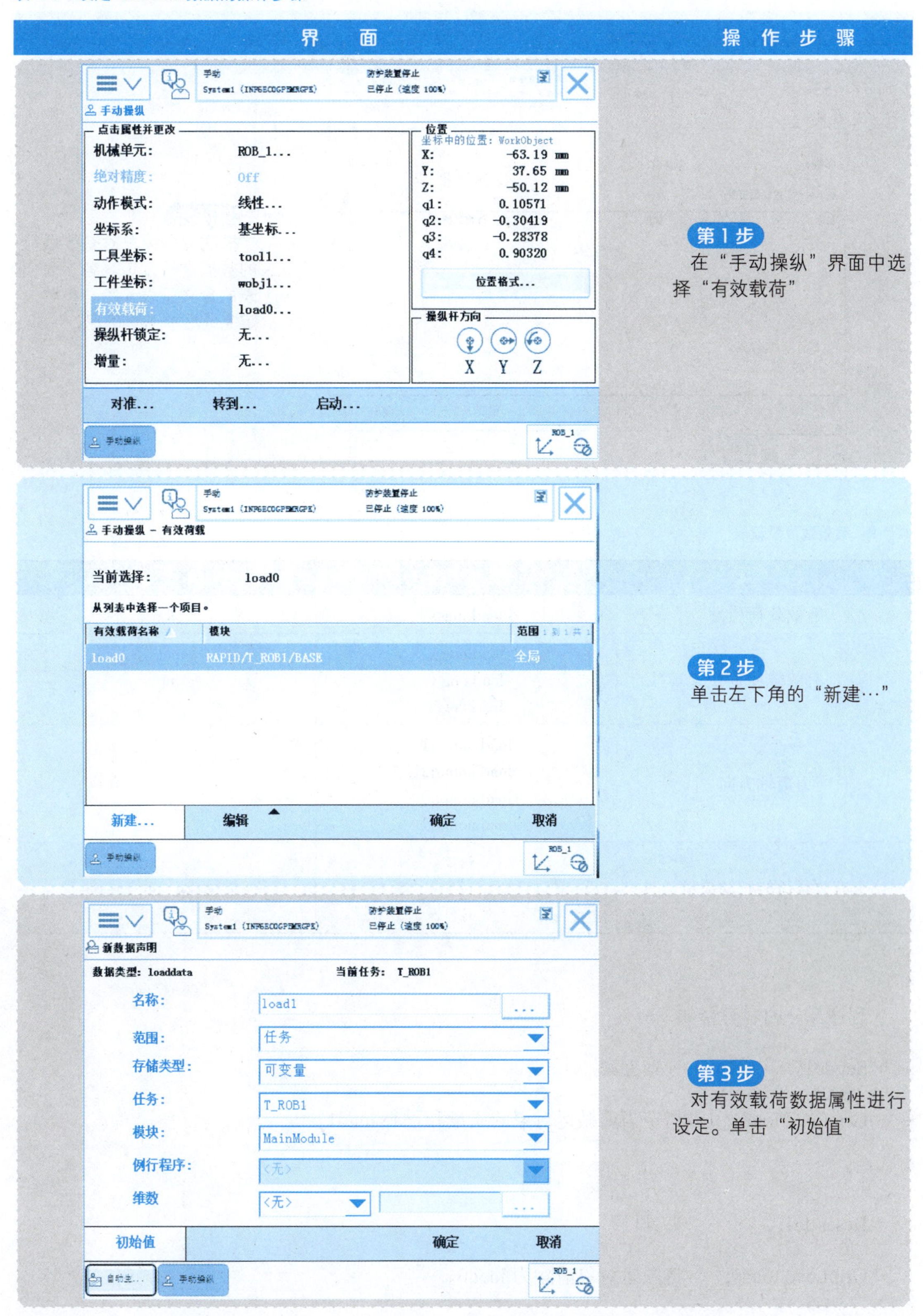

界　　面	操 作 步 骤
	第 1 步 在“手动操纵”界面中选择“有效载荷”
	第 2 步 单击左下角的“新建…”
	第 3 步 对有效载荷数据属性进行设定。单击“初始值”

（续）

界　面	操 作 步 骤
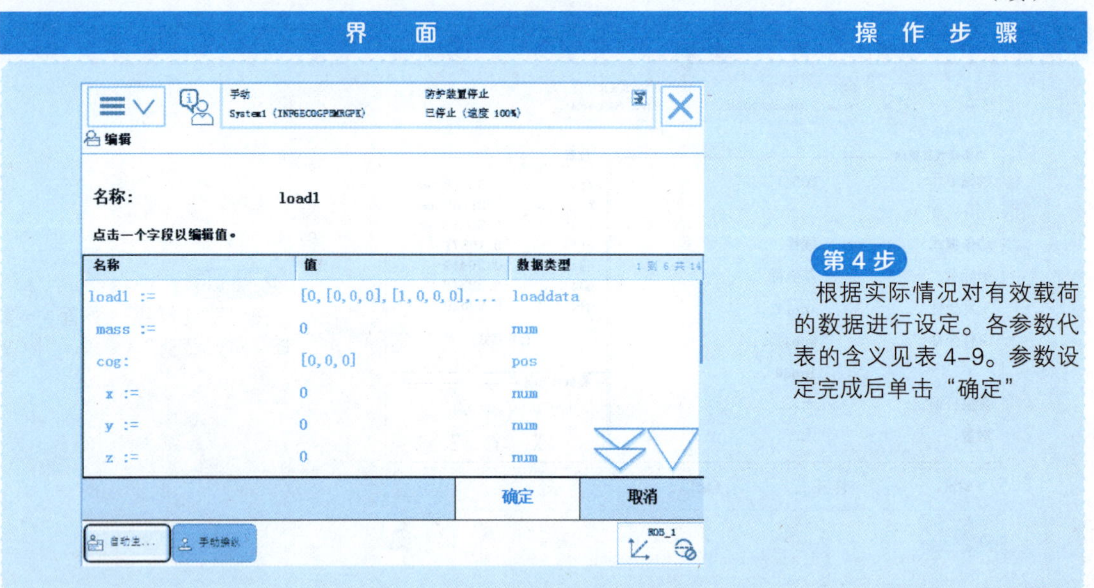	**第 4 步** 根据实际情况对有效载荷的数据进行设定。各参数代表的含义见表 4-9。参数设定完成后单击“确定”

表 4-9　有效载荷参数表

名　称	参　数	单　位
有效载荷质量	load.mass	kg
有效载荷重心	load.cog.x load.cog.y load.cog.z	mm
力矩轴方向	load.aom.q1 load.aom.q2 load.aom.q3 load.aom.q4	
有效载荷的转动惯量	ix iy iz	kg · m^2

程序部分内容解释如下：

Set do1;　　　　夹具夹紧。

GripLoad load1;　　指定当前搬运对象的质量和重心 load1。

…

Reset do1;　　　　夹具松开。

GripLoad load0;　　将搬运对象清除为 load0。

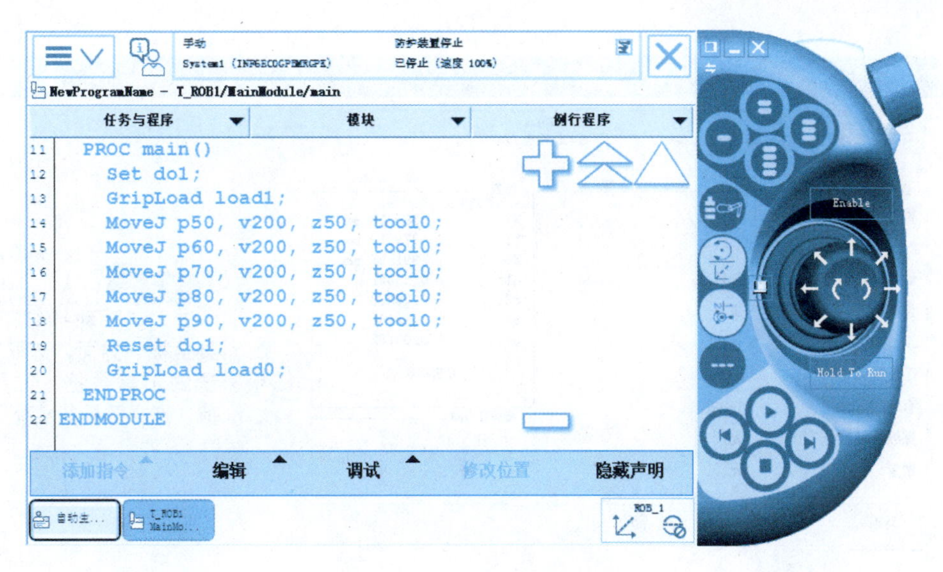

图4-15　工业机器人的搬运程序

4.2.4　工具自动识别程序

工具程序自动识别

tooldata 和 loaddata 需要用户自己测量工具的重量和重心，然后填写参数进行设置，必然会产生一定的误差。可使用工具自动识别程序解决这个问题。工具自动识别程序 LoadIdentify 是 ABB 开发的用于机器人自动识别安装在六轴法兰盘上的工具（tooldata）、载荷（loaddata）的重量以及重心。

在手持工具应用中，应使用 LoadIdentify 识别工具的重量和重心。在手持夹具应用中，应使用 LoadIdentify 识别夹具和搬运对象的重量和重心。

设定 LoadIdentify 的操作步骤见表 4-10。

表 4-10　设定 LoadIdentify 的操作步骤

界　面	操 作 步 骤
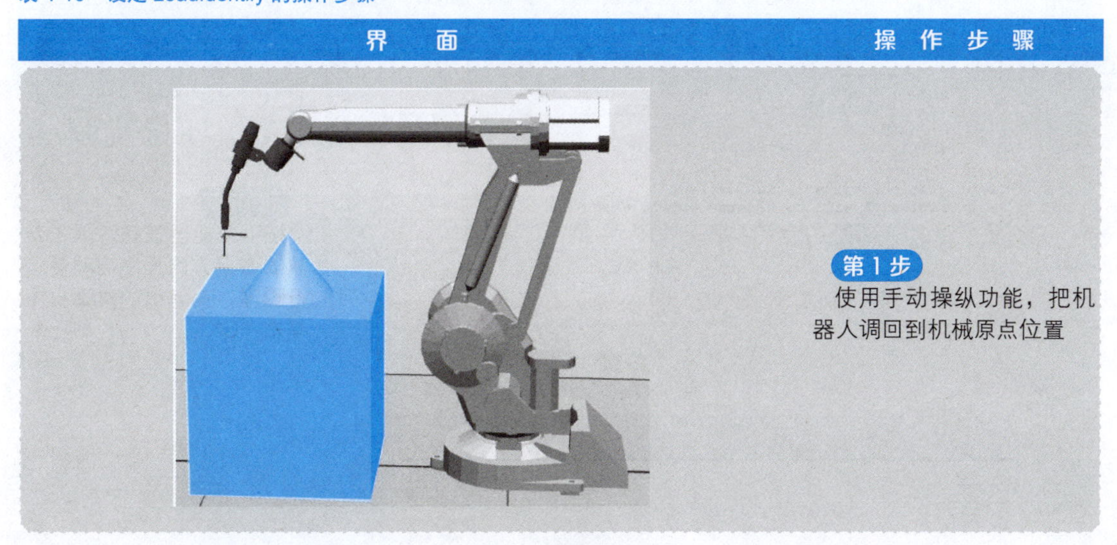	第 1 步 使用手动操纵功能，把机器人调回到机械原点位置

（续）

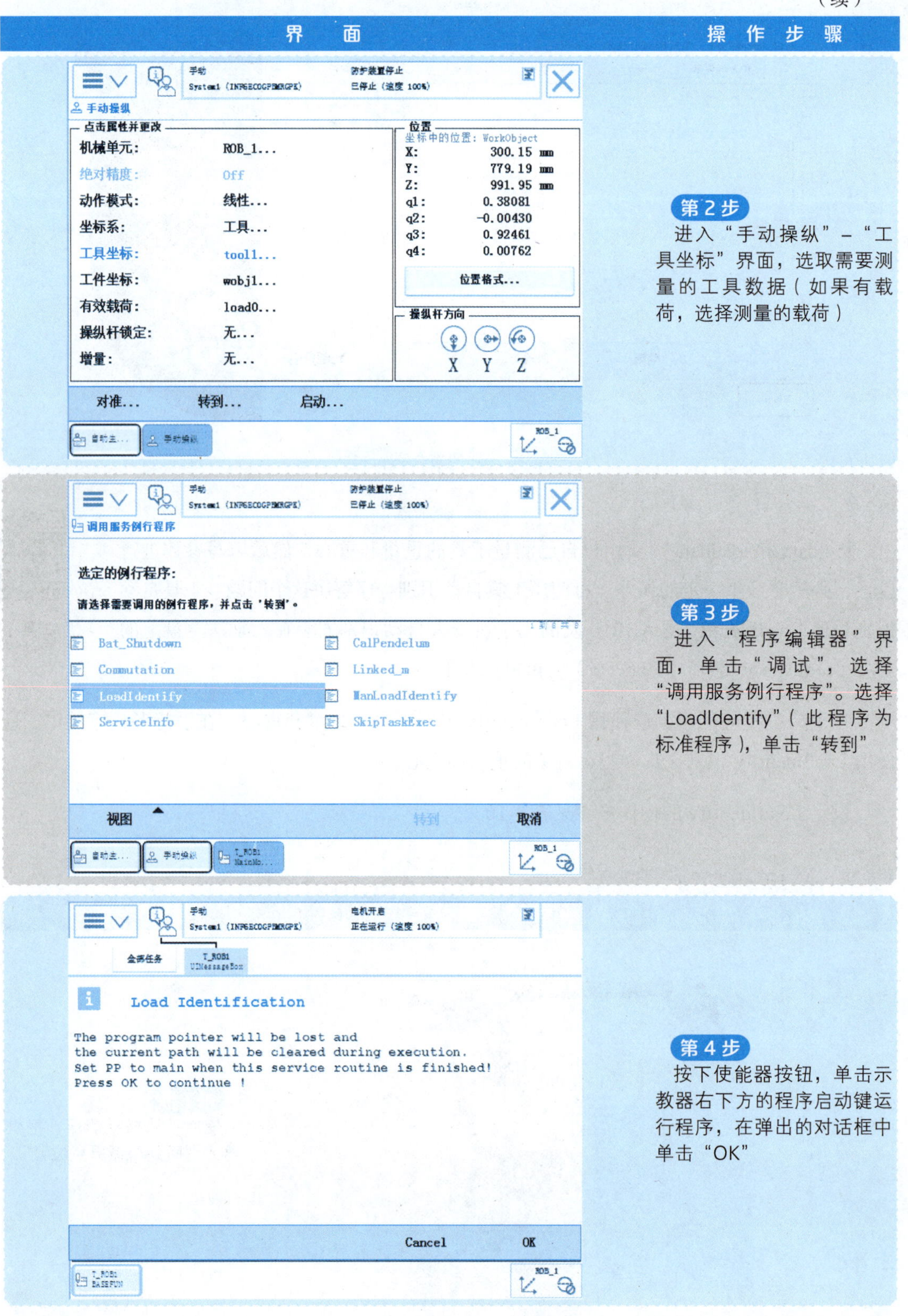

第 2 步

进入“手动操纵”－“工具坐标”界面，选取需要测量的工具数据（如果有载荷，选择测量的载荷）

第 3 步

进入“程序编辑器”界面，单击“调试”，选择“调用服务例行程序”。选择“LoadIdentify”（此程序为标准程序），单击“转到”

第 4 步

按下使能器按钮，单击示教器右下方的程序启动键运行程序，在弹出的对话框中单击“OK”

（续）

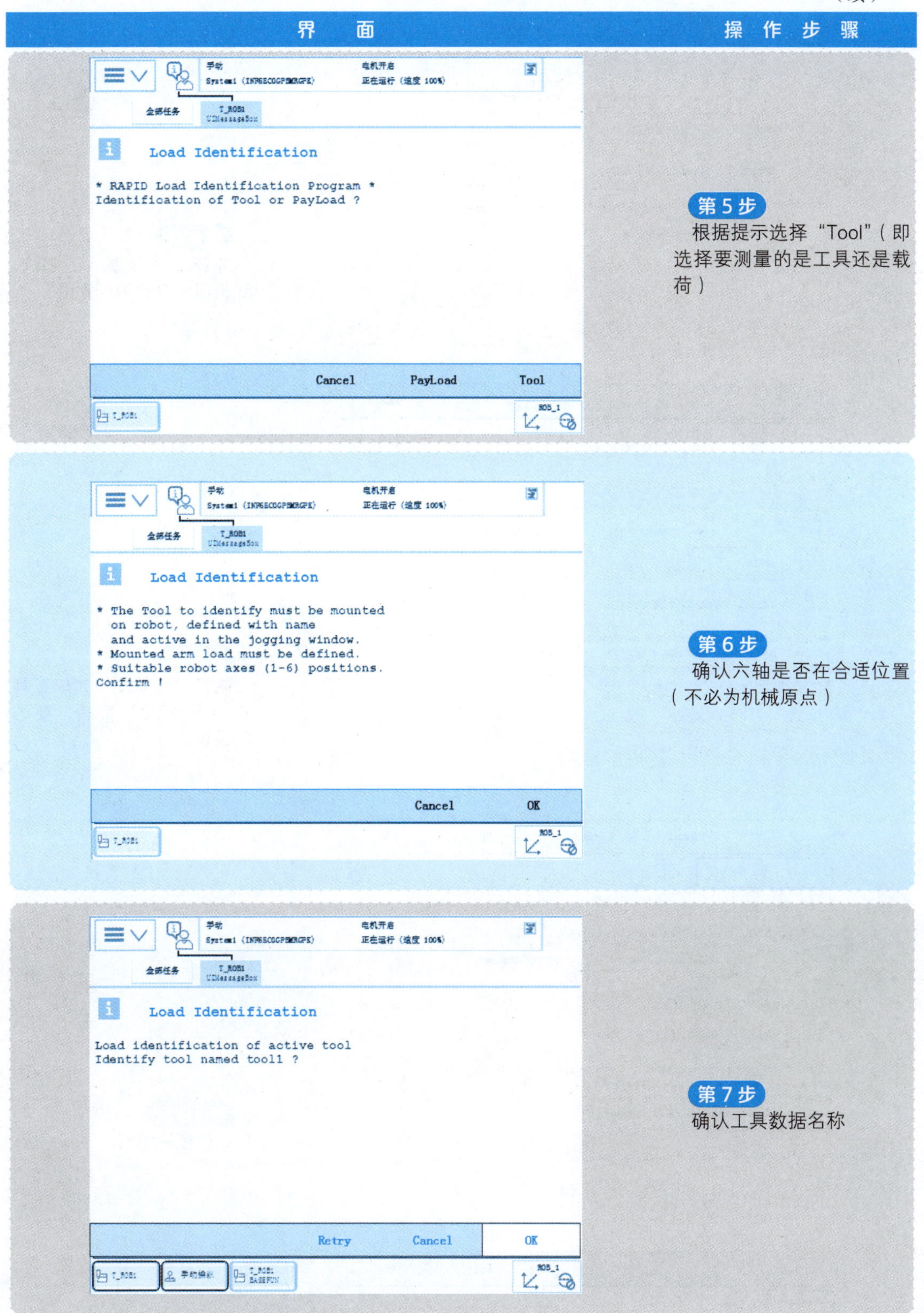
界 面
操 作 步 骤
Load Identification
* RAPID Load Identification Program *
Identification of Tool or PayLoad ?
Cancel
PayLoad
Tool
第5步
根据提示选择“Tool”（即选择要测量的是工具还是载荷）
Load Identification
* The Tool to identify must be mounted
on robot, defined with name
and active in the jogging window.
* Mounted arm load must be defined.
* Suitable robot axes (1-6) positions.
Confirm !
Cancel
OK
第6步
确认六轴是否在合适位置（不必为机械原点）
Load Identification
Load identification of active tool
Identify tool named tool1 ?
Retry
Cancel
OK
第7步
确认工具数据名称

（续）

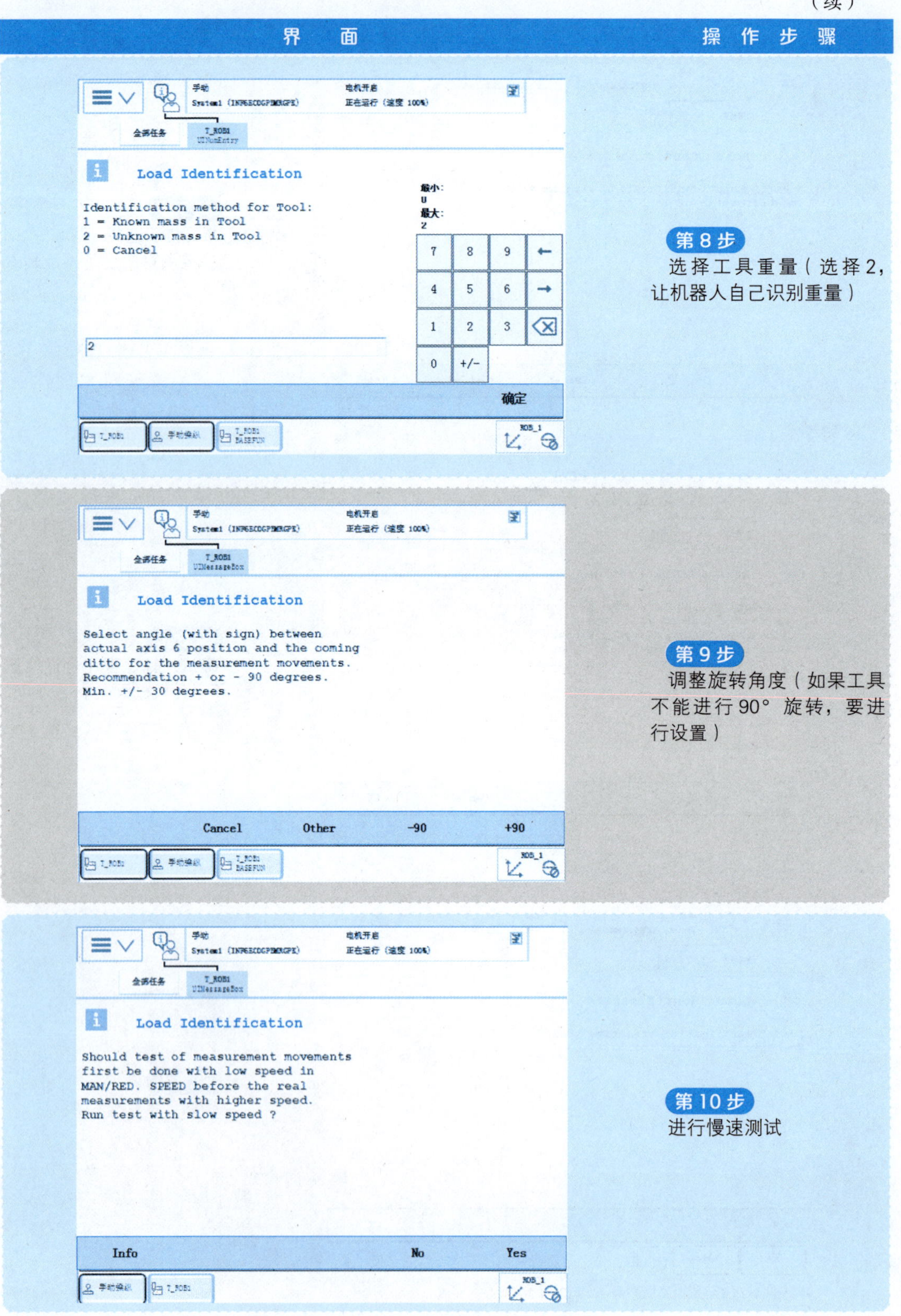

界面	操作步骤
	第 8 步 选择工具重量（选择 2，让机器人自己识别重量）
	第 9 步 调整旋转角度（如果工具不能进行 90° 旋转，要进行设置）
	第 10 步 进行慢速测试

（续）

界　面	操 作 步 骤

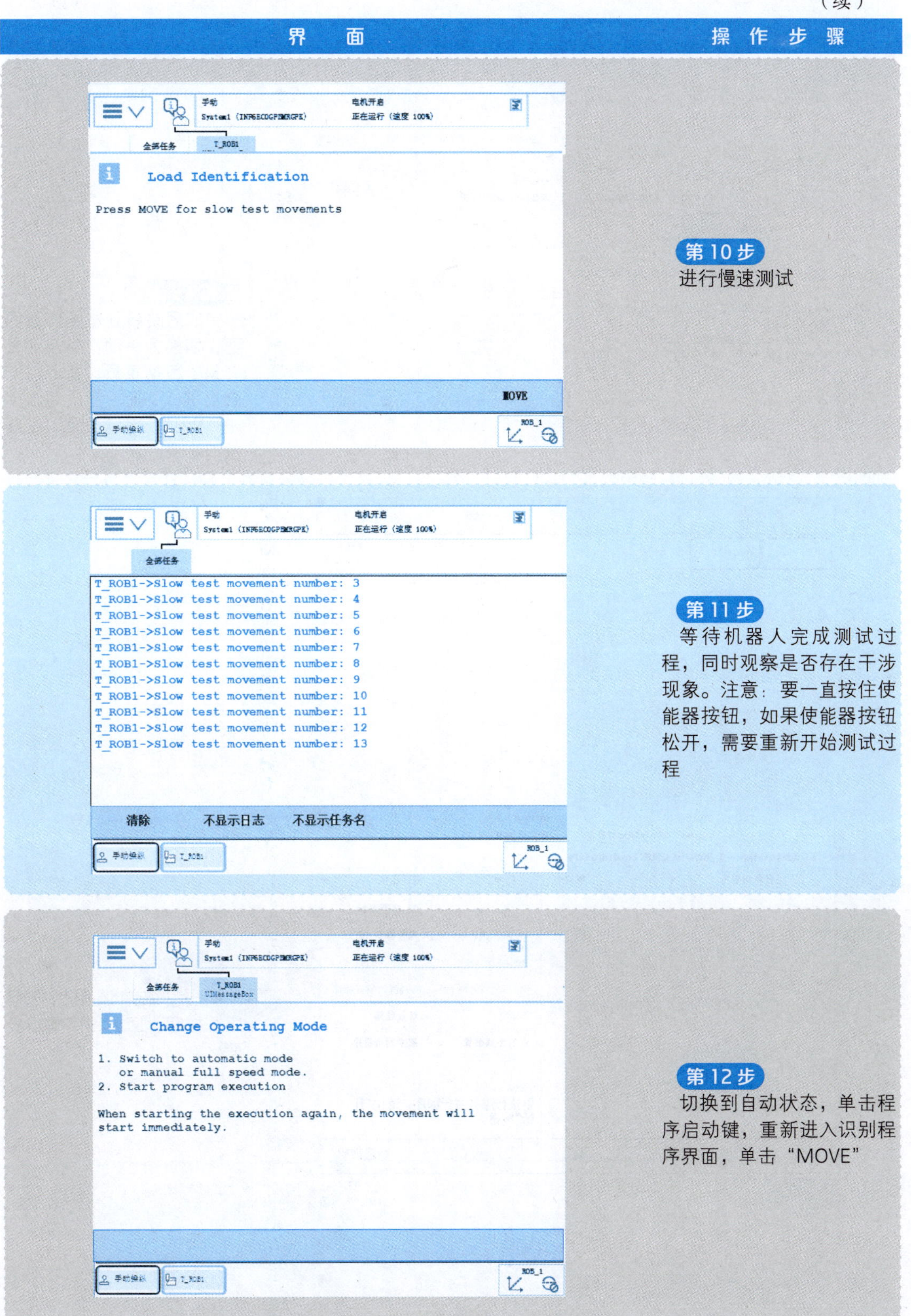

第 10 步
进行慢速测试

第 11 步
等待机器人完成测试过程，同时观察是否存在干涉现象。注意：要一直按住使能器按钮，如果使能器按钮松开，需要重新开始测试过程

第 12 步
切换到自动状态，单击程序启动键，重新进入识别程序界面，单击“MOVE”

（续）

界　面	操 作 步 骤

第 13 步

完成后跳转到左图所示界面，切换为手动，显示测量结果（包括重量、重心、准确度等）。确认无误后，单击“Yes”，将结果写入工具数据

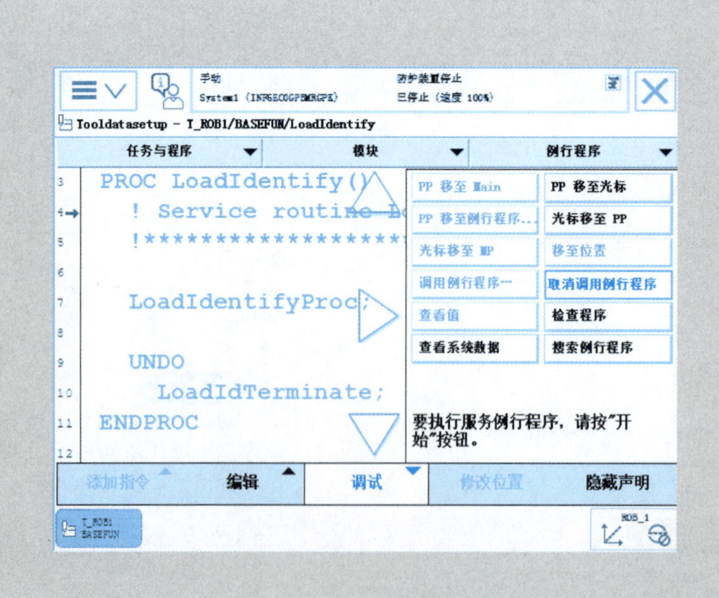

第 14 步

单击“取消调用例行程序”按钮，回到程序编辑界面

学生项目任务书

<table>
<tr><th>课程名称</th><th colspan="2">工业机器人现场编程</th><th>项目</th><th colspan="2">工业机器人程序数据的建立</th></tr>
<tr><td>工作任务</td><td colspan="2">1. 理解程序数据的类型。
2. 能正确根据程序要求建立 ABB 工业机器人程序数据。
3. 机器人工具坐标系的建立。
4. 机器人工件坐标系的建立。</td><td>时间</td><td colspan="2">4 课时</td></tr>
<tr><td>姓名学号</td><td></td><td>组别</td><td></td><td>日期</td><td></td></tr>
<tr><td>任务要求</td><td colspan="5">1. 理解 ABB 工业机器人程序数据在编程中的重要作用，掌握基本的程序数据类型及常用程序数据的定义方法。
2. 在机器人第 6 轴关节上安装焊枪，并起名 tGripper，进行工具坐标系 tGripper 的建立。在工作台上建立工件坐标系，采用三点法，保证 X、Y、Z 方向正确。</td></tr>
<tr><td>任务目标</td><td colspan="5">1. 理解 ABB 工业机器人程序数据的概念。
2. 掌握 ABB 工业机器人中程序数据的分类。
3. 掌握常用的程序数据的定义方法和步骤。
4. 理解建立工具坐标系的意义。
5. 熟练掌握焊枪的安装方法。
6. 熟练掌握采用 6 点法建立工具坐标。
7. 熟练掌握采用 3 点法建立工件坐标。</td></tr>
<tr><td>提交成果</td><td colspan="3">1. 程序数据的个数及类型。
2. 常用程序数据有哪些（至少 5 个，并说明用途）。
3. 常用程序数据的设置步骤（speeddata 等 3 个）。
4. 采用 Robotstudio 软件进行程序数据的设置
5. 焊枪的安装（角度要求为：在垂直方向偏移 15°）。
6. 建立工具坐标系 tGripper。（误差不超过 1）
7. 在工作台上建立工件坐标系 wobj1（四个角的任何一个角）。
8. 验证工件坐标系的建立是否正确（走两条直线，移动工作台，进行路径验证）。</td><td>70</td><td rowspan="4">合计：</td></tr>
<tr><td>工作态度</td><td colspan="3"></td><td>10</td></tr>
<tr><td>工作规范及团队协作</td><td colspan="3"></td><td>10</td></tr>
<tr><td>考勤情况</td><td colspan="3"></td><td>10</td></tr>
</table>

习题

1. 如何建立工具坐标系？坐标系的方向如何确定？

2. 如何建立工件坐标系？坐标系的方向如何确定？

3. 为什么搬运工业机器人要设定载荷数据？

4. 如何建立速度数据？

工业机器人RAPID程序的建立

【学习目标】

1. 掌握常用的 PAPID 程序指令的使用方法与功能。
2. 掌握基本 PAPID 程序的建立步骤。
3. 掌握常用 PAPID 运动指令、I/O 指令的应用。
4. 掌握基本 RAPID 程序的编写、调试、自动运行和保存模块。

5.1 RAPID程序建立的基本操作

5.1.1 RAPID程序的结构

RAPID 程序建立

RAPID 程序中包含了一连串控制机器人的指令，执行这些指令可以实现对 ABB 工业机器人的控制。

应用程序是使用 RAPID 编程语言的特定词汇和语法编写而成的。RAPID 是一种英文编程语言，所包含的指令可以移动机器人、设置输出、读取输入，还能实现决策、重复其他指令、构造程序、与系统操作员交流等功能。RAPID 程序的基本架构见表 5-1。

表 5-1 RAPID 程序的基本架构

程序模块 1	程序模块 2	…	程序模块 *n*
程序数据			
主程序 main	程序数据	…	程序数据
例行程序	例行程序	…	例行程序
中断程序	中断程序	…	中断程序
功能	功能	…	功能

RAPID 程序的架构说明如下：

1）RAPID 程序是由程序模块与系统模块组成的。一般地，只通过新建程序模块来构建机器人的程序，而系统模块多用于系统方面的控制。

2）可以根据不同的用途创建多个程序模块，如专门用于主控制的程序模块，用于位置计算的程序模块，用于存放数据的程序模块等，这样便于归类管理不同用途的例行程序与数据。

3）每一个程序模块都包含程序数据、例行程序、中断程序和功能四种对象，但不一定在一个模块中都有这四种对象。程序模块之间的数据、例行程序、中断程序和功能是可以互相调用的。

4）在 RAPID 程序中，只有一个主程序 main，并且存在于任意一个程序模块中，是作为整个 RAPID 程序执行的起点。

5.1.2 建立RAPID程序的步骤

RAPID 程序建立的步骤见表 5-2。

表 5-2 RAPID 程序建立的步骤

界 面	操作步骤
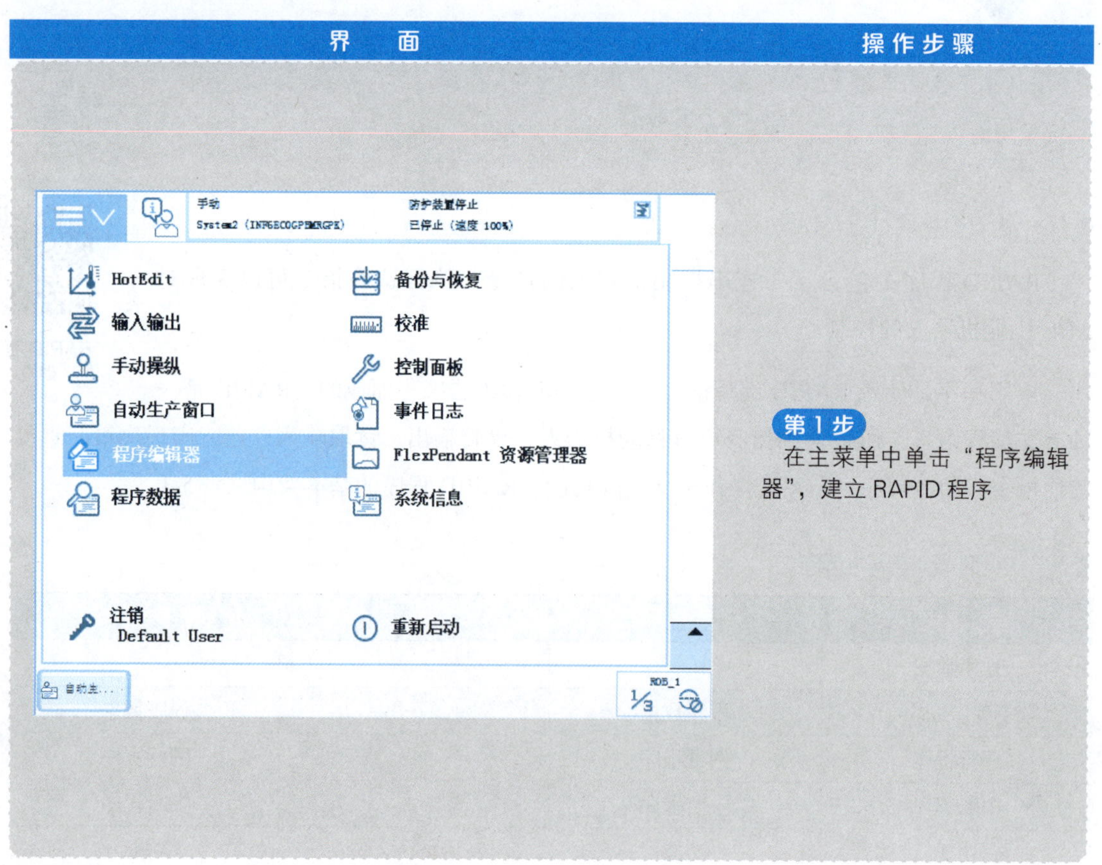	**第 1 步** 在主菜单中单击“程序编辑器”，建立 RAPID 程序

（续）

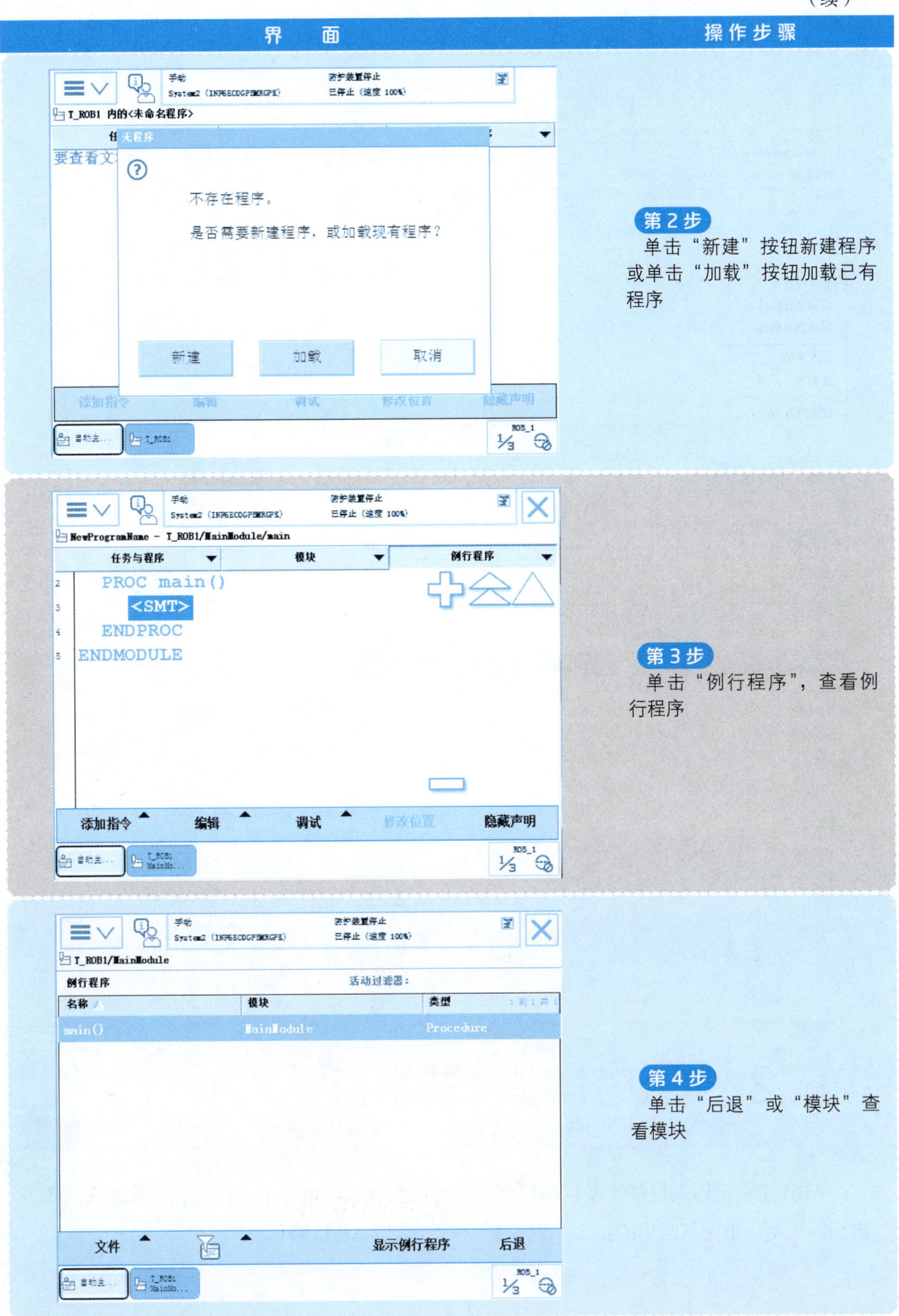

界　面	操作步骤
	第 2 步 单击“新建”按钮新建程序或单击“加载”按钮加载已有程序
	第 3 步 单击“例行程序”，查看例行程序
	第 4 步 单击“后退”或“模块”查看模块

（续）

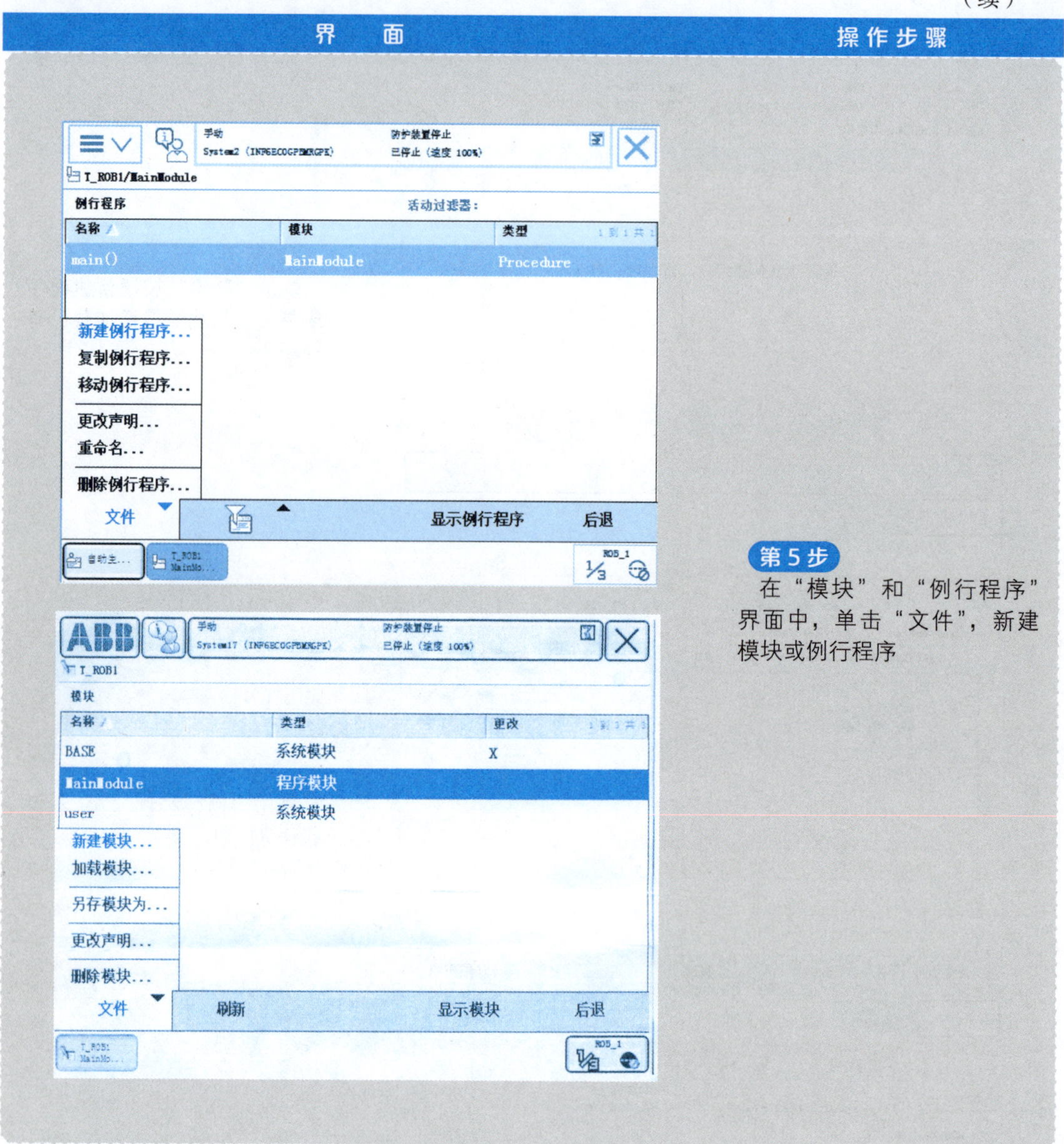

第 5 步
在“模块”和“例行程序”界面中，单击“文件”，新建模块或例行程序

5.2　RAPID程序基本指令

ABB 工业机器人提供了多种编程指令，可以完成工业机器人在焊接、码垛、搬运等方面的应用。下面从常用的指令（表 5-3）开始介绍 RAPID 编程。

表 5-3 RAPID 编程常用指令

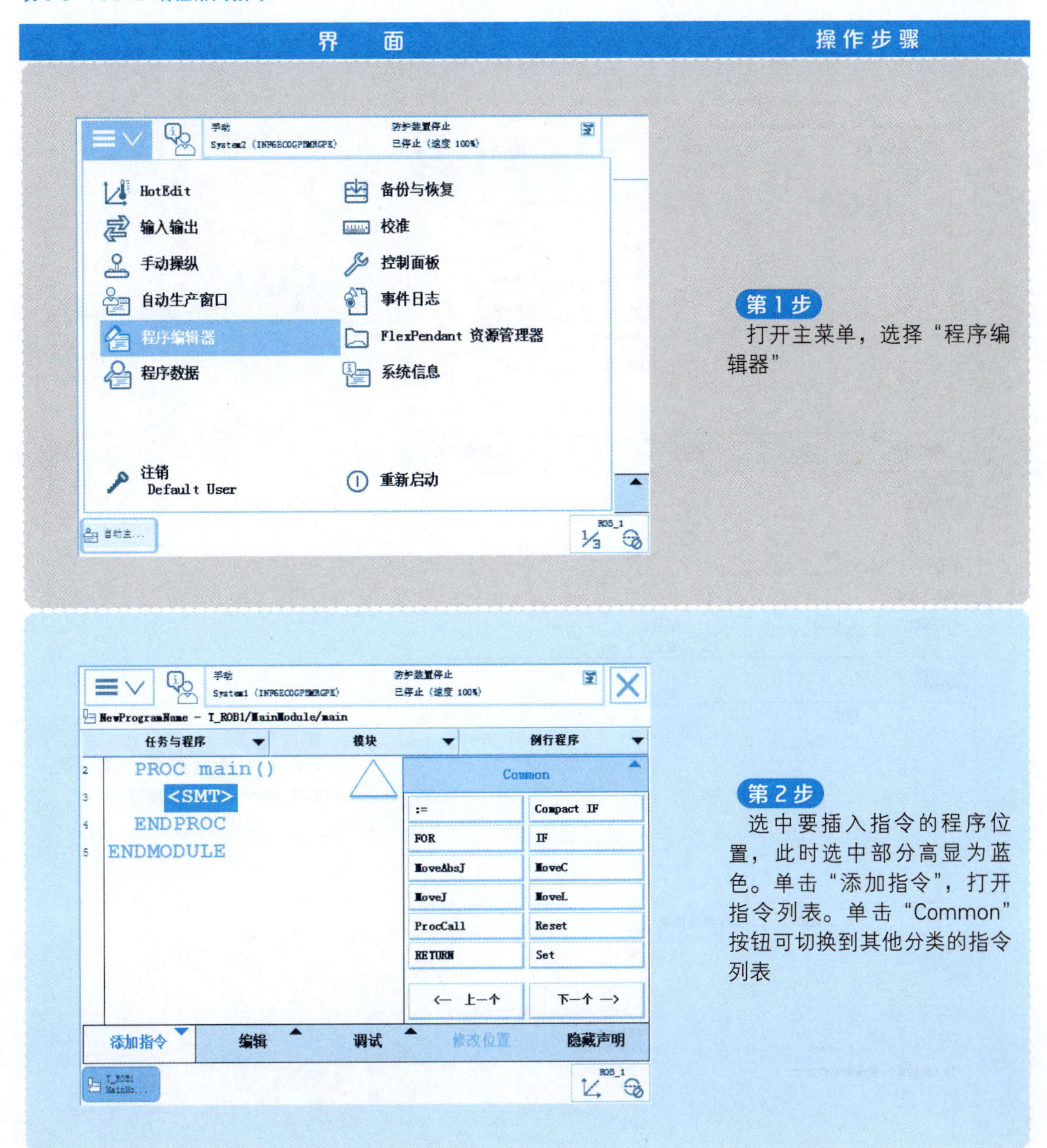

界 面	操作步骤
	第 1 步 打开主菜单，选择“程序编辑器”
	第 2 步 选中要插入指令的程序位置，此时选中部分高显为蓝色。单击“添加指令”，打开指令列表。单击“Common”按钮可切换到其他分类的指令列表

5.2.1 赋值指令

赋值指令用于对程序数据进行赋值，符号为“：=”，赋值对象是常量或数学表达式。

赋值指令

常量赋值：reg1 ：=17;

数学表达式赋值：reg2 ：=reg1+8;

添加常量赋值指令的操作步骤见表 5-4。

表 5-4　添加常量赋值指令的操作步骤

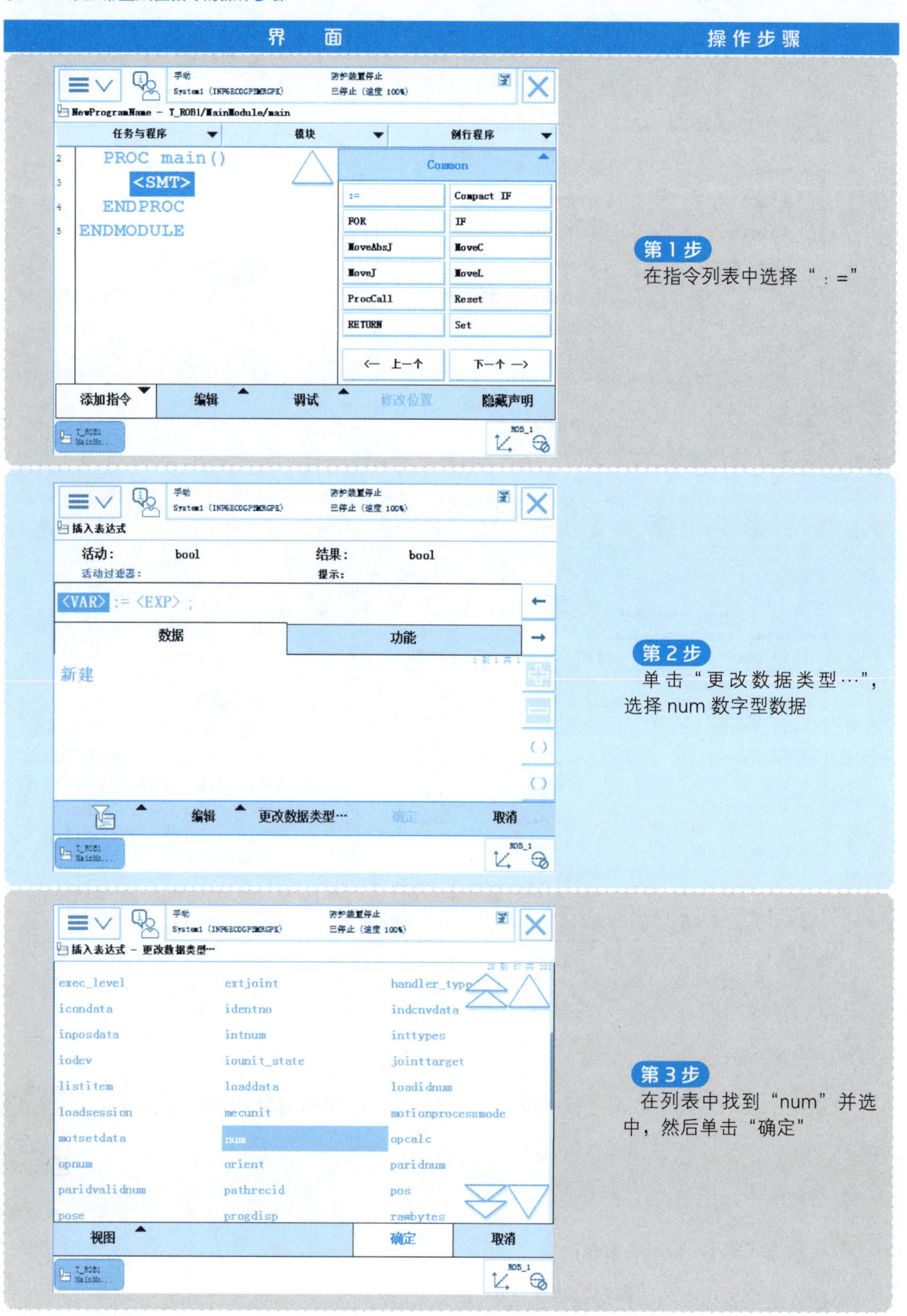

界　面	操作步骤
	第 1 步 在指令列表中选择“：=”
	第 2 步 单击“更改数据类型…”，选择 num 数字型数据
	第 3 步 在列表中找到“num”并选中，然后单击“确定”

（续）

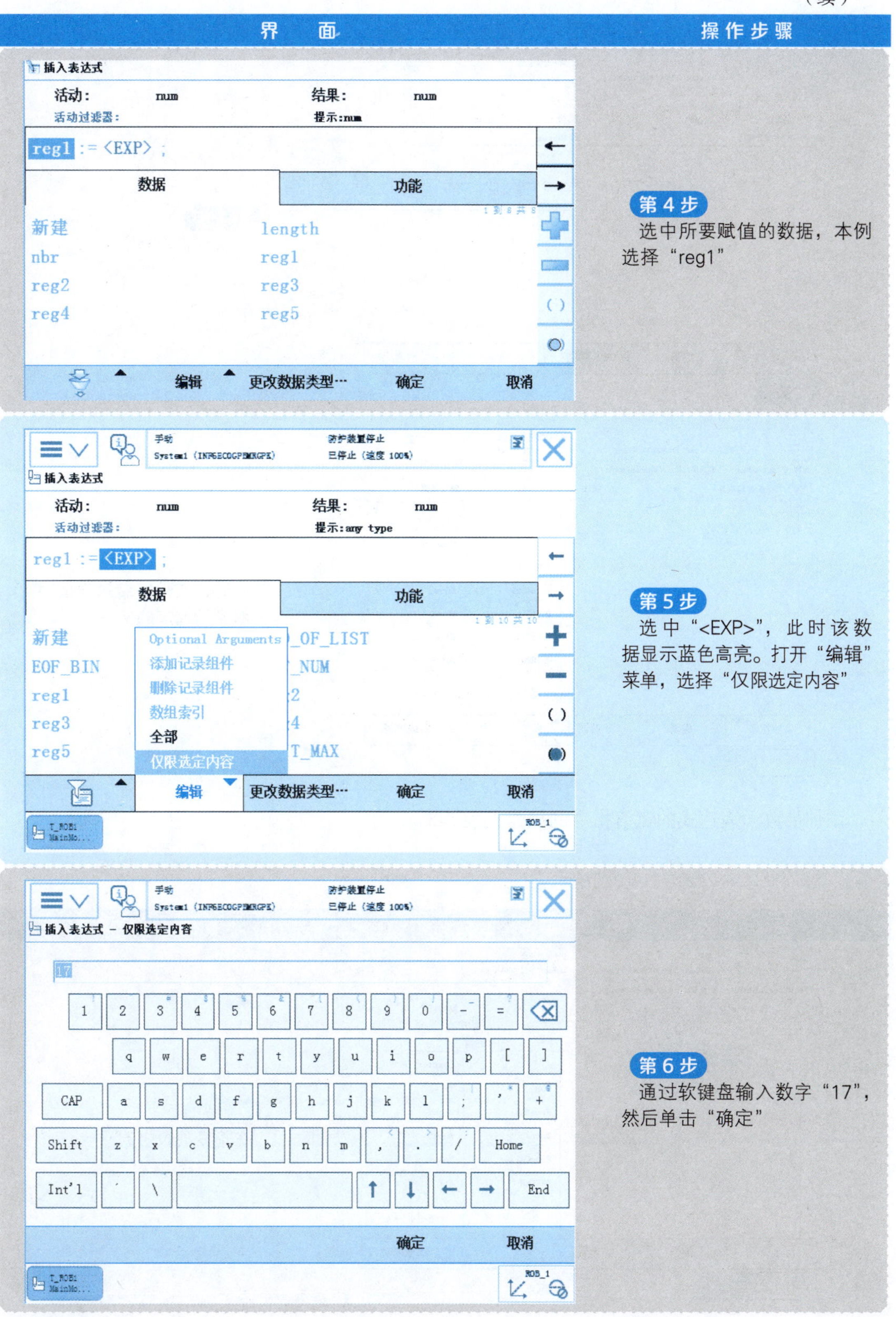

第 4 步

选中所要赋值的数据，本例选择“reg1”

第 5 步

选中“<EXP>”，此时该数据显示蓝色高亮。打开“编辑”菜单，选择“仅限选定内容”

第 6 步

通过软键盘输入数字“17”，然后单击“确定”

（续）

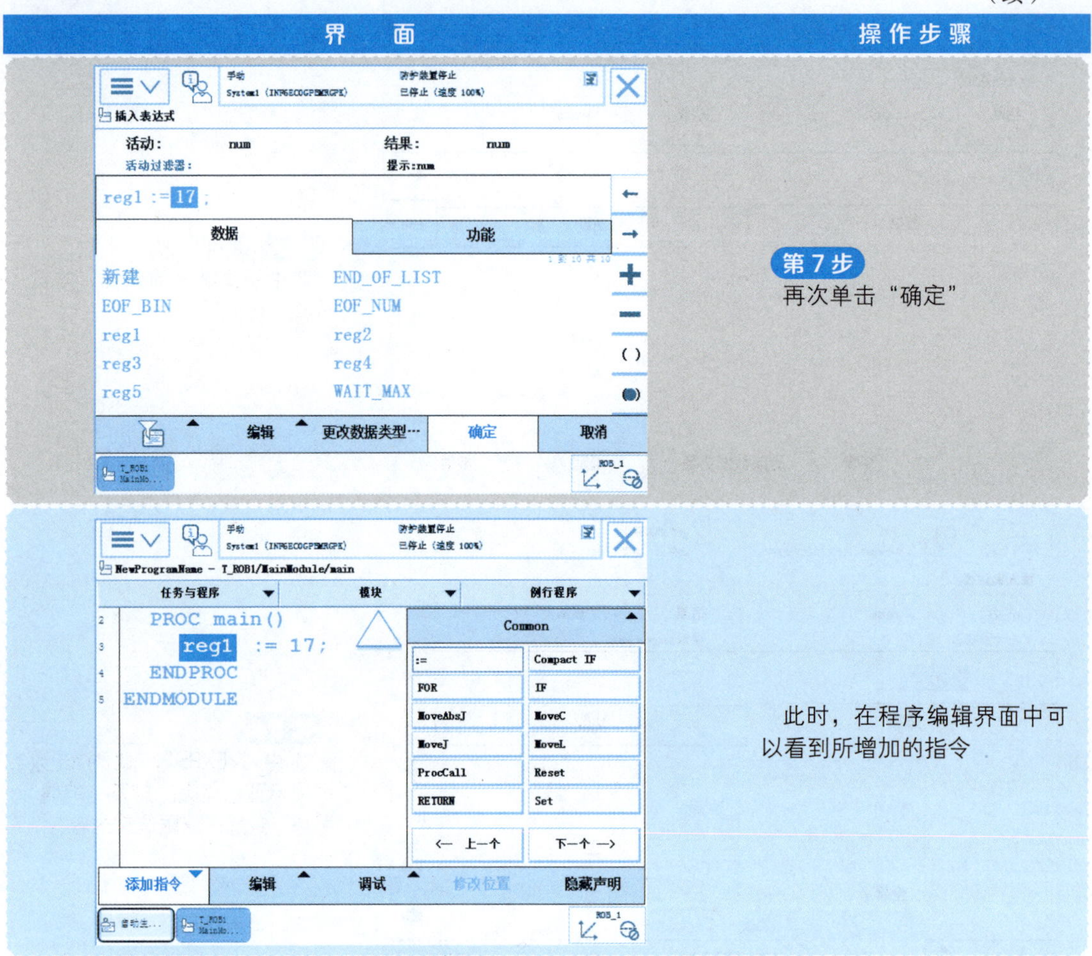

界　面	操作步骤
（见上图）	**第7步** 再次单击“确定”
（见上图）	此时，在程序编辑界面中可以看到所增加的指令

添加带数学表达式的赋值指令的操作见表5-5。

表5-5　添加带数学表达式的赋值指令的操作

界　面	操作步骤
（见上图）	**第1步** 在指令列表中选择“：=”

（续）

界　面	操作步骤

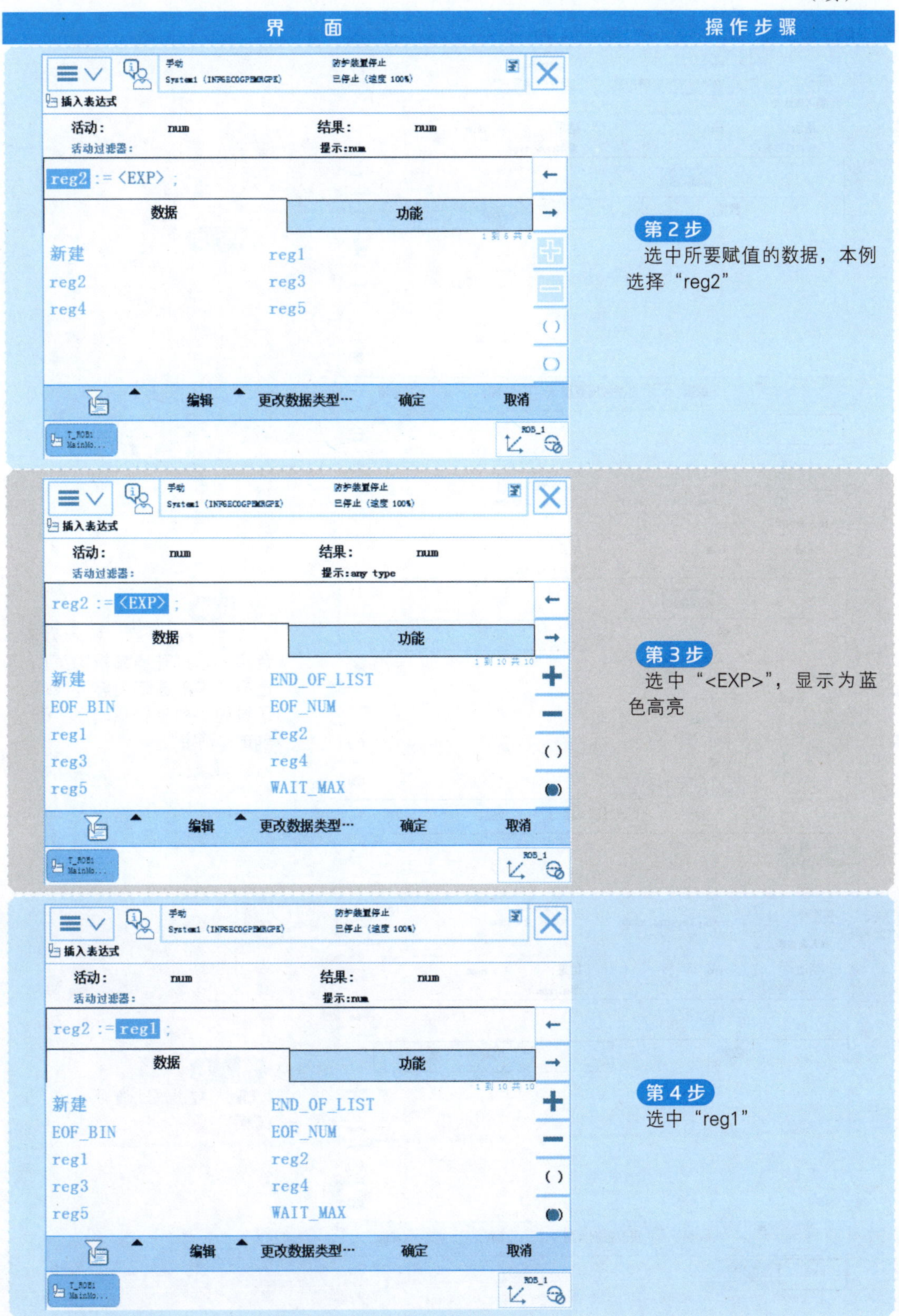

第 2 步

选中所要赋值的数据，本例选择“reg2”

第 3 步

选中“<EXP>”，显示为蓝色高亮

第 4 步

选中“reg1”

（续）

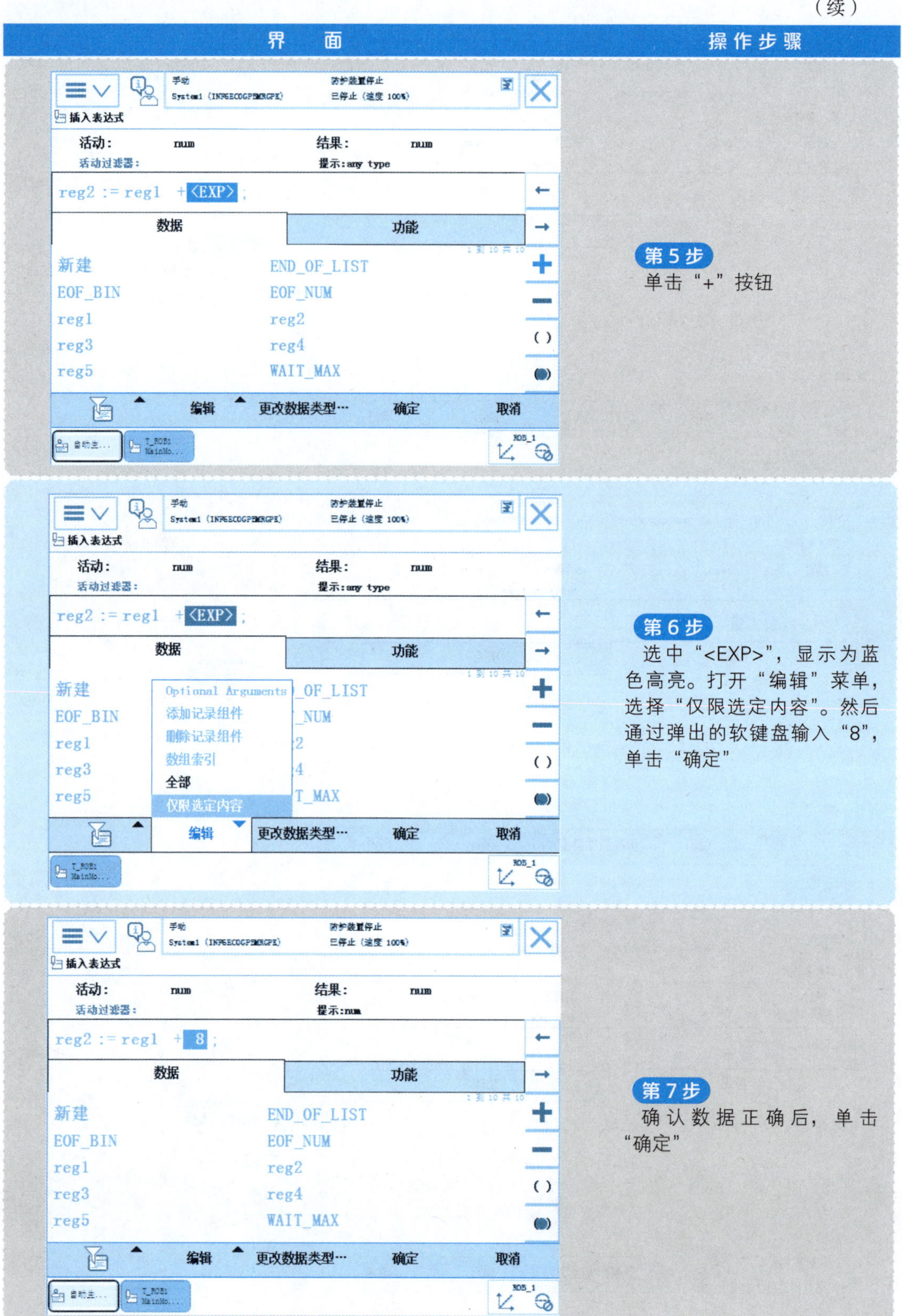

界　面	操作步骤
	第 5 步 单击“+”按钮
	第 6 步 选中“<EXP>”，显示为蓝色高亮。打开“编辑”菜单，选择“仅限选定内容”。然后通过弹出的软键盘输入“8”，单击“确定”
	第 7 步 确认数据正确后，单击“确定”

（续）

界　面	操作步骤
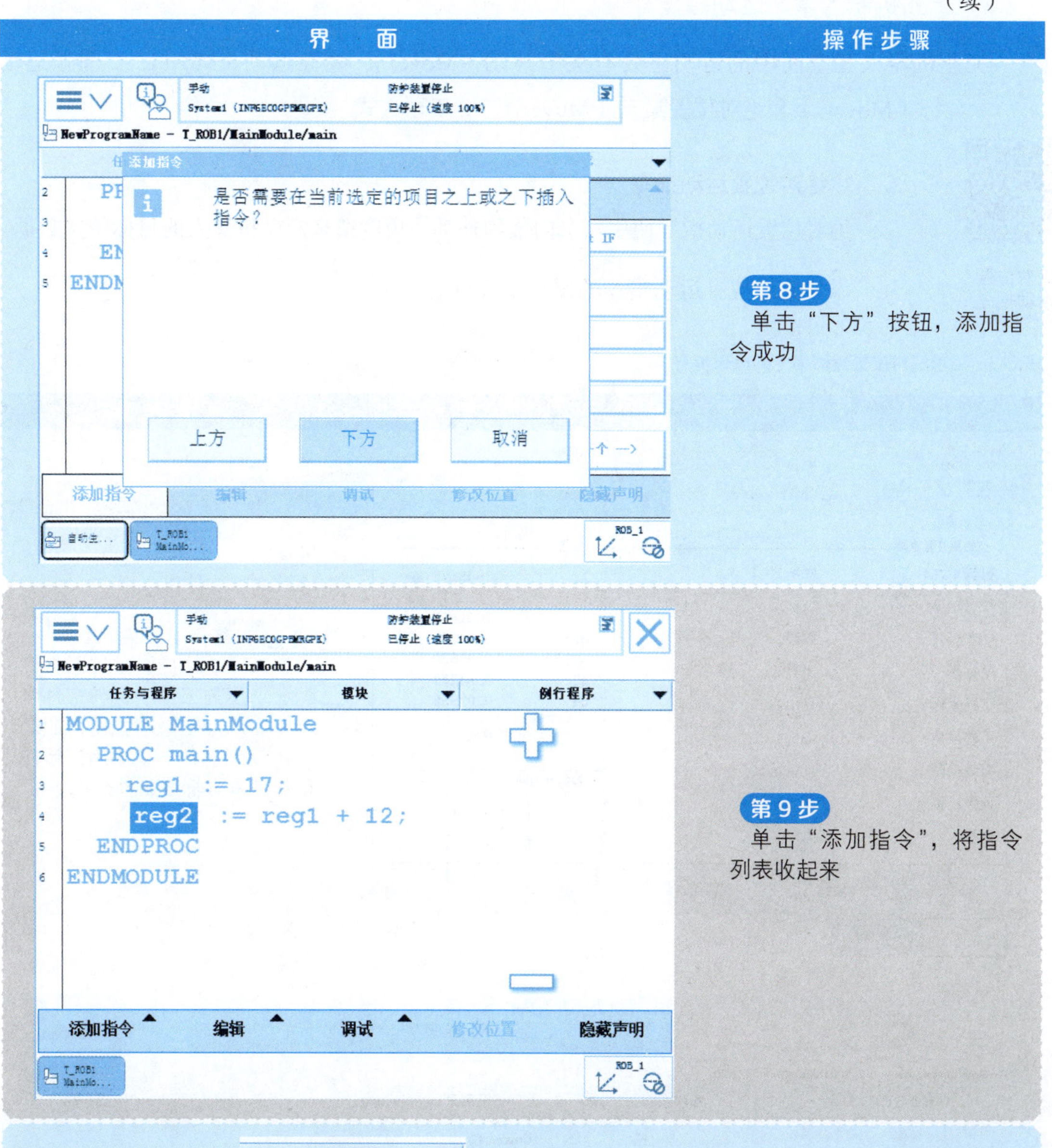	**第 8 步** 单击“下方”按钮，添加指令成功
	第 9 步 单击“添加指令”，将指令列表收起来
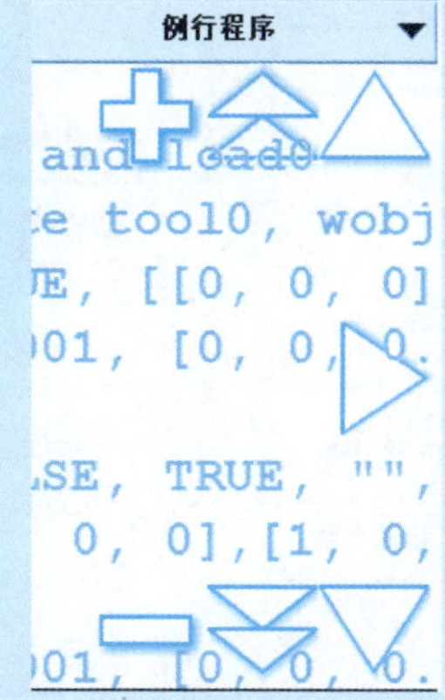	注：编程界面操作技巧： “+/−”放大 / 缩小界面 “△/▽”向上 / 向下翻页 “⇑/⇓”向上 / 向下移动 “◁/▷”向左 / 向右移动

5.2.2　工业机器人常用运动指令

工业机器人在空间中的运动主要有关节运动（MoveJ）、线性运动（MoveL）、圆弧运动（MoveC）和绝对位置运动（MoveAbsJ）四种方式。

绝对位置运动指令

1. 绝对位置运动指令

绝对位置运动指令使用六个内轴和外轴的角度值来定义机器人的目标位置数据。

添加绝对位置运动指令的操作步骤见表 5-6。

表 5-6　添加绝对位置运动指令的操作步骤

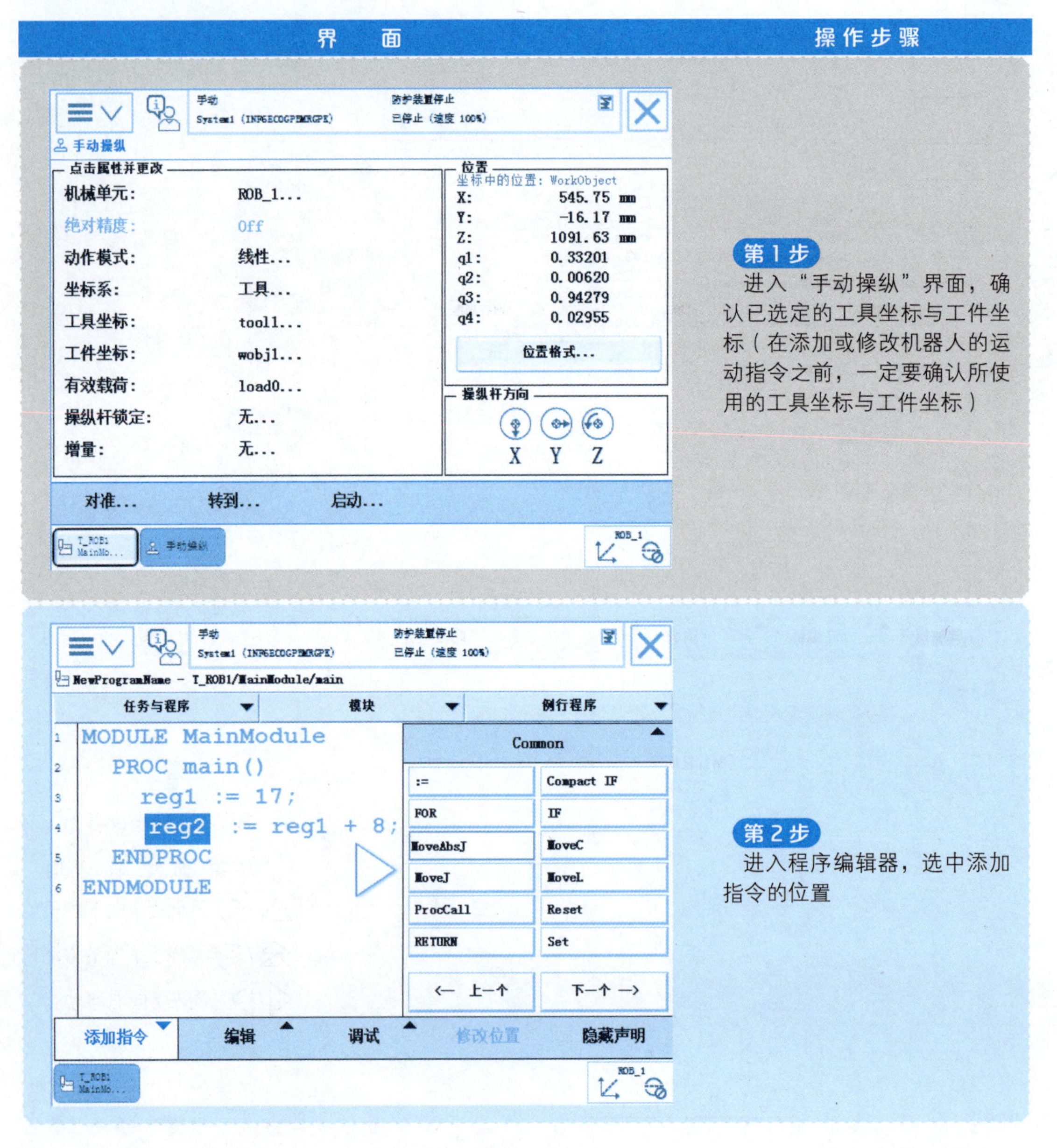

界　面	操作步骤
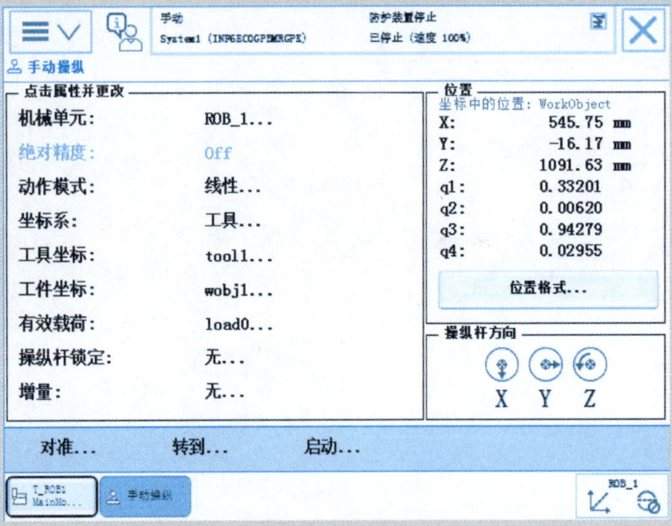	第 1 步 进入“手动操纵”界面，确认已选定的工具坐标与工件坐标（在添加或修改机器人的运动指令之前，一定要确认所使用的工具坐标与工件坐标）
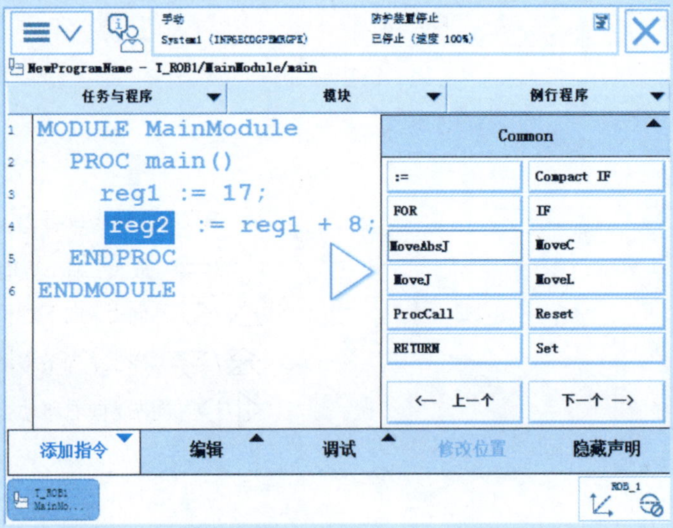	第 2 步 进入程序编辑器，选中添加指令的位置

（续）

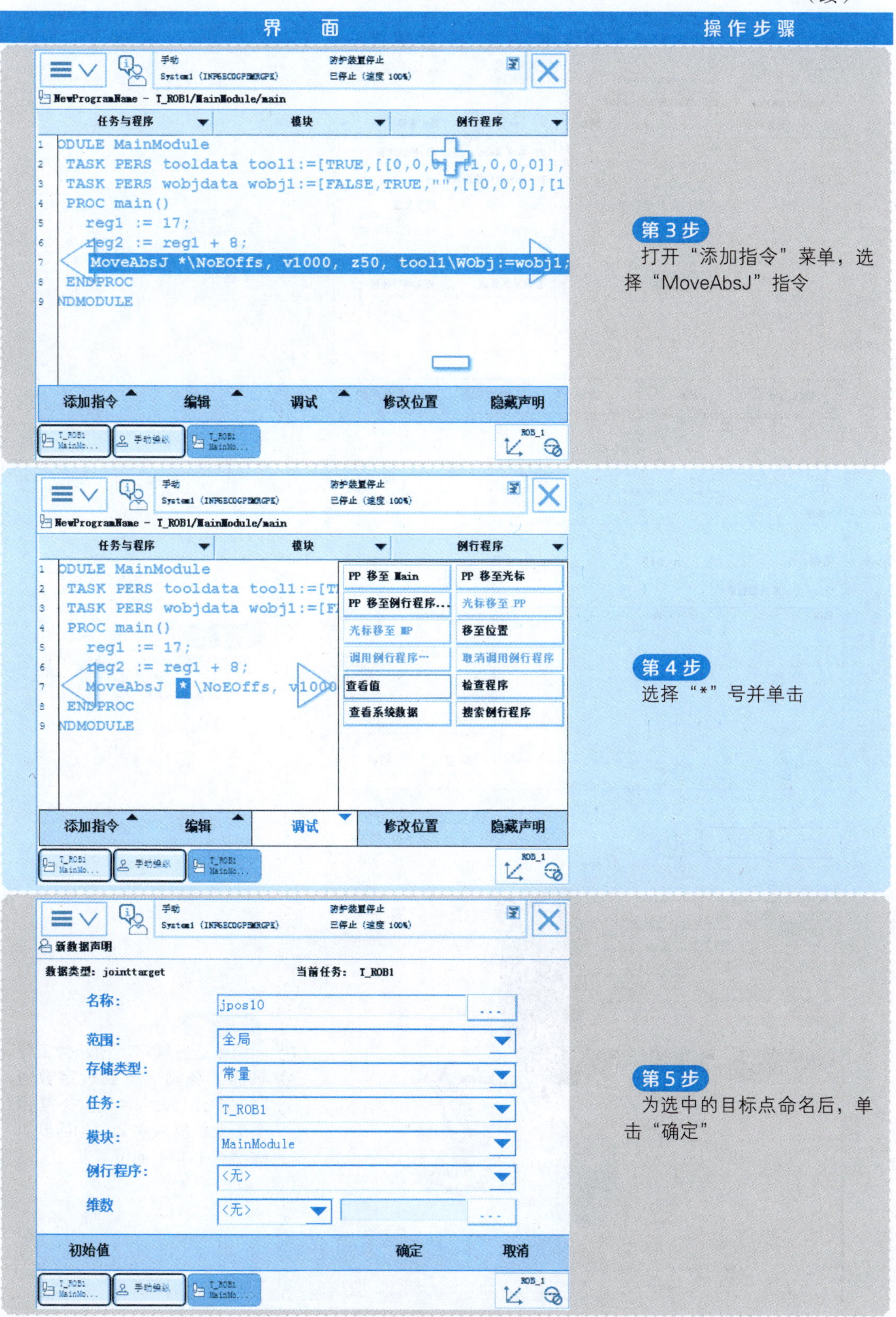

第3步 打开“添加指令”菜单，选择“MoveAbsJ”指令

第4步 选择“*”号并单击

第5步 为选中的目标点命名后，单击“确定”

（续）

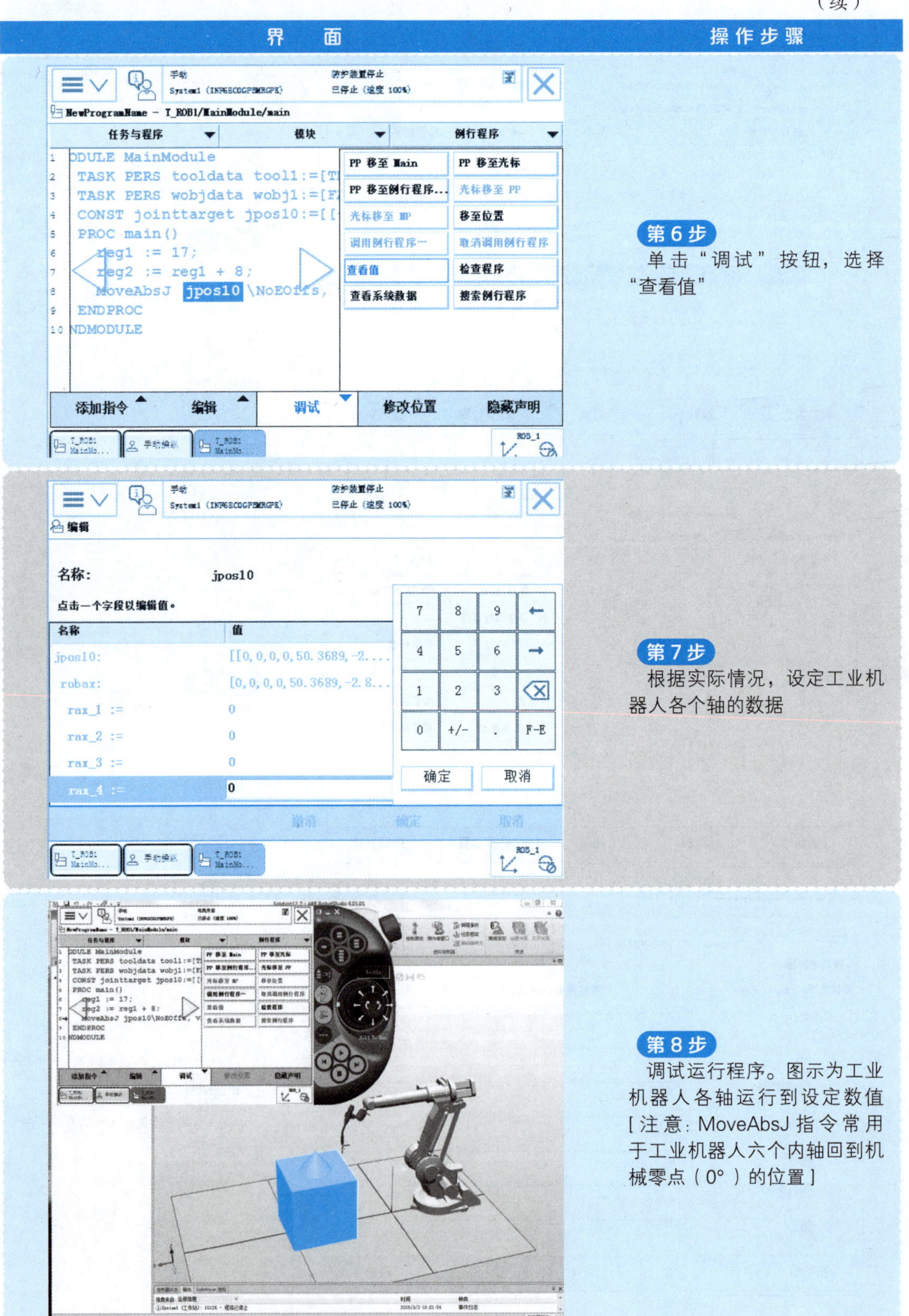

界　面	操作步骤
	第 6 步 单击“调试”按钮，选择“查看值”
	第 7 步 根据实际情况，设定工业机器人各个轴的数据
	第 8 步 调试运行程序。图示为工业机器人各轴运行到设定数值［注意：MoveAbsJ 指令常用于工业机器人六个内轴回到机械零点（0°）的位置］

绝对位置运动指令 MoveAbsJ 的格式如下，指令解析见表 5-7。

MoveAbsJ jpos10 \NoEOffs, v1000, z50, tool1\Wobj ：=wobj1;

表 5-7　MoveAbsJ 指令解析

参数	含义
jpos10	目标点名称、位置数据
\NoEOffs	外轴不带偏移数据
v1000	运动速度数据：1000mm/s
z50	转弯区数据，定义转弯区的大小，单位为 mm
tool1	工具坐标数据，定义当前指令使用的工具
wobj1	工件坐标数据，定义当前指令使用的工件坐标

2. 关节运动指令

关节运动指令

关节运动指令用于在对路径精度要求不高的情况下，定义工业机器人的 TCP 点从一个位置移动到另一个位置的运动，两个位置之间的路径不一定是直线，如图 5-1 所示。

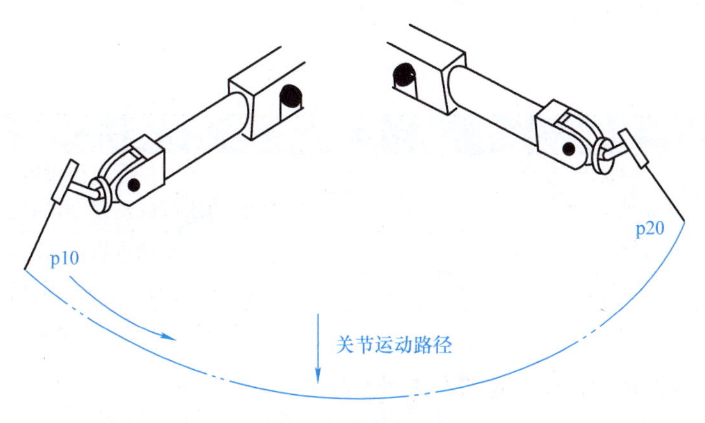

图5-1　关节运动指令

关节运动指令 MoveJ 的格式如下，指令解析见表 5-8。

MoveJ p10, v1000, z50, tool1\Wobj ：=wobj1;

表 5-8　MoveJ 指令解析

参数	含义
p10	目标点位置数据
v1000	运动速度数据 1000mm/s
z50	转弯区数据，定义转弯区的大小，单位为 mm
tool1	工具坐标数据，定义当前指令使用的工具
wobj1	工件坐标数据，定义当前指令使用的工件坐标

关节运动适合机器人大范围运动时使用，不容易在运动过程中出现关节轴进入机械死点的

问题。目标点位置数据定义机器人 TCP 点的运动目标，可以在示教器中单击“修改位置”进行修改。

线性运动指令

关节运动指令的添加方法同绝对位置运动指令。

3. 线性运动指令

线性运动是指机器人的 TCP 从起点到终点之间的路径始终保持为直线。一般在焊接、涂胶等对路径要求较高的场合常使用线性运动指令 MoveL，如图 5-2 所示。

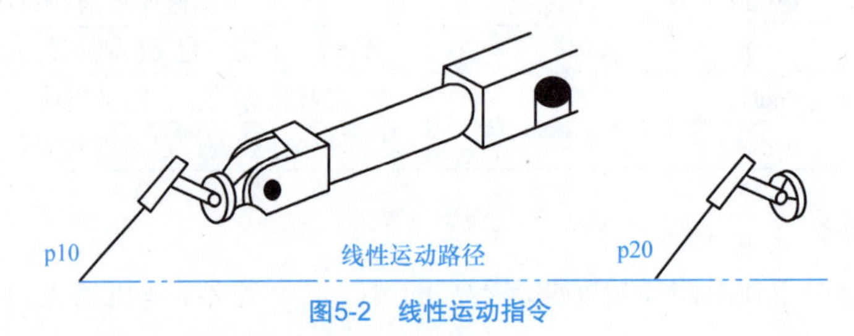

图5-2　线性运动指令

MoveL 指令如下，指令解析见表 5-9。

MoveL p10, v1000, fine, tool1\Wobj ：=wobj1;

表 5-9　MoveL 指令解析

参　数	含　义
p10	目标点位置数据
fine	TCP 到达目标点，在目标点速度降为零
v1000	运动速度数据：1000mm/s
tool1	工具坐标数据，定义当前指令使用的工具
wobj1	工件坐标数据，定义当前指令使用的工件坐标

圆弧运动指令

线性运动指令的添加方法同绝对位置运动指令。

4. 圆弧运动指令

圆弧运动指令在机器人可到达的控件范围内定义三个位置点，第一个点是圆弧的起点，第二个点用于定义圆弧的曲率，第三个点是圆弧的终点，如图 5-3 所示。

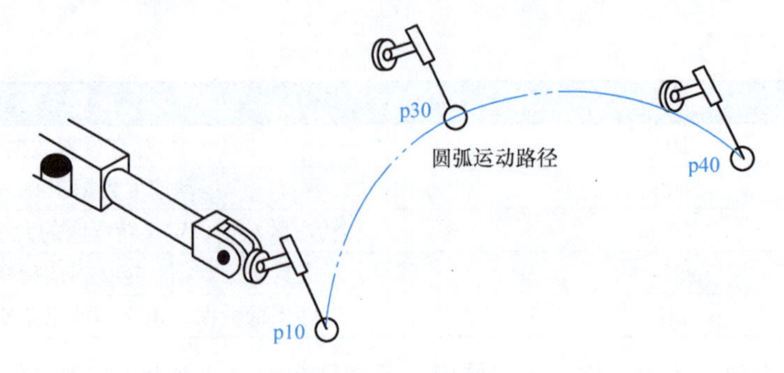

图5-3　圆弧运动指令

圆弧运动指令 MoveC 的格式如下，指令解析见表 5-10。

```
MoveL p10, v1000, fine, tool1\Wobj ：=wobj1;

MoveC p30, p40, v1000, z1, tool1\Wobj ：=wobj1;
```

表 5-10　MoveC 指令解析

参数	含义
p10	圆弧的第一个点
p30	圆弧的第二个点
p40	圆弧的第三个点
fine	TCP 到达目标点，在目标点速度降为零
z1	转弯区数据

圆弧运动指令的添加方法同绝对位置运动指令。

5.2.3　运动指令示例

运动指令示例

运动指令示例及其解析见表 5-11。

表 5-11　运动指令示例及其解析

指　　令	解　　析
MoveL p1, v200, z10, tool1\Wobj ：=wobj1;	机器人的 TCP 从当前位置向 p1 点以线性运动方式前进，速度是 200mm/s。转弯区数据是 10mm，即距离 p1 点 10mm 时开始转弯。使用的工具数据是 tool1，工件坐标数据是 wobj1
MoveL p2, v100, fine, tool1\Wobj ：=wobj1;	机器人的 TCP 从 p1 点向 p2 点以线性运动方式前进，速度是 100mm/s。转弯区数据是 fine，机器人在 p2 点稍做停顿。使用的工具数据是 tool1，工件坐标数据是 wobj1
MoveJ p3, v500, fine, tool1\Wobj ：=wobj1;	机器人的 TCP 从 p2 点向 p3 点以关节运动方式前进，速度是 500mm/s，转弯区数据是 fine，则机器人在 p3 点停止。使用的工具数据是 tool1，工件坐标数据是 wobj1

TCP 运行过程如图 5-4 所示。

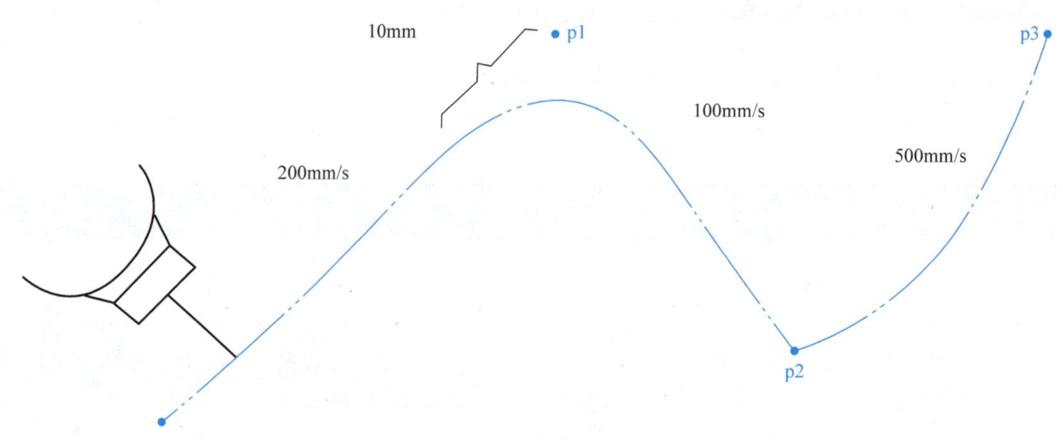

图5-4 TCP运行过程

运动速度一般最高为 50,000mm/s，在手动限速状态下，所有的运动速度被限速在 250mm/s。转弯区数据为 fine 指机器人 TCP 达到目标点后速度降为零。如果目标点是路径中间的某一点，则工业机器人在该点稍做停顿后再向下运动；如果目标点是一段路径的最后一个点，则转弯区数据必须为 fine。转弯区数值越大，机器人的动作路径就越圆滑、越流畅。

5.2.4 I/O控制指令

IO 控制指令

I/O 控制指令用于控制 I/O 信号，以达到与机器人周边设备进行通信的目的。

1. Set数字信号置位指令

Set 数字信号置位指令用于将数字输出（Digital Output）置位为“1”。例如，do1 为数字输出信号，相应指令格式为

```
Set do1;
```

2. Reset数字信号复位指令

Reset 数字信号复位指令用于将数字输出（Digital Output）置位为“0”。如果在 Set、Reset 指令前有运动指令 MoveJ、MoveL、MoveC、MoveAbsJ 的转弯区数据，必须使用 fine 才可以准确地输出 I/O 信号状态的变化。指令格式为

```
Reset do1;
```

3. WaitDI数字输入信号判断指令

WaitDI 数字输入信号判断指令用于判断数字输入信号的值是否与目标一致。例如，di1 为数字输入信号，相应指令格式为

```
WaitDI di1, 1;
```

执行此指令时，等待 di1 的值为 1。如果 di1 为 1，则程序继续往下执行；如果到达最大等待时间（如 300s，此时间可根据实际进行设定）以后，di1 的值还不为 1，则机器人报警或进入出错处理程序。

4. WaitDO数字输出信号判断指令

WaitDO 数字输出信号判断指令用于判断数字输出信号的值是否与目标一致。指令格式为

```
WaitDO do1, 1;
```

执行此指令时，等待 do1 的值为 1。如果 do1 为 1，则程序继续往下执行；如果到达最大等待时间（如 300s，此时间可根据实际进行设定）以后，do1 的值还不为 1，则机器人报警或进入出错处理程序。

5. WaitUntil信号判断指令

WaitUntil 信号判断指令可用于布尔量、数字量和 I/O 信号值的判断。如果条件到达指令中的设定值，程序继续往下执行；否则就一直等待，除非设定了最大等待时间。例如，flag1 为布尔量型数据，num1 为数字型数据，相应指令格式为

```
WaitUntil di1 = 1;

WaitUntil do1 = 0;

WaitUntil flag 1 = TRUE;

WaitUntil num1 = 8;
```

5.2.5 条件逻辑判断指令

条件逻辑
判断指令

条件逻辑判断指令用于对条件进行判断后，执行相应的操作。该指令是 RAPID 程序中的重要组成部分。

1. Compact IF紧凑型条件判断指令

Compact IF 紧凑型条件判断指令用于当一个条件满足了以后，就执行一句指令。指令格式为

```
IF flag1 = TRUE Set do1;
```

如果 flag1 的状态为 TRUE，则 do1 被置位为 1。

2. IF条件判断指令

IF 条件判断指令用于根据不同的条件执行不同的指令。示例程序如下：

```
IF num1=1 THEN
```

```
    flag：=TRUE;
ELSEIF num1=2 THEN
    flag1：=FALSE;
ELSE
    Set do1;
ENDIF
```

指令解析：如果 num1 为 1，则 flag1 会赋值为 TRUE。如果 num1 为 2，则 flag1 会赋值为 FALSE。除了以上两种条件之外，则执行 do1 置位为 1。判定的条件数量可以根据实际情况进行增加与减少。

3. FOR重复执行判断指令

FOR 重复执行判断指令适用于一个或多个指令需要重复执行数次的情况。示例程序如下：

```
FOR i FROM 1 TO 6 DO
    Routine1;
ENDFOR
```

例行程序 Routine1 将重复执行 6 次。

4. WHILE条件判断指令

WHILE 条件判断指令用于在给定条件满足的情况下，一直重复执行对应的指令。示例程序如下：

```
WHILE num1>num2 DO
    num1：=num1-1;
ENDWHILE
```

在 num1>num2 条件满足的情况下，一直执行 num1：=num1-1 的操作。

5.2.6　其他常用指令

1. ProcCall调用例行程序指令

通过使用此指令可在指定的位置调用例行程序，见表 5-12。

表 5-12 通过 ProcCall 指令在指定的位置调用例行程序

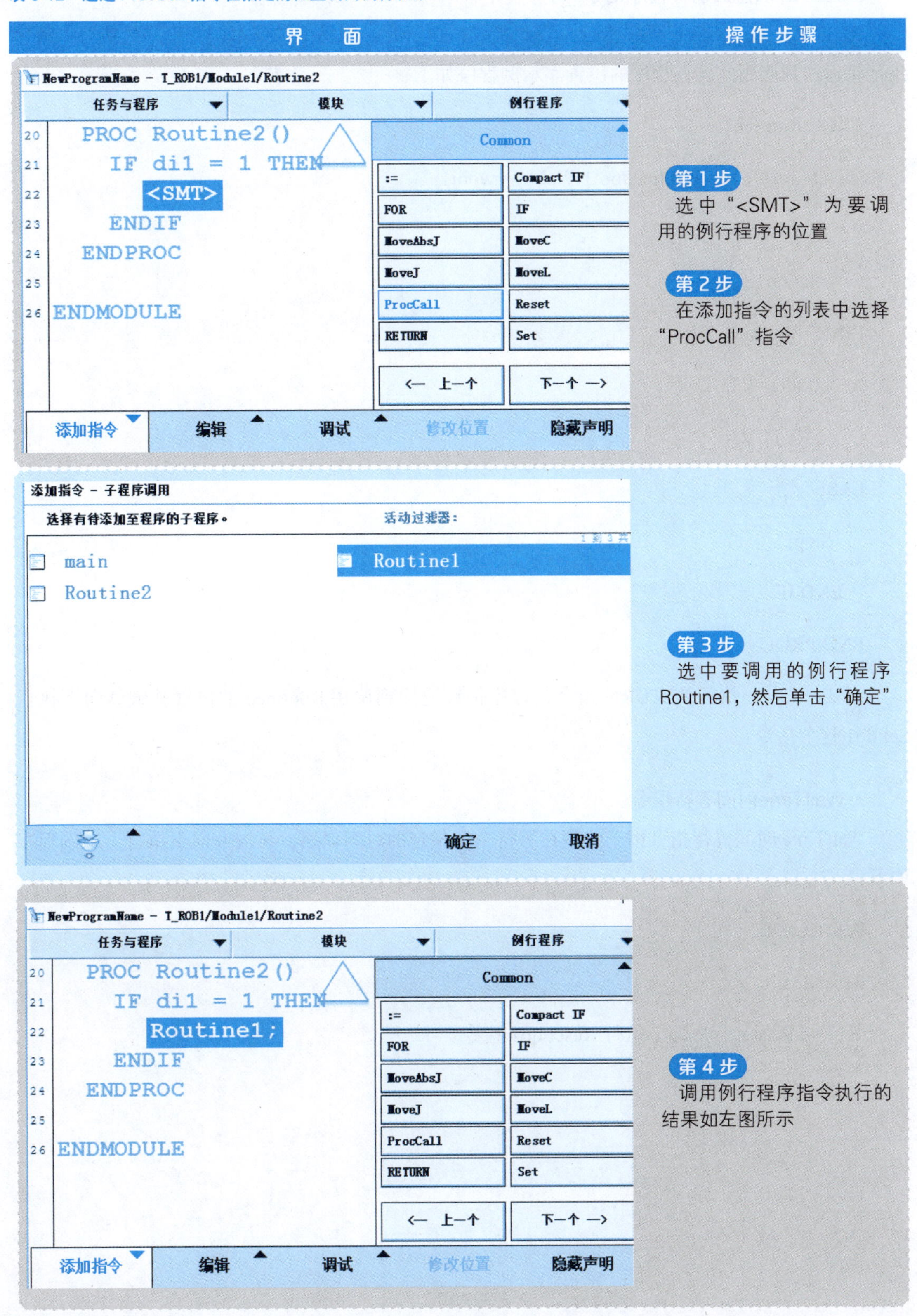

界 面	操作步骤
	第 1 步 选中“<SMT>”为要调用的例行程序的位置 第 2 步 在添加指令的列表中选择“ProcCall”指令
	第 3 步 选中要调用的例行程序 Routine1，然后单击“确定”
	第 4 步 调用例行程序指令执行的结果如左图所示

2. RETURN返回例行程序指令

RETURN 为返回例行程序指令，当此指令被执行时，则马上结束本例行程序的执行，程序指针将返回到调用此例行程序的位置。示例程序如下：

```
PROC Routine1（ ）
    MoveL p10,v300,fine,tool1\Wobj ：=wobj1;
    Routine2;
    Set do1
PROC Routine2（ ）
    IF di1=1 THEN
     RETURN
ELSE
   Stop;
  END IF
END PROC
```

当 di1=1 时，执行 RETURN 指令，程序指针返回到调用 Routine2 的位置并继续向下执行 Set do1 这个指令。

3. WaitTime时间等待指令

WaitTime 时间等待指令用于程序在等待一个指定的时间以后，再继续向下执行。示例程序如下：

```
WaitTime 4;
Reset do1;
```

等待 4s 以后，程序向下执行 Reset do1 指令。

5.3 建立一个可运行的基本RAPID程序

前面已经介绍过 RAPID 程序编制的相关操作及基本指令。本节将通过实例建立一个可以运行的基本 RAPID 程序，进一步说明程序建立与运动调试的方法。

编制基本 RAPID 程序的流程如下：

1）确定需要多少个程序模块。程序模块的数量是由应用的复杂性所决定的，如可以将位置计算、程序数据、逻辑控制等分配到不同的程序模块，方便管理。

2）确定各个程序模块中要建立的例行程序，不同的功能就放到不同的程序模块中去，如夹具打开、夹具关闭这样的功能就可以分别建立成例行程序，方便调用与管理。

1. 建立RAPID程序实例

在编制本实例程序前，已建立 board10 和 di1。具体编程步骤见表 5-13。

程序架构的建立 A

表 5-13　建立 RAPID 程序的操作步骤

界　面	操作步骤
pHome p10 p20	**第 1 步** 确定工作要求。机器人空闲时，在位置点 pHome 等待。当外部信号 di1 输入为 1 时，机器人沿着物体的一条边从 p10 点到 p20 点走一条直线，结束以后回到 pHome 点

（续）

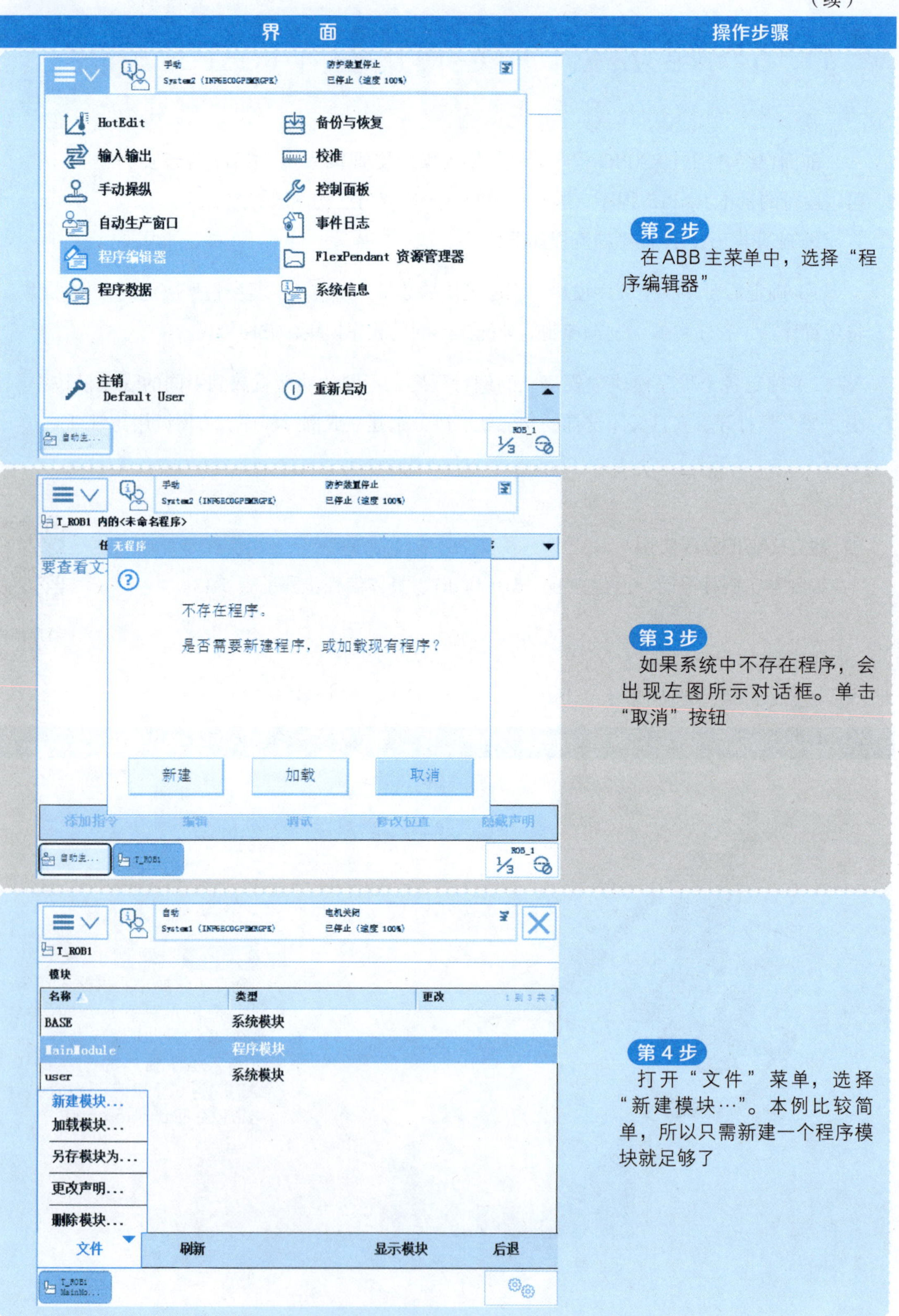

界面	操作步骤
	第 2 步 在ABB主菜单中，选择“程序编辑器”
	第 3 步 如果系统中不存在程序，会出现左图所示对话框。单击“取消”按钮
	第 4 步 打开“文件”菜单，选择“新建模块…”。本例比较简单，所以只需新建一个程序模块就足够了

（续）

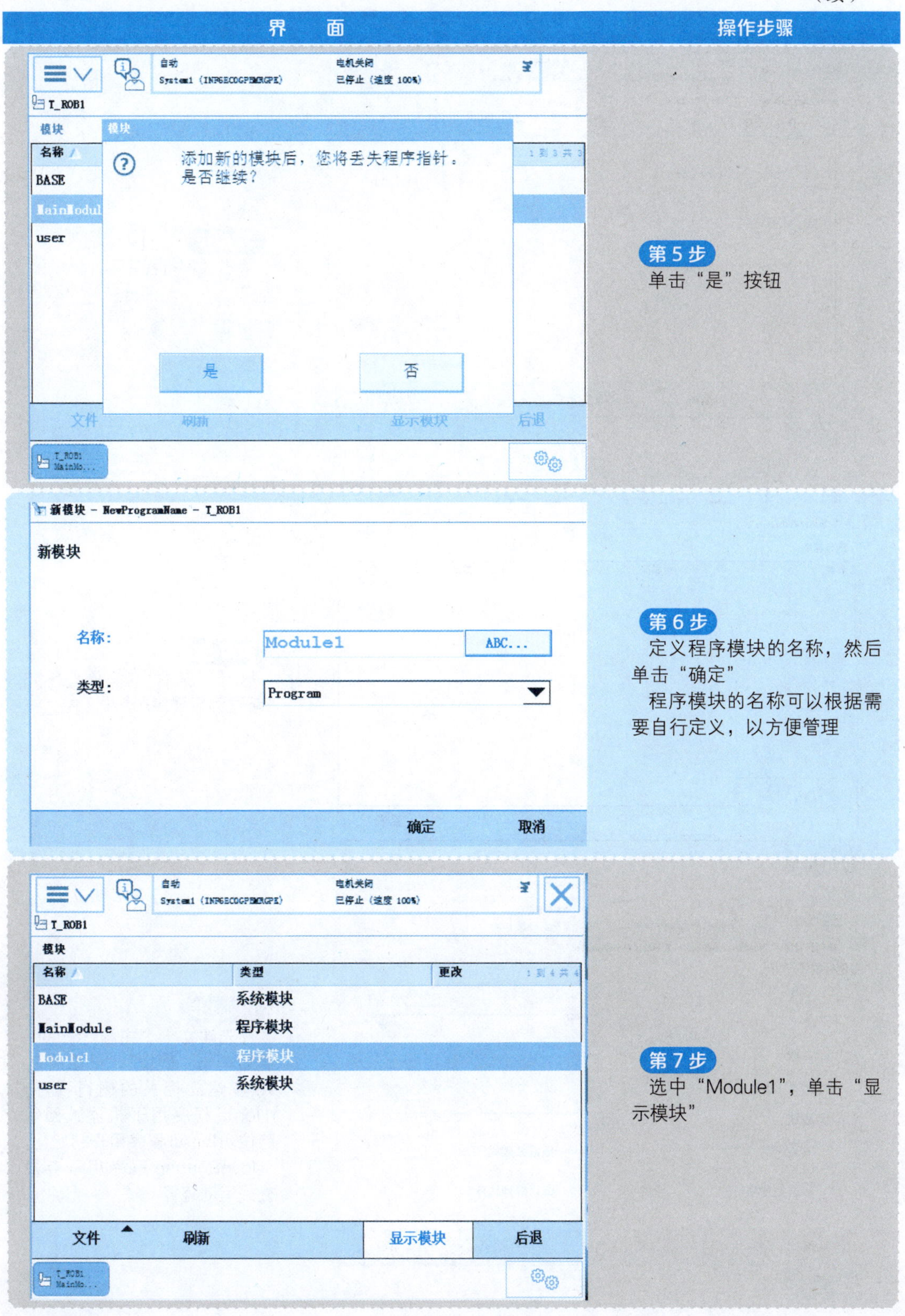

界　面	操作步骤
	第 5 步 单击“是”按钮
	第 6 步 定义程序模块的名称，然后单击“确定” 程序模块的名称可以根据需要自行定义，以方便管理
	第 7 步 选中“Module1”，单击“显示模块”

（续）

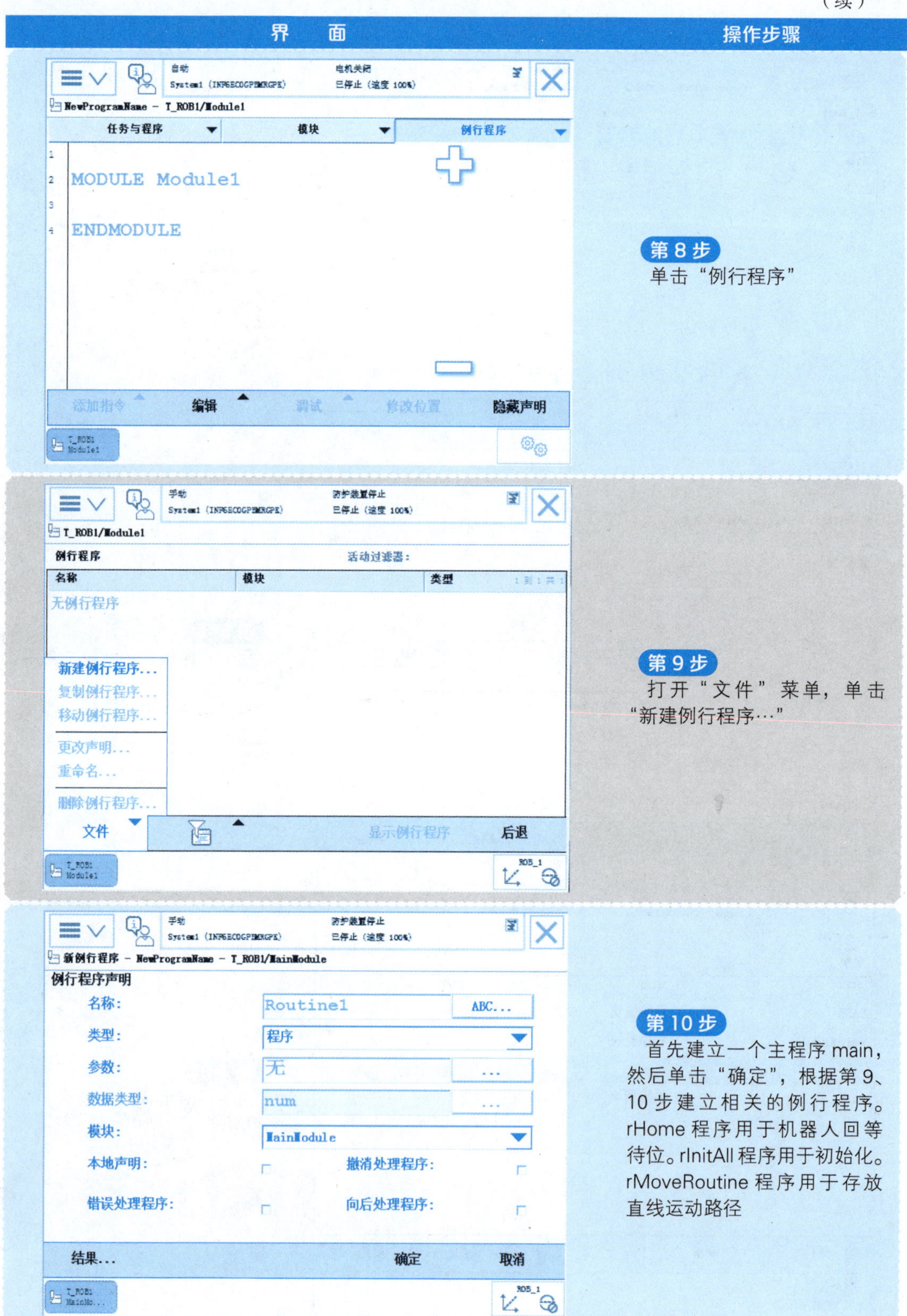

界　面	操作步骤
	第 8 步 单击“例行程序”
	第 9 步 打开“文件”菜单，单击“新建例行程序…”
	第 10 步 首先建立一个主程序 main，然后单击“确定”，根据第 9、10 步建立相关的例行程序。rHome 程序用于机器人回等待位。rInitAll 程序用于初始化。rMoveRoutine 程序用于存放直线运动路径

（续）

界　面	操作步骤
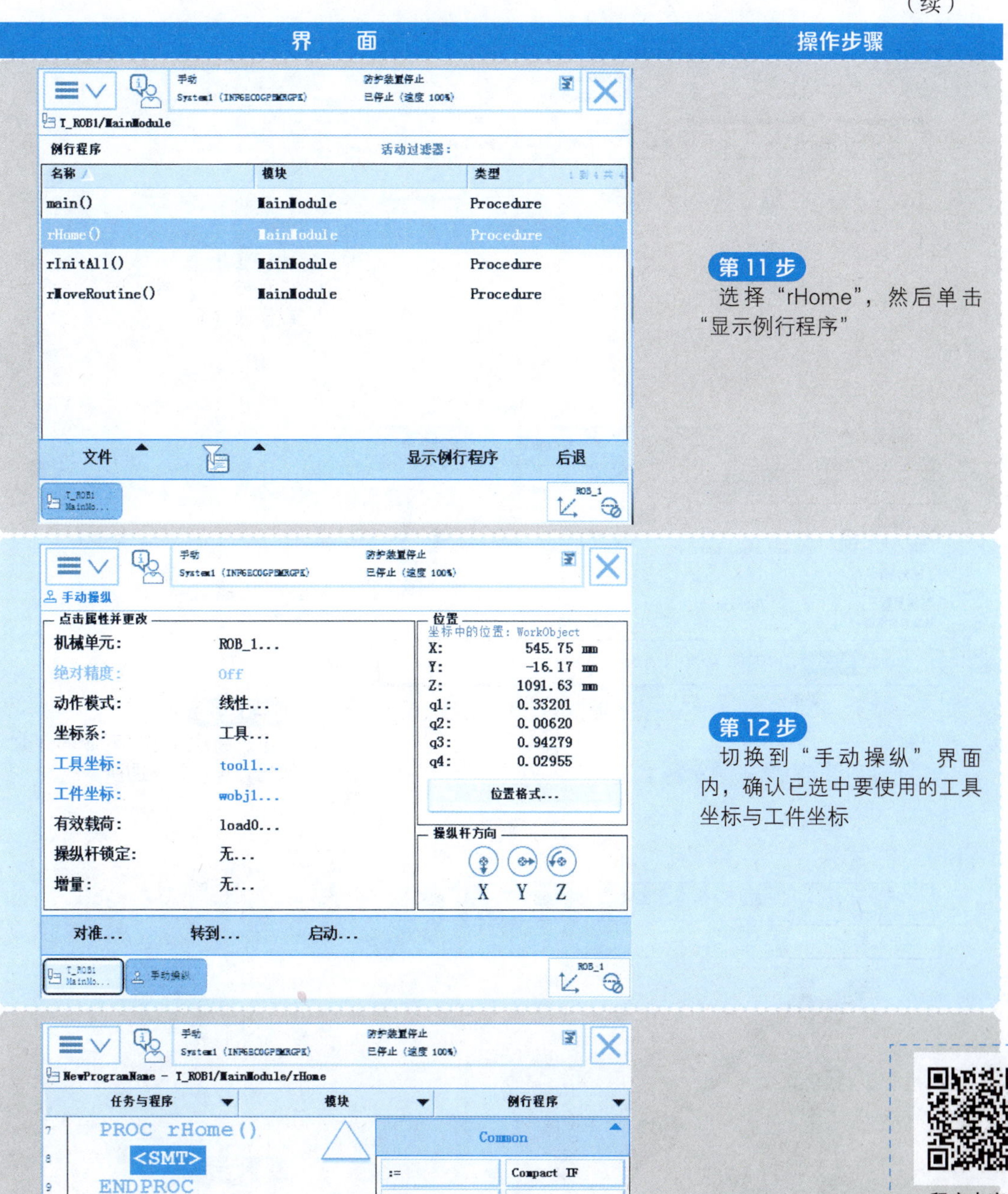	**第 11 步** 选择“rHome”，然后单击“显示例行程序”
	第 12 步 切换到“手动操纵”界面内，确认已选中要使用的工具坐标与工件坐标
	第 13 步 回到程序编辑器，单击“添加指令”，打开指令列表。选中“<SMT>”为插入指令的位置，在指令列表中选择“MoveJ”

程序内容的编制 B

（续）

界　面	操作步骤
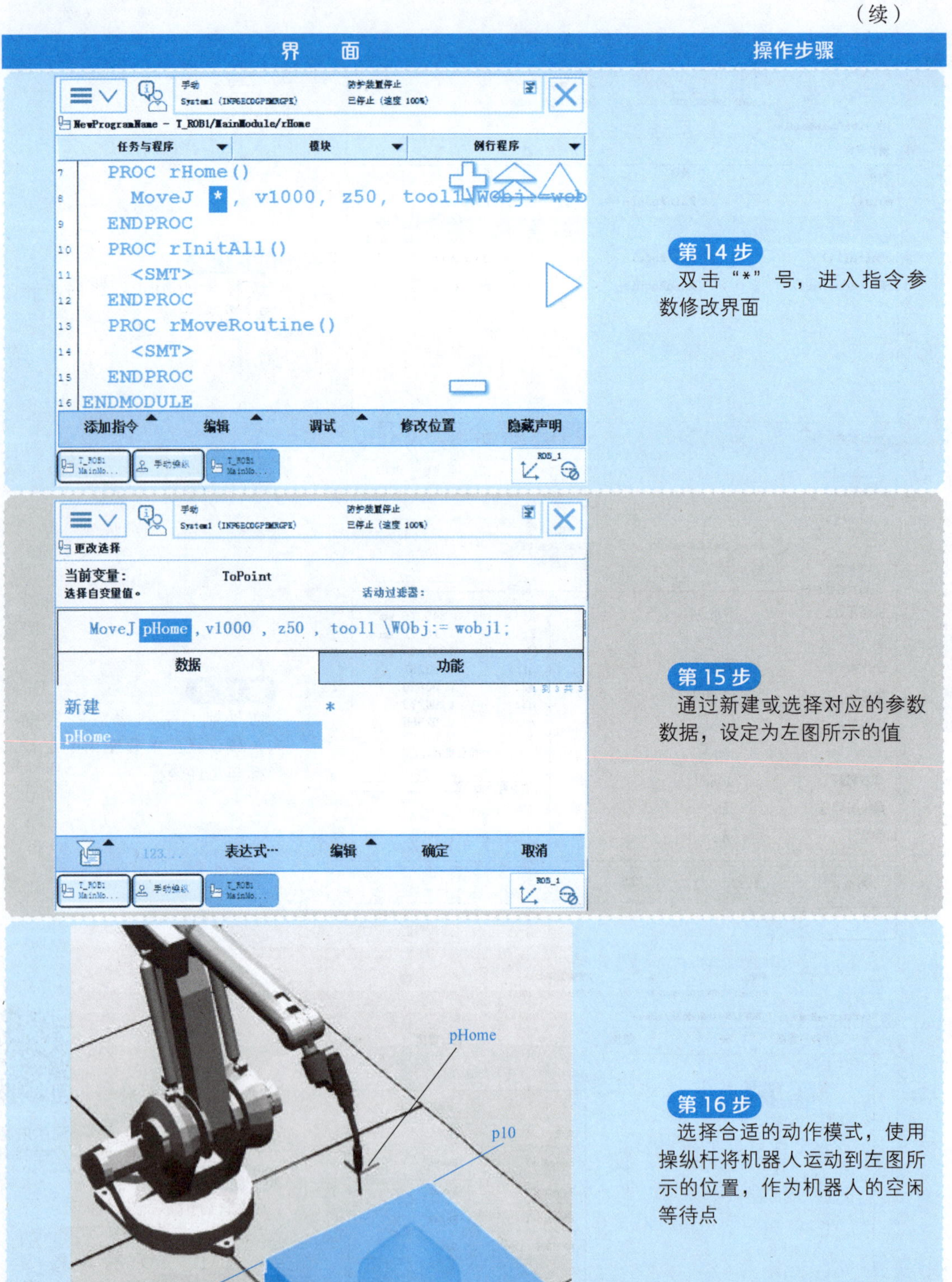	**第14步** 双击“*”号，进入指令参数修改界面
	第15步 通过新建或选择对应的参数数据，设定为左图所示的值
	第16步 选择合适的动作模式，使用操纵杆将机器人运动到左图所示的位置，作为机器人的空闲等待点

（续）

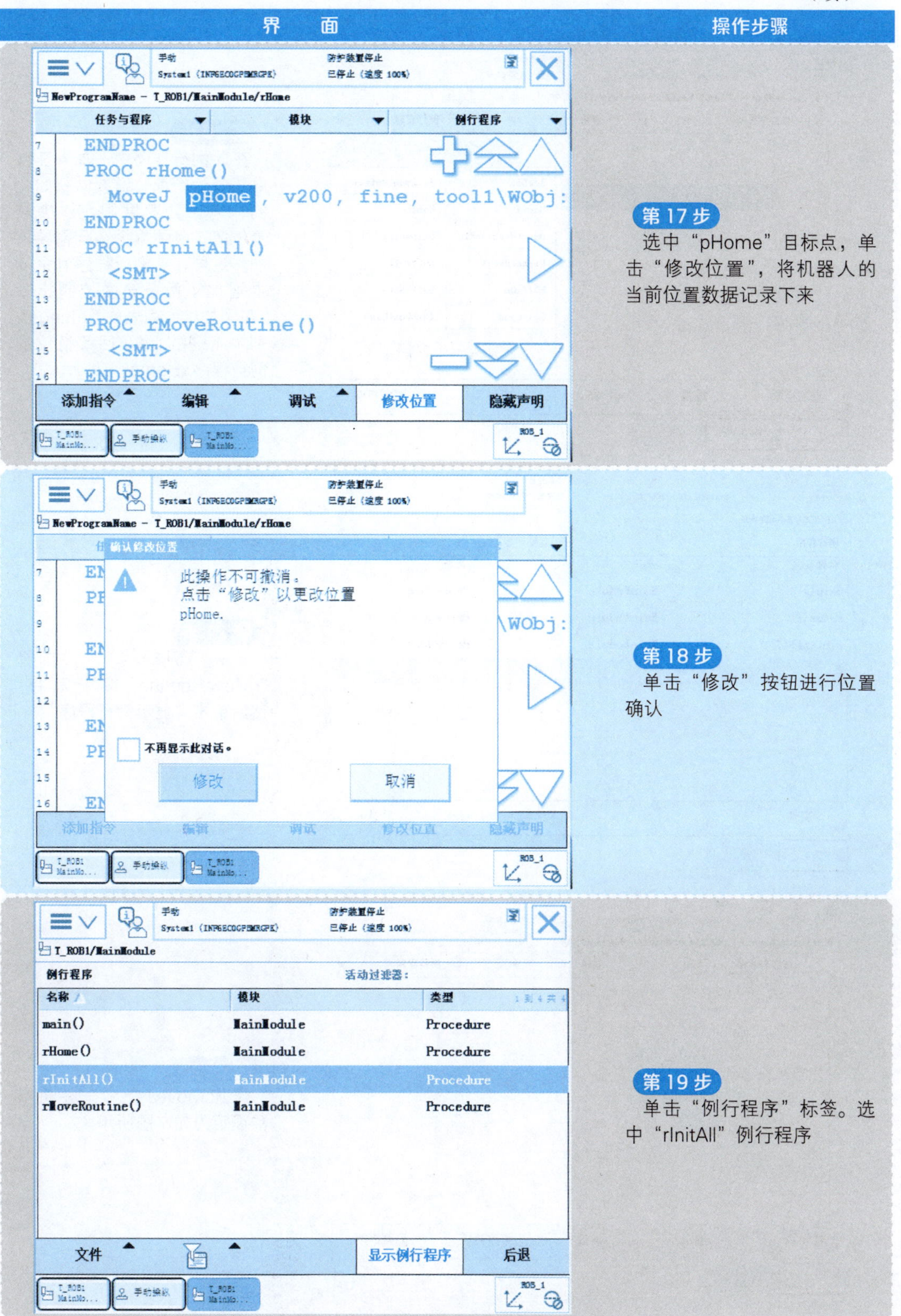

第17步

选中“pHome”目标点，单击“修改位置”，将机器人的当前位置数据记录下来

第18步

单击“修改”按钮进行位置确认

第19步

单击“例行程序”标签。选中“rInitAll”例行程序

（续）

界　面	操作步骤
	第 20 步 在此例行程序中，加入在程序正式运行前，需要做初始化的内容，如速度限定、夹具复位等，具体根据实际需要添加。这里，在例行程序 rInitAll 中增加了两条速度控制指令（在添加指令列表的 Setting 类别中），并调用了回等待位的例行程序 rHome
	第 21 步 单击“例行程序”，选择“rMoveRoutine”例行程序，然后单击“显示例行程序”
	第 22 步 添加 MoveJ 指令，并将参数设定为如左图所示

（续）

界　面	操作步骤
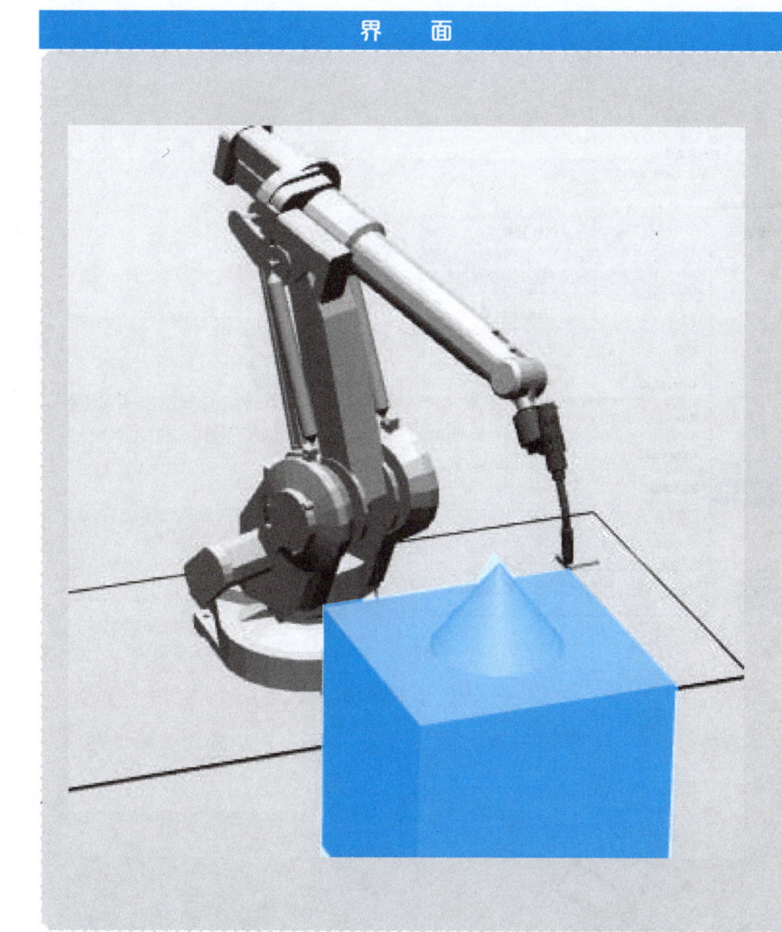	**第 23 步** 选择合适的动作模式，使用操纵杆将机器人运动到左图所示的位置，作为机器人的p10 点
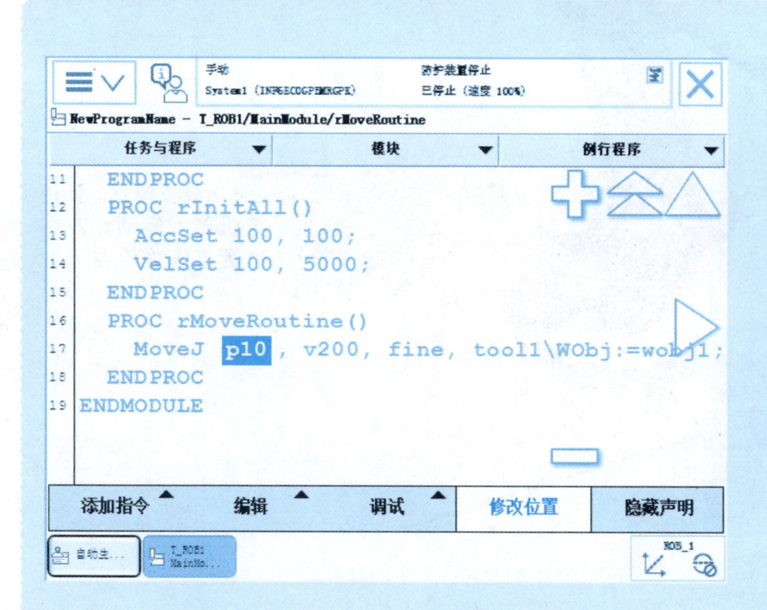	**第 24 步** 选中“p10”点，单击“修改位置”，将机器人的当前位置记录到 p10 中

（续）

界 面	操作步骤
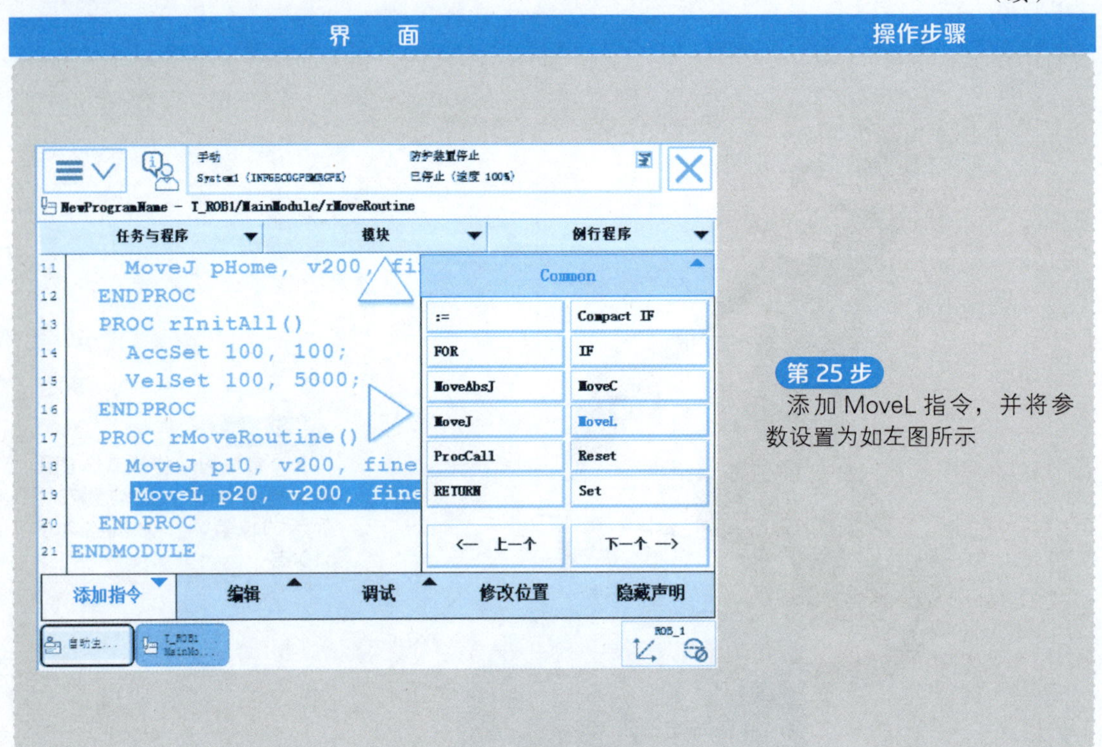	**第 25 步** 添加 MoveL 指令，并将参数设置为如左图所示
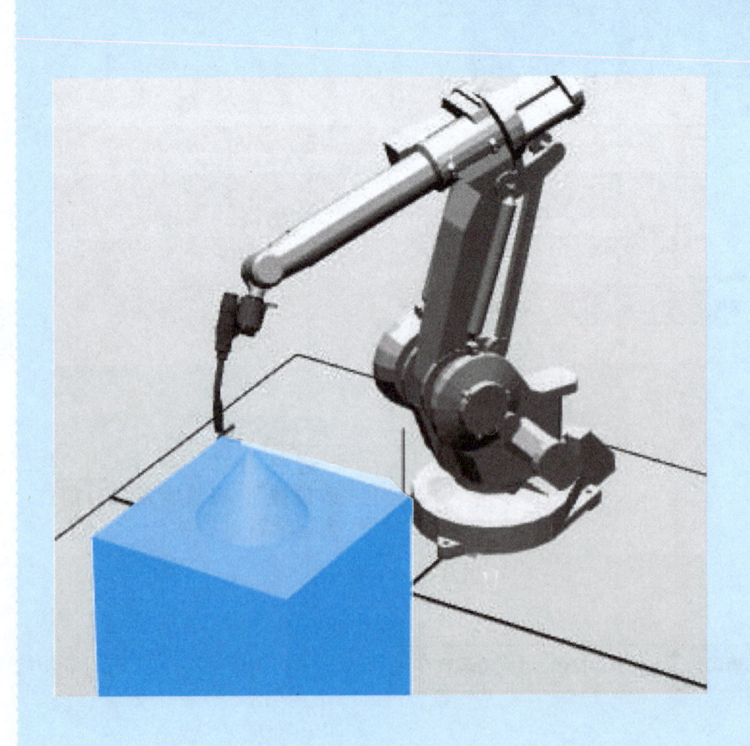	**第 26 步** 选择合适的动作模式，使用操纵杆将机器人运动到左图所示的位置，作为机器人的 p20 点

（续）

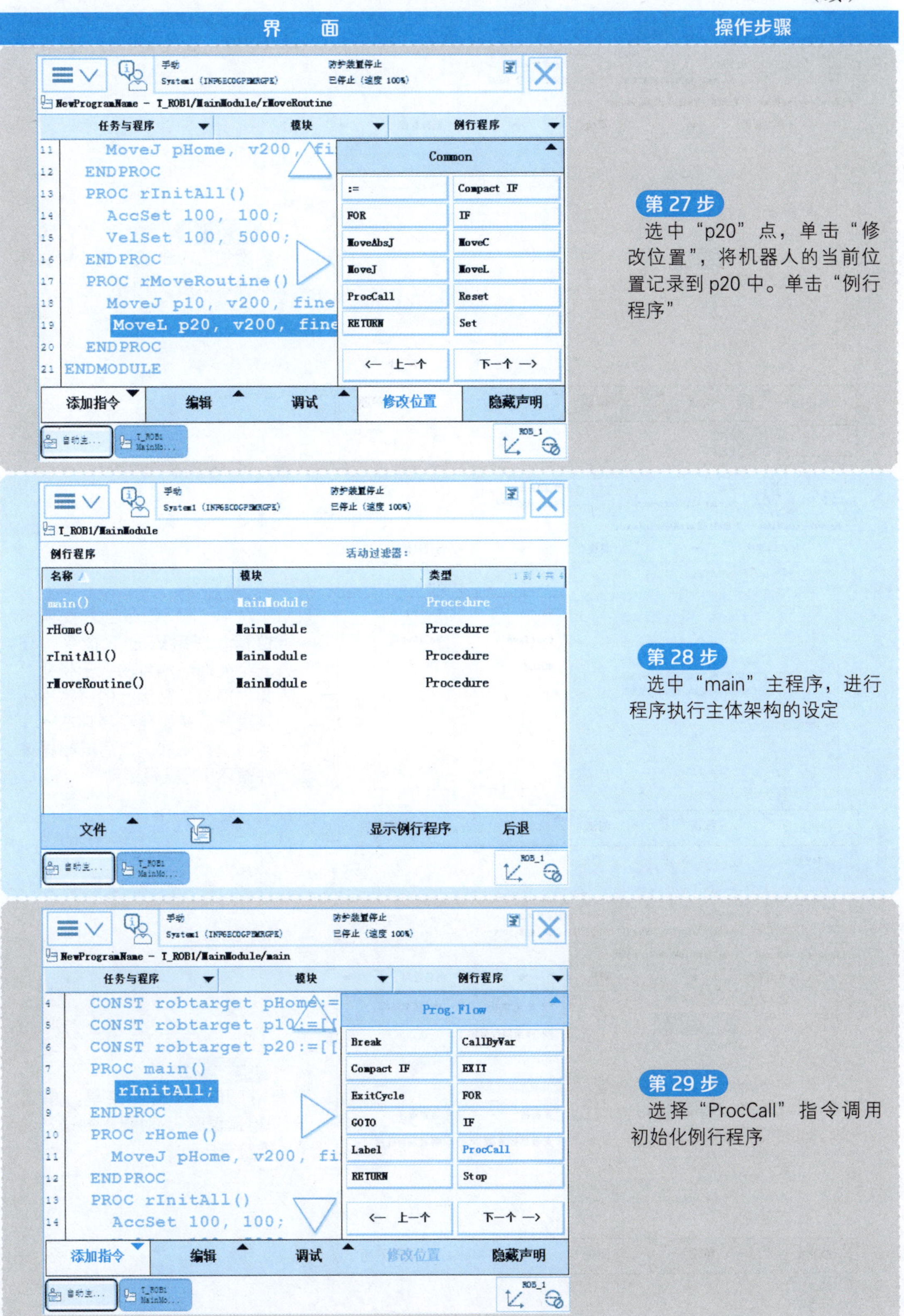

界　面	操作步骤
	第 27 步 选中“p20”点，单击“修改位置”，将机器人的当前位置记录到 p20 中。单击“例行程序”
	第 28 步 选中“main”主程序，进行程序执行主体架构的设定
	第 29 步 选择“ProcCall”指令调用初始化例行程序

（续）

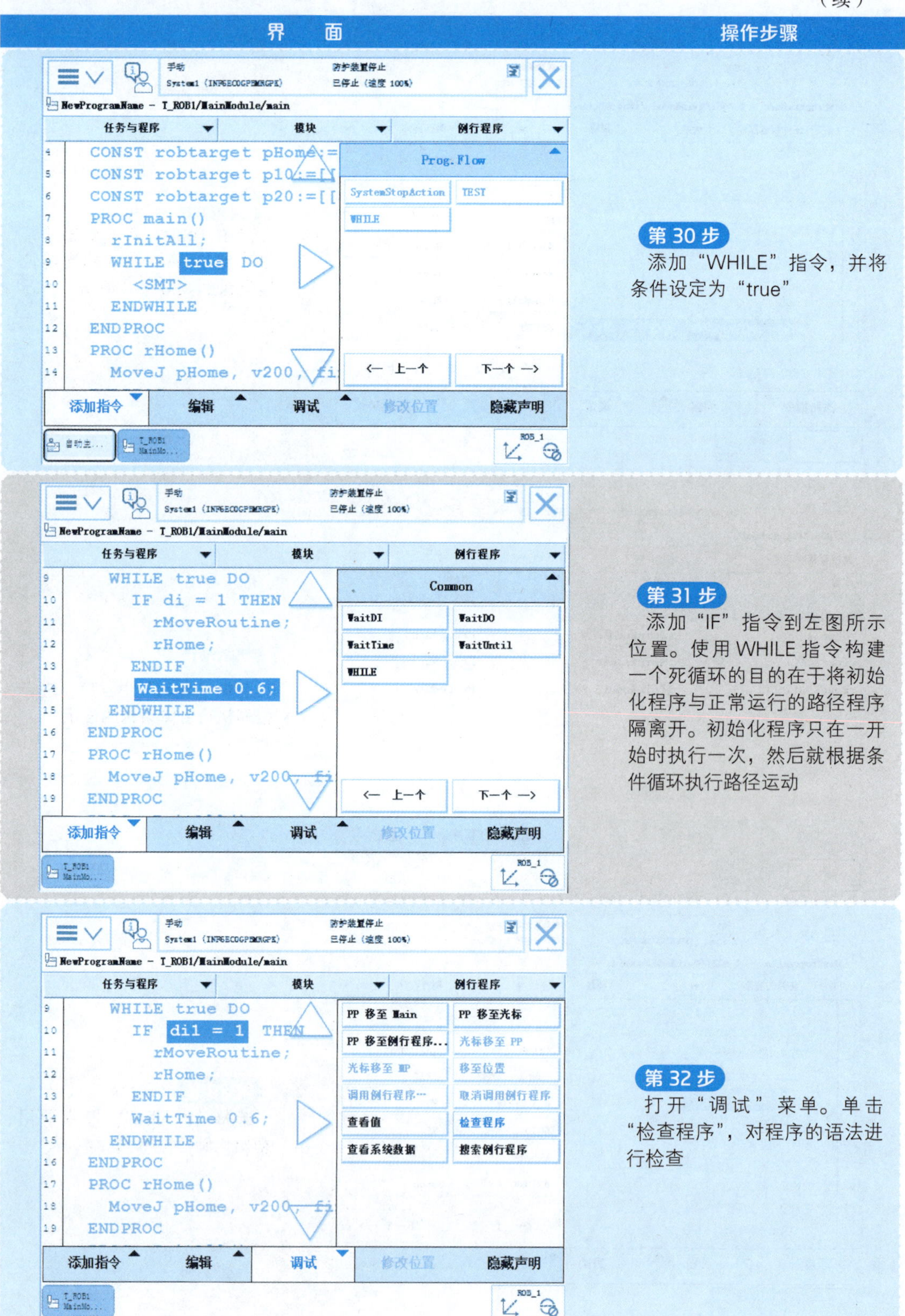

界　面	操作步骤
	第 30 步 添加“WHILE”指令，并将条件设定为“true”
	第 31 步 添加“IF”指令到左图所示位置。使用 WHILE 指令构建一个死循环的目的在于将初始化程序与正常运行的路径程序隔离开。初始化程序只在一开始时执行一次，然后就根据条件循环执行路径运动
	第 32 步 打开“调试”菜单。单击“检查程序”，对程序的语法进行检查

（续）

界　面	操作步骤
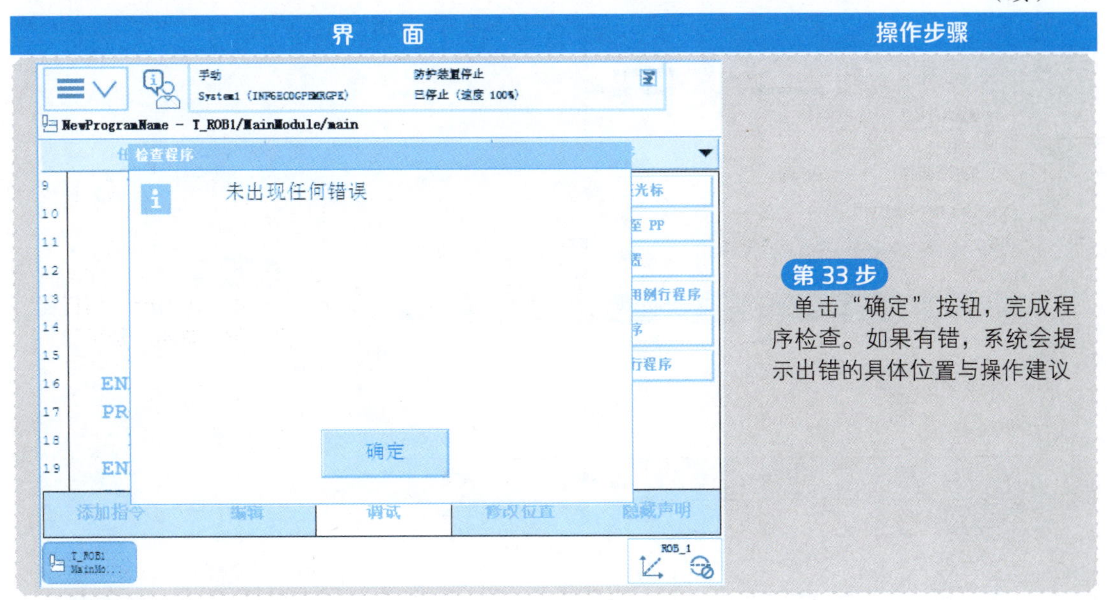	**第 33 步** 单击“确定”按钮，完成程序检查。如果有错，系统会提示出错的具体位置与操作建议

2. 对RAPID程序进行调试——rHome程序

程序编制完成后，接下来要对程序进行调试。调试的目的是检查程序的位置点是否正确，逻辑控制是否有不完美的地方。

程序调试操作步骤见表 5-14。

程序的调试
C+Rapid 程序
自动运行

表 5-14　程序调试操作步骤

界　面	操作步骤
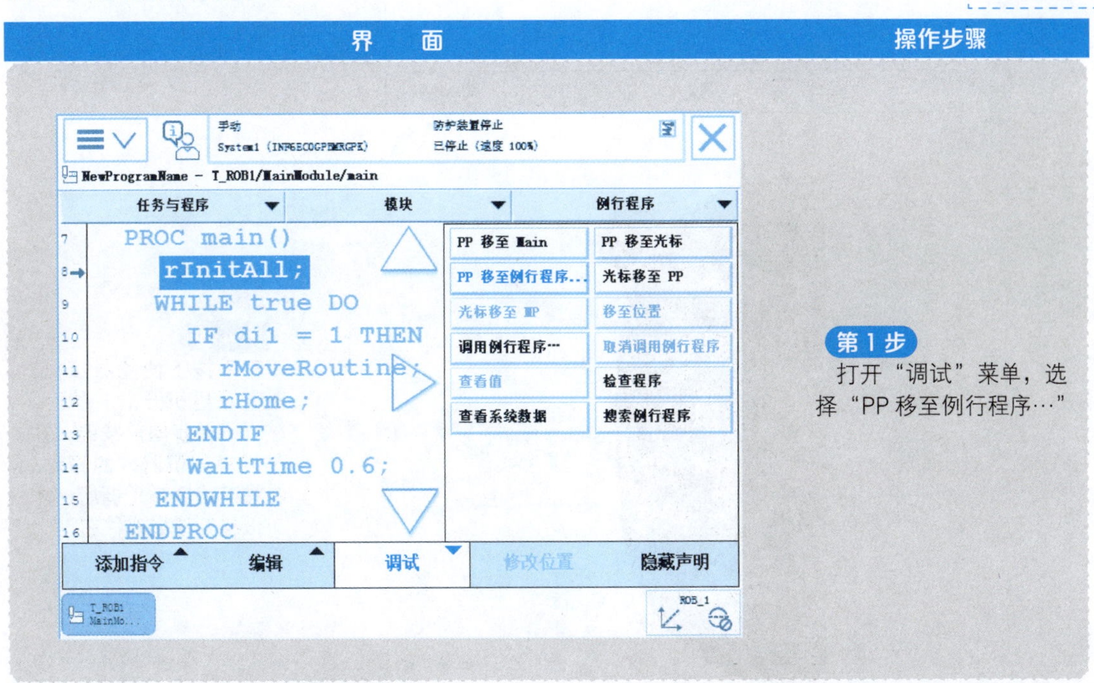	**第 1 步** 打开“调试”菜单，选择“PP 移至例行程序…”

（续）

界　面	操作步骤
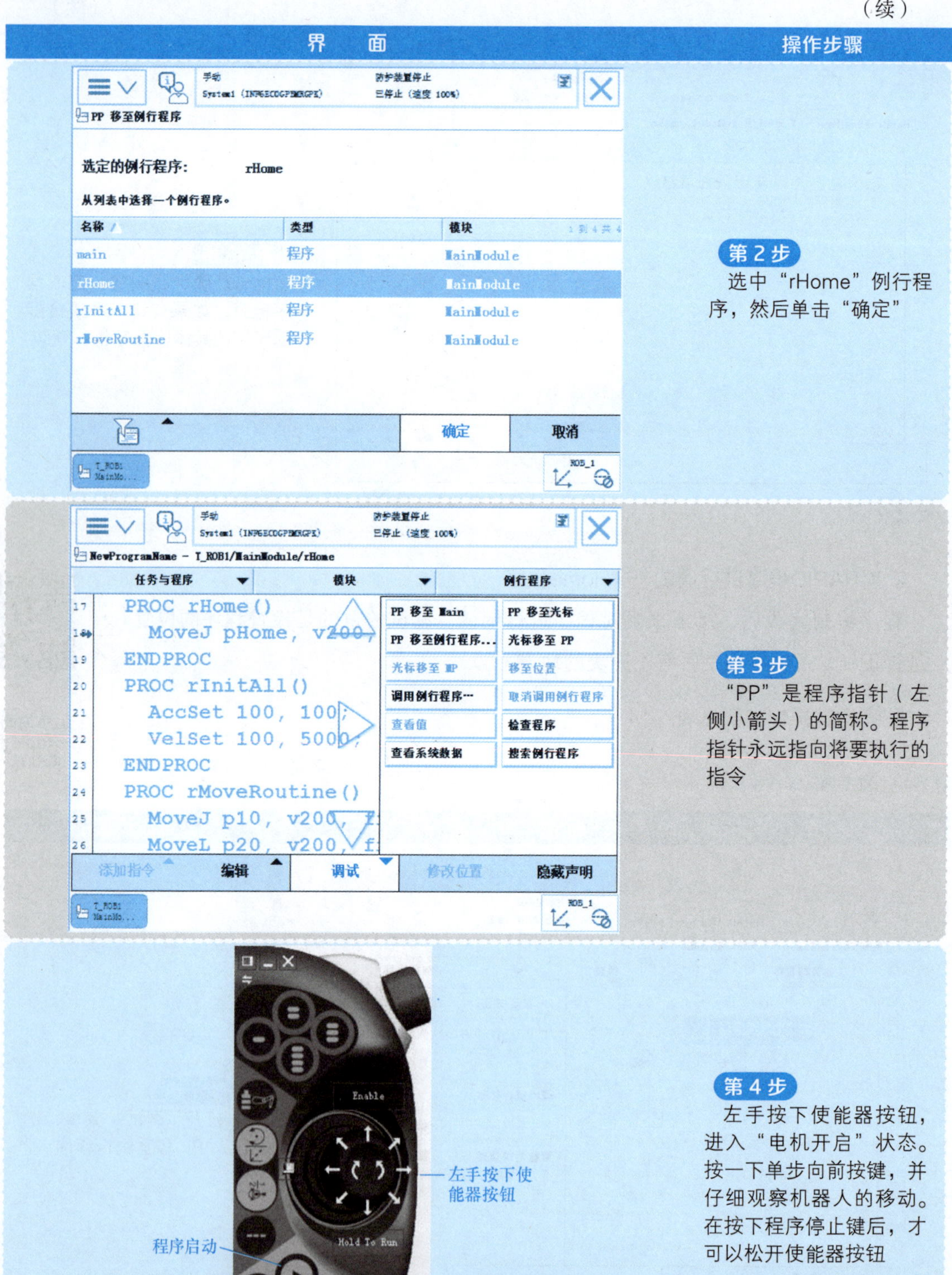	**第 2 步** 选中“rHome”例行程序，然后单击“确定”
	第 3 步 “PP”是程序指针（左侧小箭头）的简称。程序指针永远指向将要执行的指令
	第 4 步 左手按下使能器按钮，进入“电机开启”状态。按一下单步向前按键，并仔细观察机器人的移动。在按下程序停止键后，才可以松开使能器按钮

（续）

界　面	操作步骤

第5步

在指令左侧出现一个小机器人，说明机器人已到达 pHome 这个等待位置

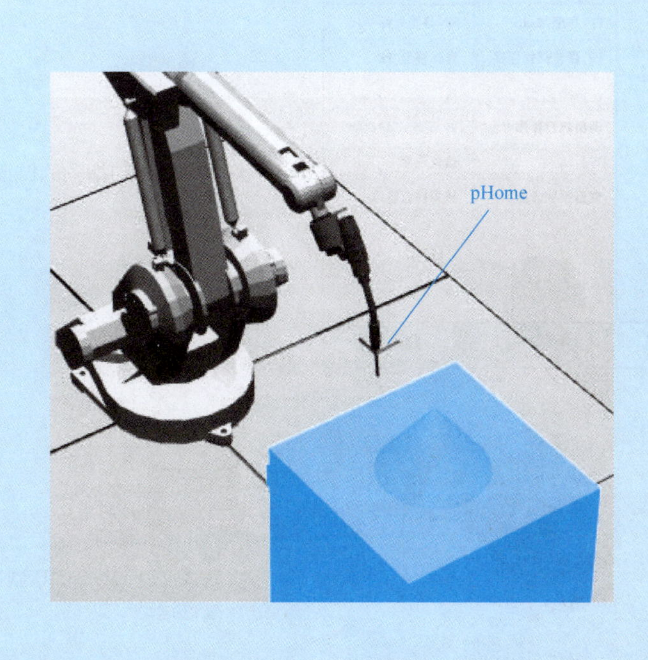

3. 对RAPID程序进行调试——rMoveRoutine程序

rMoveRoutine 程序调试的操作步骤见表 5-15。

表 5-15　rMoveRoutine 程序调试的操作步骤

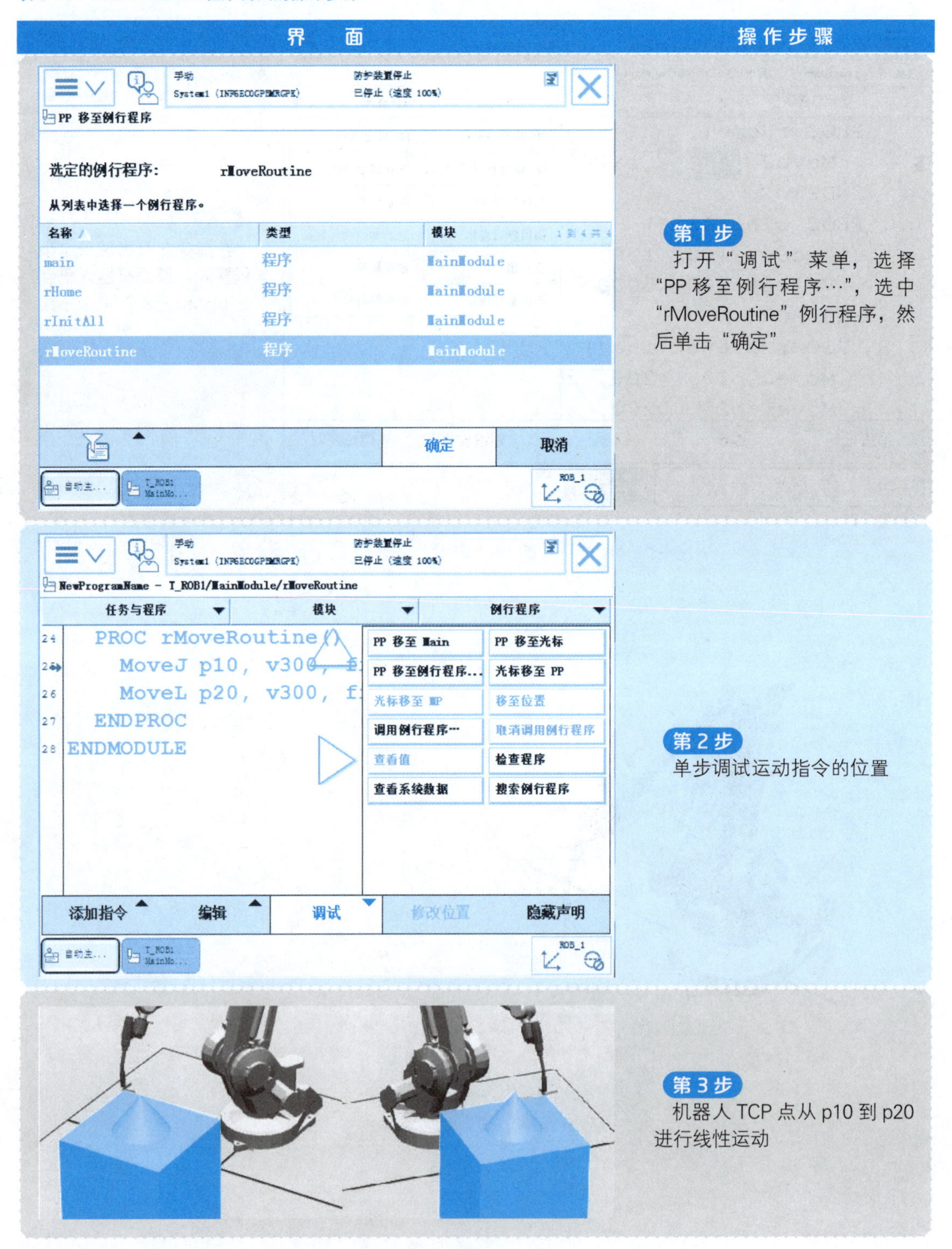

界　面	操作步骤
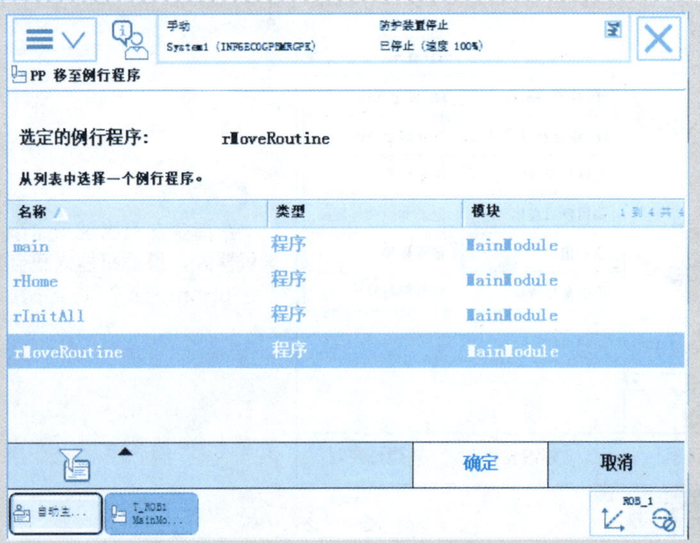	**第 1 步** 打开“调试”菜单，选择“PP 移至例行程序…”，选中“rMoveRoutine”例行程序，然后单击“确定”
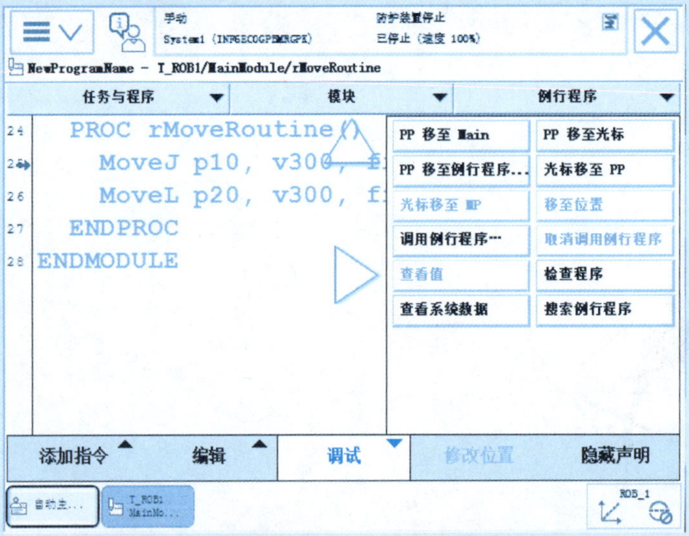	**第 2 步** 单步调试运动指令的位置
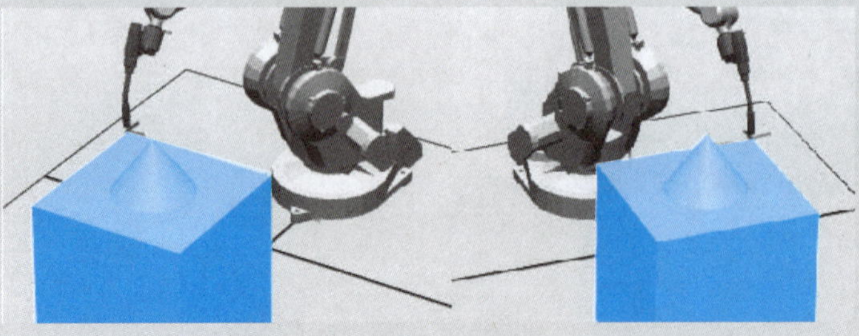	**第 3 步** 机器人 TCP 点从 p10 到 p20 进行线性运动

（续）

界　面	操作步骤
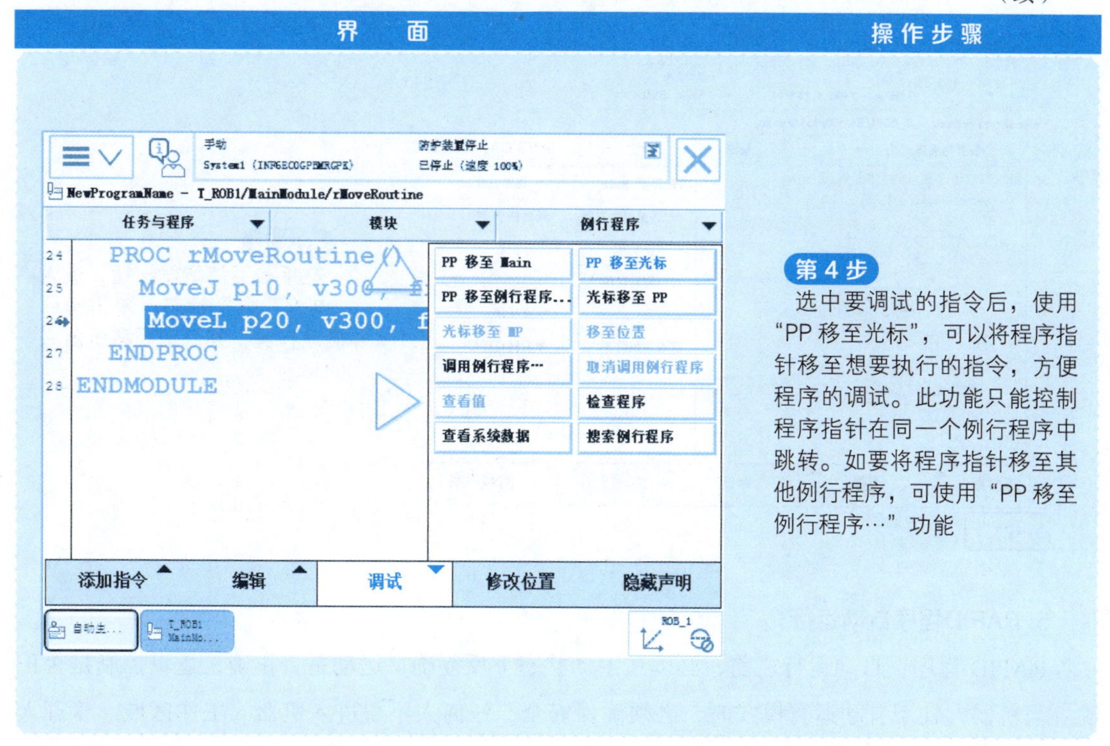	**第 4 步** 选中要调试的指令后，使用“PP 移至光标”，可以将程序指针移至想要执行的指令，方便程序的调试。此功能只能控制程序指针在同一个例行程序中跳转。如要将程序指针移至其他例行程序，可使用“PP 移至例行程序…”功能

4. 对RAPID程序进行调试——main主程序

主程序调试的操作步骤见表 5-16。

表 5-16　主程序调试的操作步骤

界　面	操作步骤
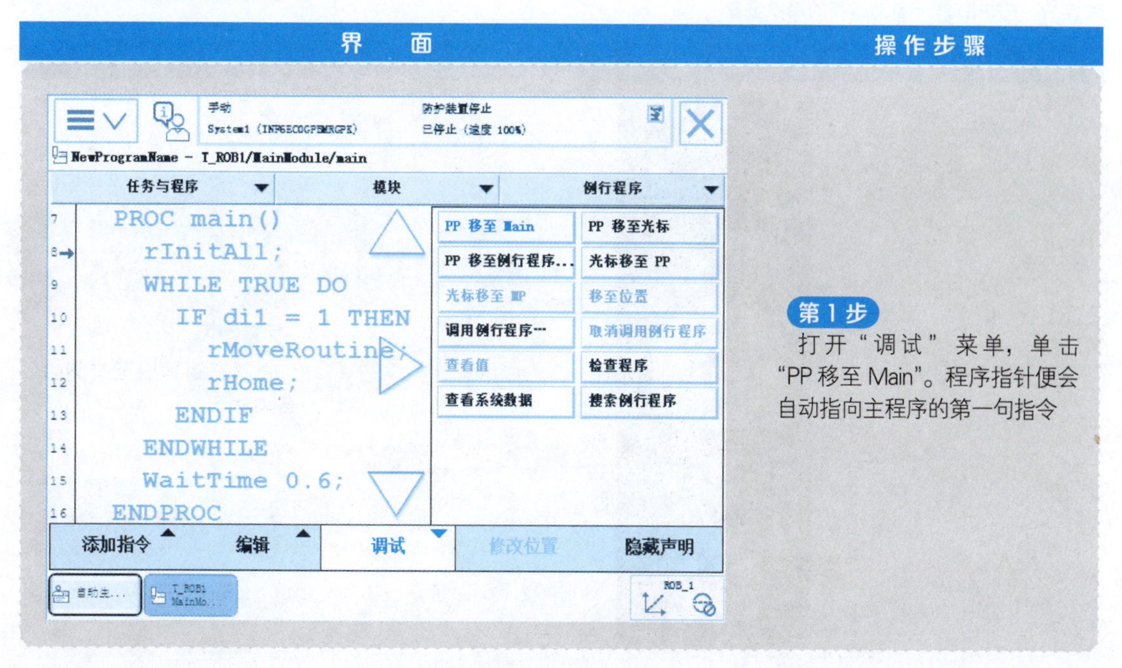	**第 1 步** 打开“调试”菜单，单击“PP 移至 Main”。程序指针便会自动指向主程序的第一句指令

（续）

<table>
<tr><th>界　面</th><th>操作步骤</th></tr>
<tr><td>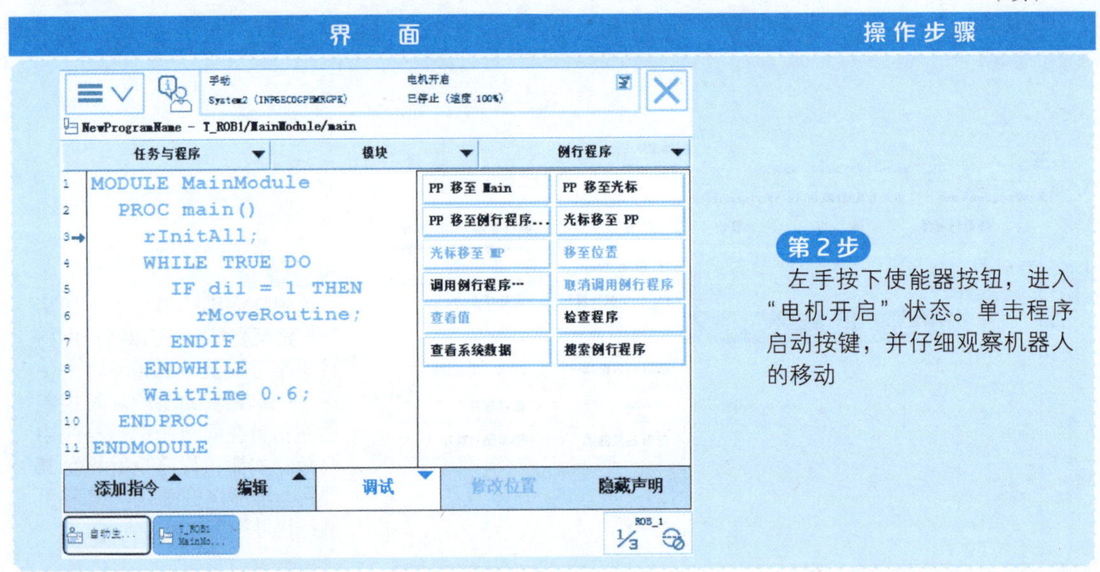
</td><td>第 2 步
左手按下使能器按钮，进入“电机开启”状态。单击程序启动按键，并仔细观察机器人的移动</td></tr>
</table>

5. RAPID程序自动运行

RAPID 程序在自动运行之前，必须在手动状态下反复确认运动是否正确，逻辑控制是否正确。当机器人处于自动运行模式时，必须确保安全，任何人不得进入机器人工作区域。管理人员应保管好工业机器人钥匙，严禁非授权人员调试设备，防止对设备造成损坏，影响工业生产。在手动状态下，完成了程序调试，确认运动与逻辑控制正确之后，就可以将机器人系统投入自动运行状态。RAPID 程序自动运行的操作步骤见表 5-17。

表 5-17　RAPID 程序自动运行的操作步骤

<table>
<tr><th>界　面</th><th>操作步骤</th></tr>
<tr><td>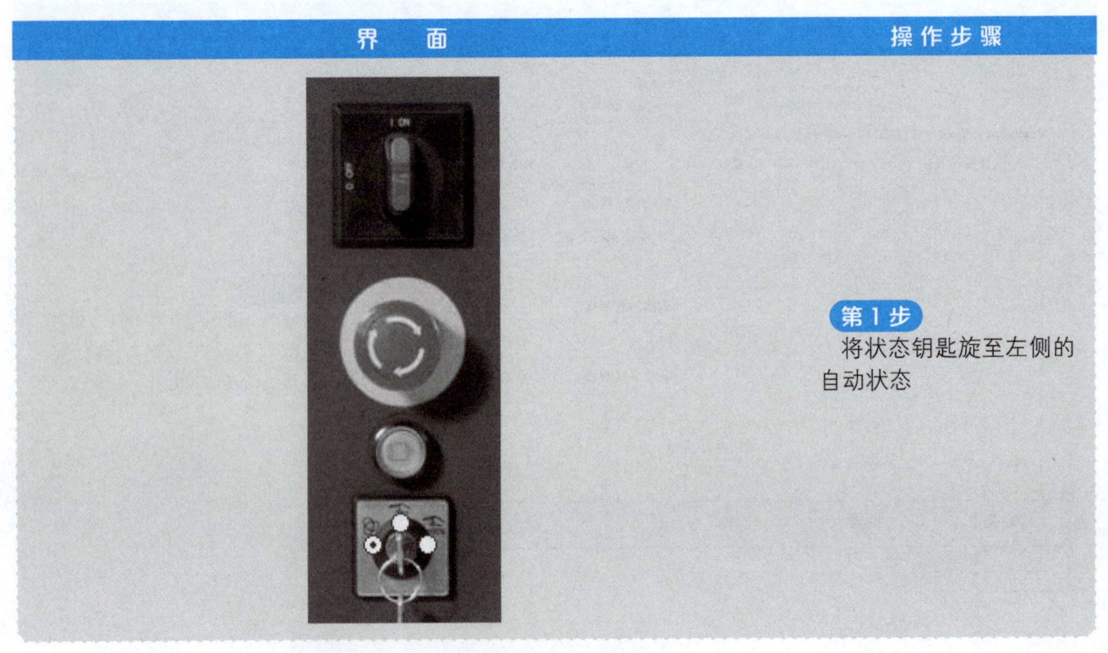</td><td>第 1 步
将状态钥匙旋至左侧的自动状态</td></tr>
</table>

（续）

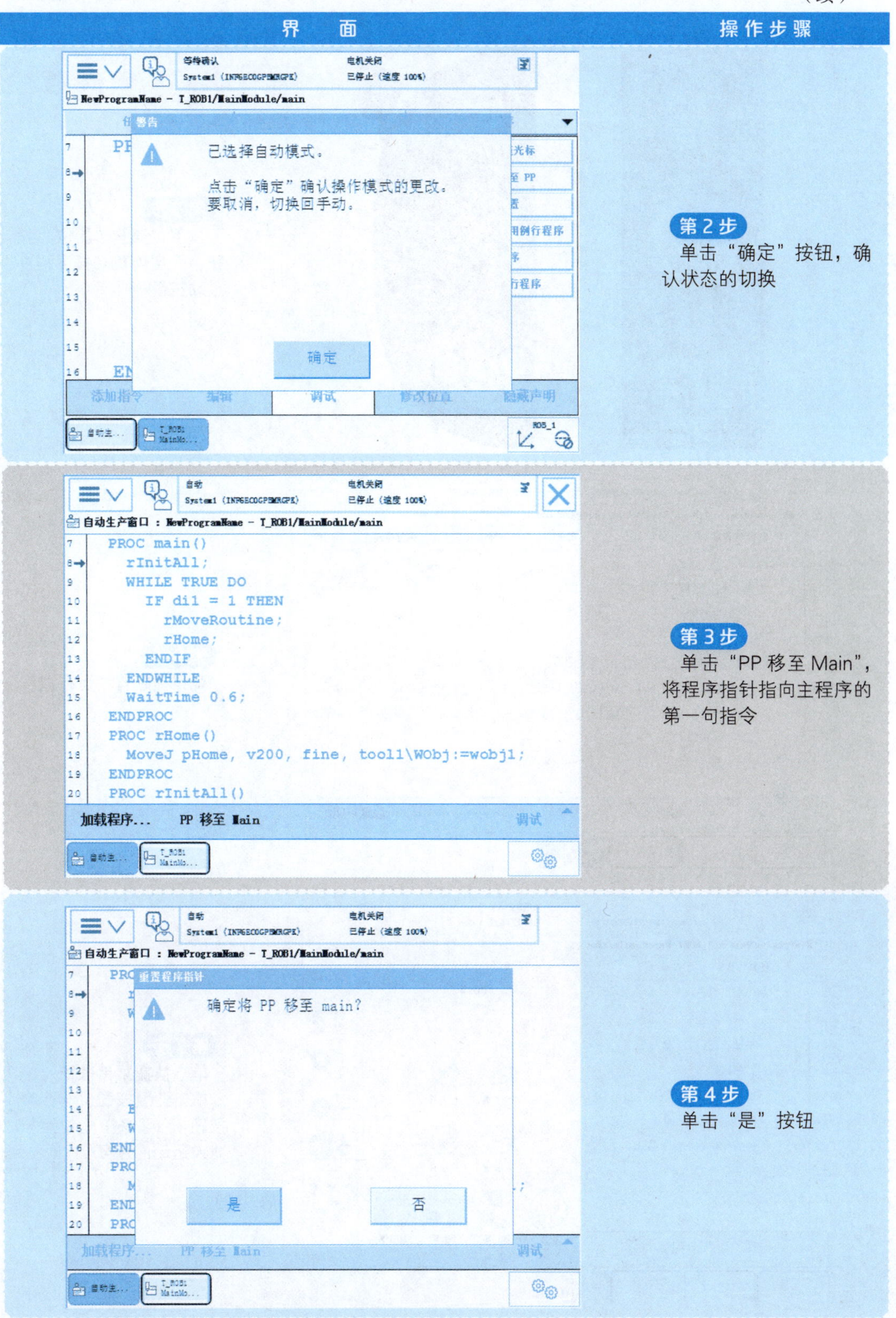

界面	操作步骤
	第 2 步 单击“确定”按钮，确认状态的切换
	第 3 步 单击“PP 移至 Main”，将程序指针指向主程序的第一句指令
	第 4 步 单击“是”按钮

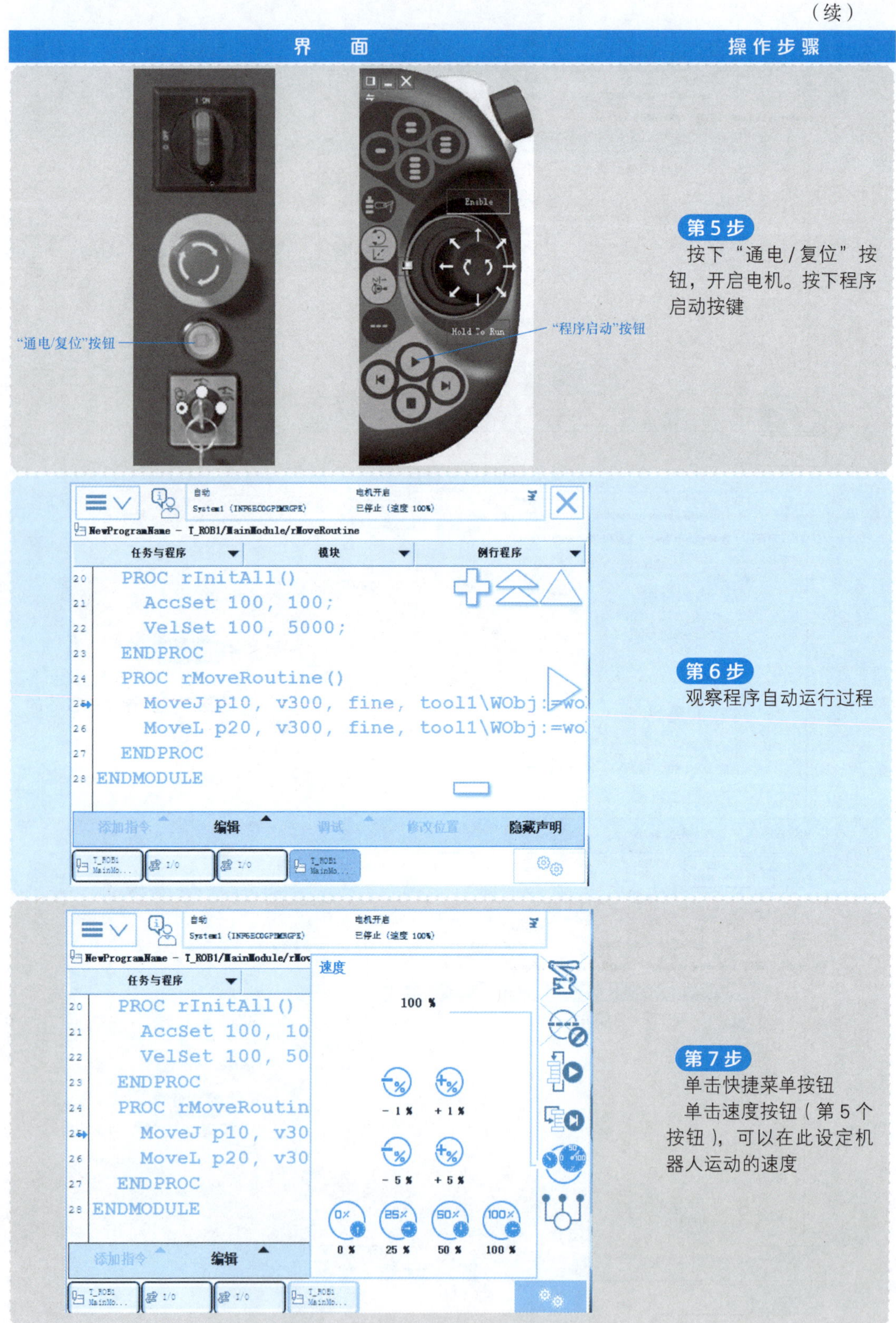

（续）

界　面	操作步骤
	第 5 步 按下"通电 / 复位"按钮，开启电机。按下程序启动按键
	第 6 步 观察程序自动运行过程
	第 7 步 单击快捷菜单按钮 单击速度按钮（第 5 个按钮），可以在此设定机器人运动的速度

6. 保存RAPID程序模块

保存 RAPID 程序模块的操作步骤见表 5-18。

表 5-18　保存 RAPID 程序模块的操作步骤

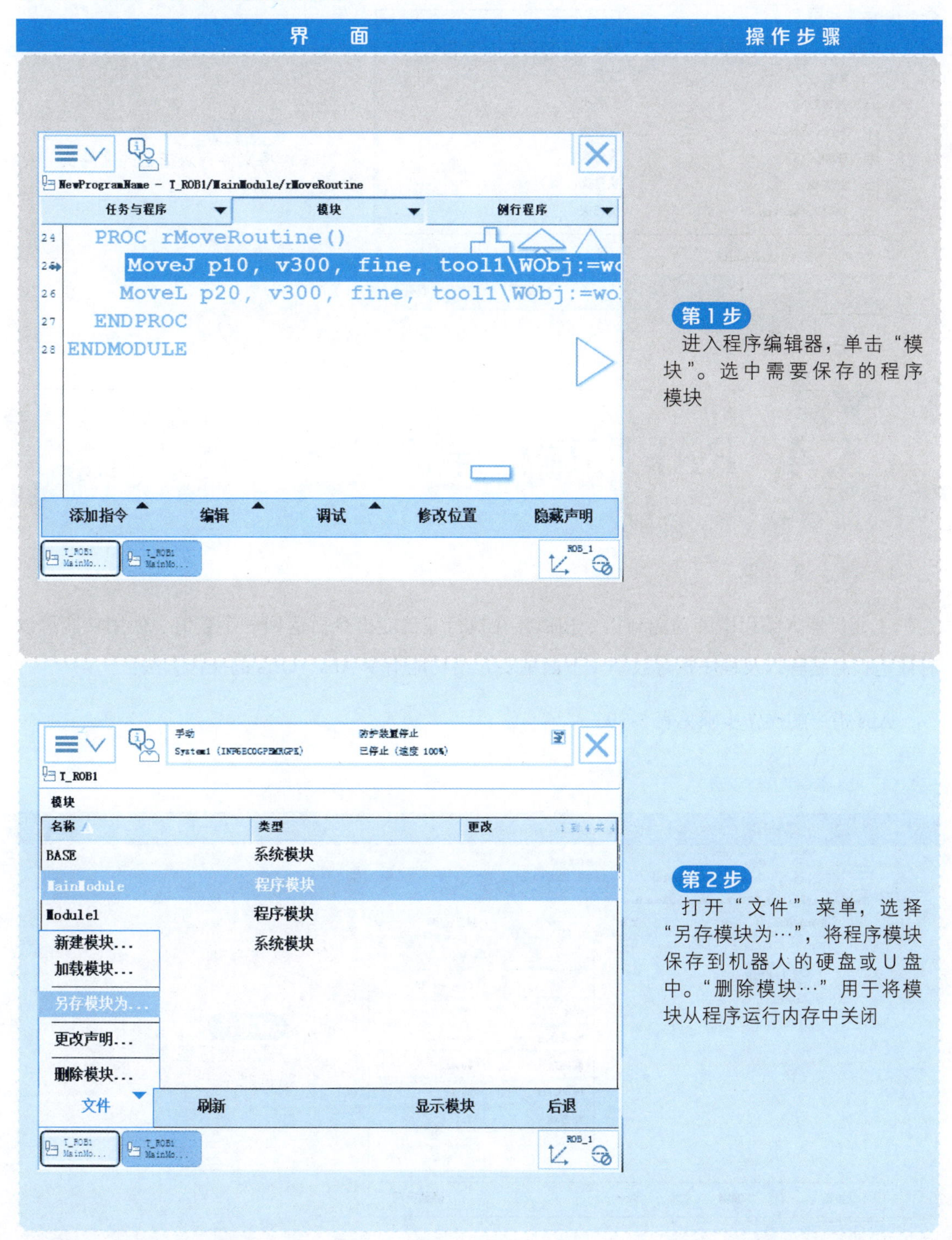

界面	操作步骤
	第 1 步 进入程序编辑器，单击“模块”。选中需要保存的程序模块
	第 2 步 打开“文件”菜单，选择“另存模块为…”，将程序模块保存到机器人的硬盘或 U 盘中。“删除模块…”用于将模块从程序运行内存中关闭

（续）

<table>
<tr><th>界　面</th><th>操作步骤</th></tr>
<tr><td>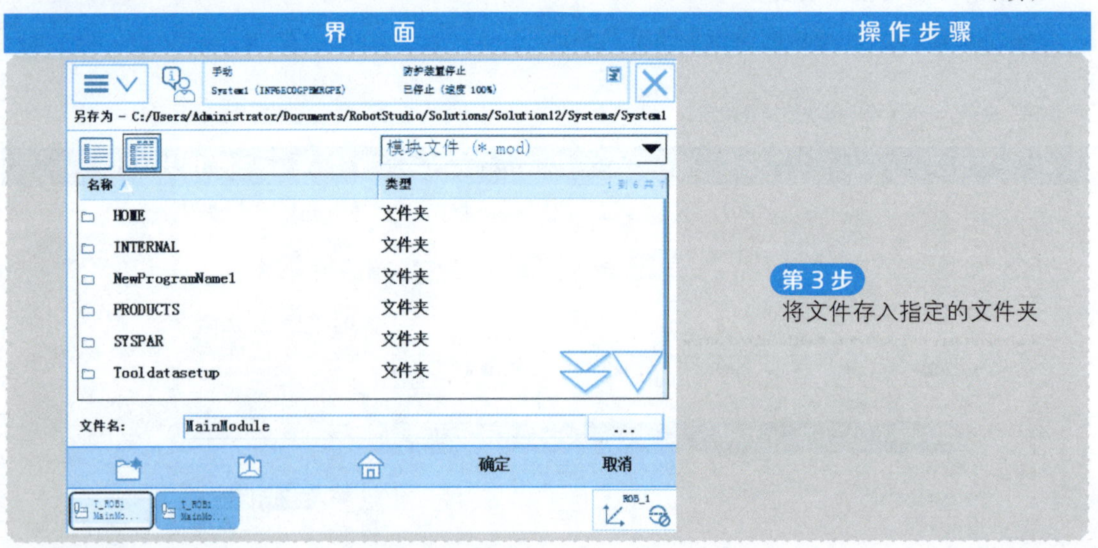
</td><td>第 3 步
将文件存入指定的文件夹</td></tr>
</table>

5.4　RAPID编程详解

5.4.1　自定义功能

工业机器人编程中的功能与指令相似，在执行完功能指令后返回一个数值。使用功能可以有效地提高编程以及程序执行效率。下面主要介绍功能指令 Abs、Offs 的操作方法。

Abs 指令的操作步骤见表 5-19。

表 5-19　Abs 指令的操作步骤

<table>
<tr><th>界　面</th><th>操作步骤</th></tr>
<tr><td>
</td><td>第 1 步
建立例行程序，选择“：=”赋值指令</td></tr>
</table>

（续）

界　面	操作步骤
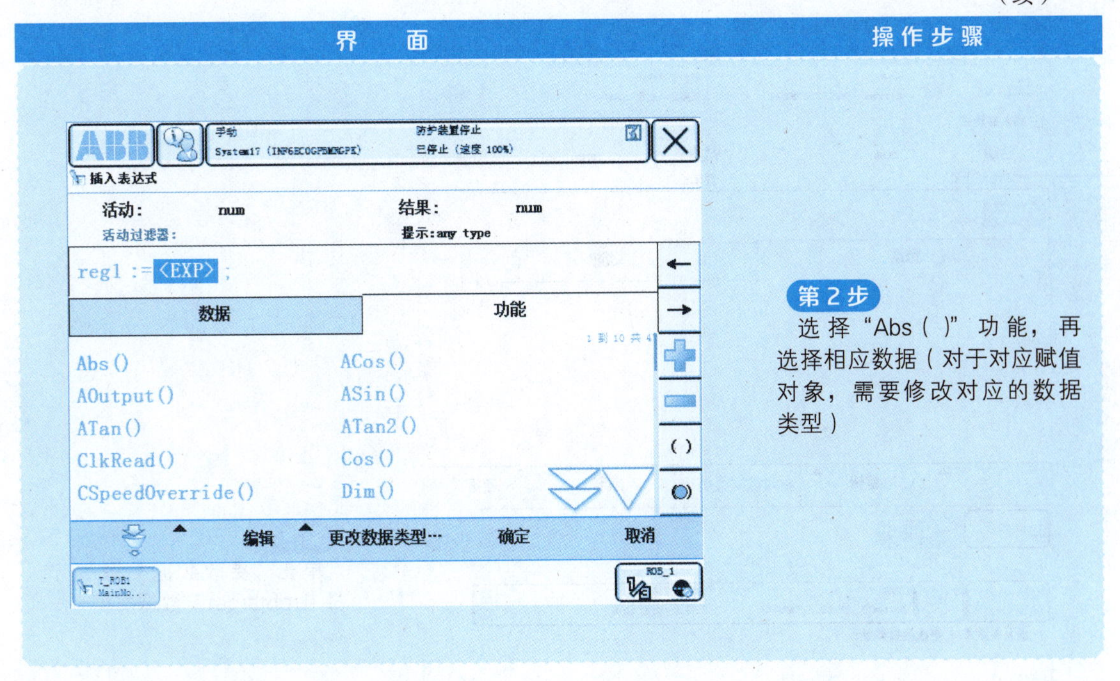	**第 2 步** 选择“Abs( )”功能，再选择相应数据（对于对应赋值对象，需要修改对应的数据类型）

功能指令 Offs 的作用是定义目标点在 X、Y、Z 方向的偏移。如“p40:=Offs（P30,150,230,300）”是指 p40 相对于 p30 点在 X 方向偏移 150mm，在 Y 方向偏移 230mm，在 Z 方向偏移 300mm。

Offs 指令的操作步骤见表 5-20。

表 5-20　Offs 指令的操作步骤

界　面	操作步骤
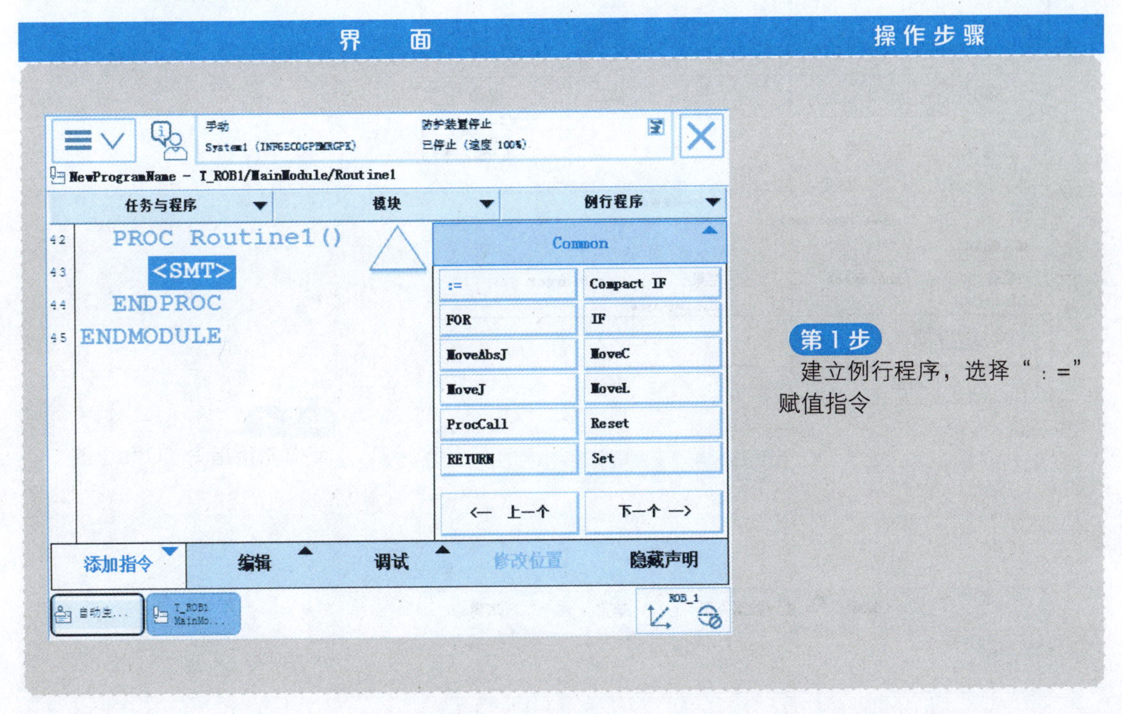	**第 1 步** 建立例行程序，选择“：=”赋值指令

（续）

界　面	操作步骤

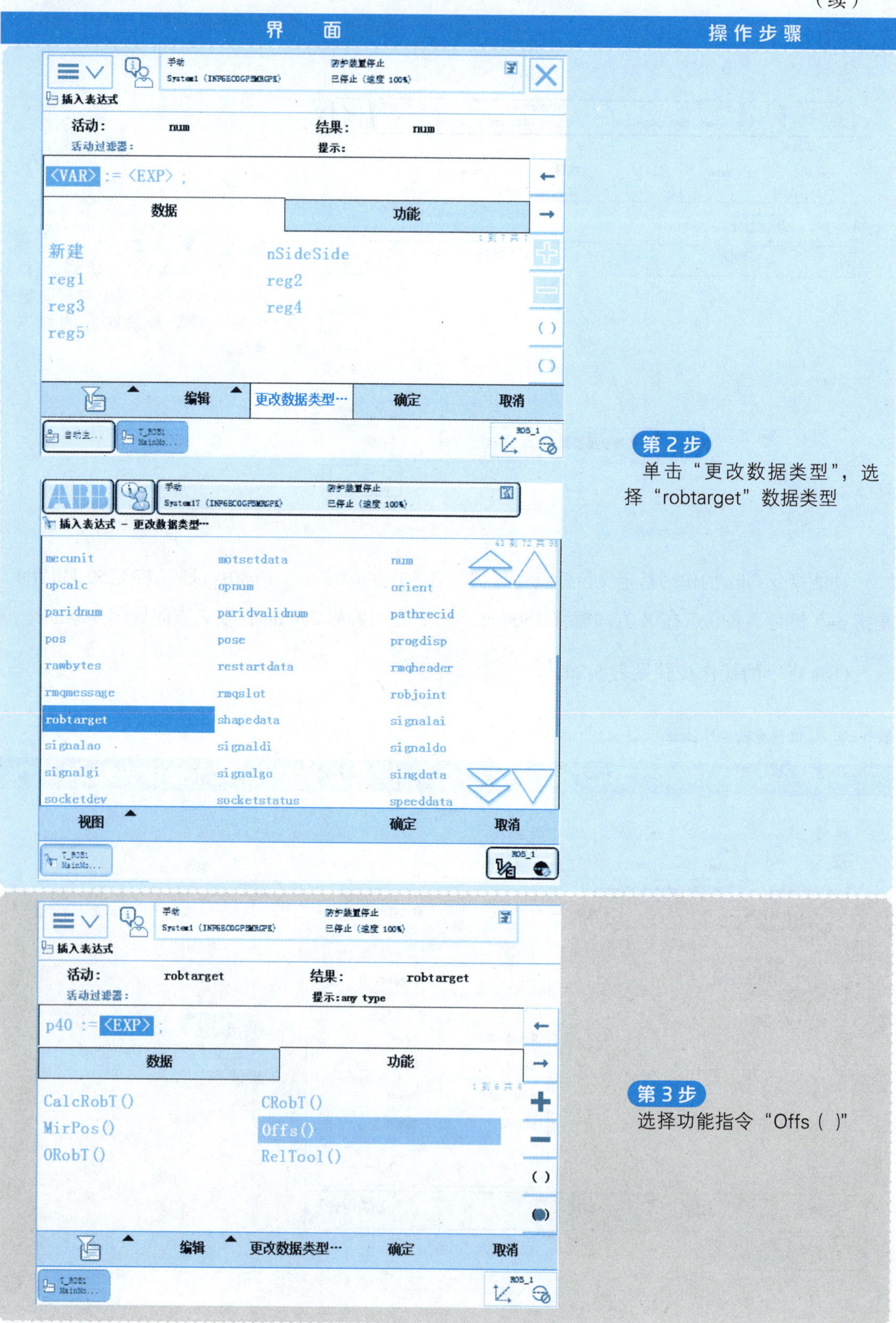

第 2 步

单击“更改数据类型”，选择“robtarget”数据类型

第 3 步

选择功能指令“Offs（ ）”

（续）

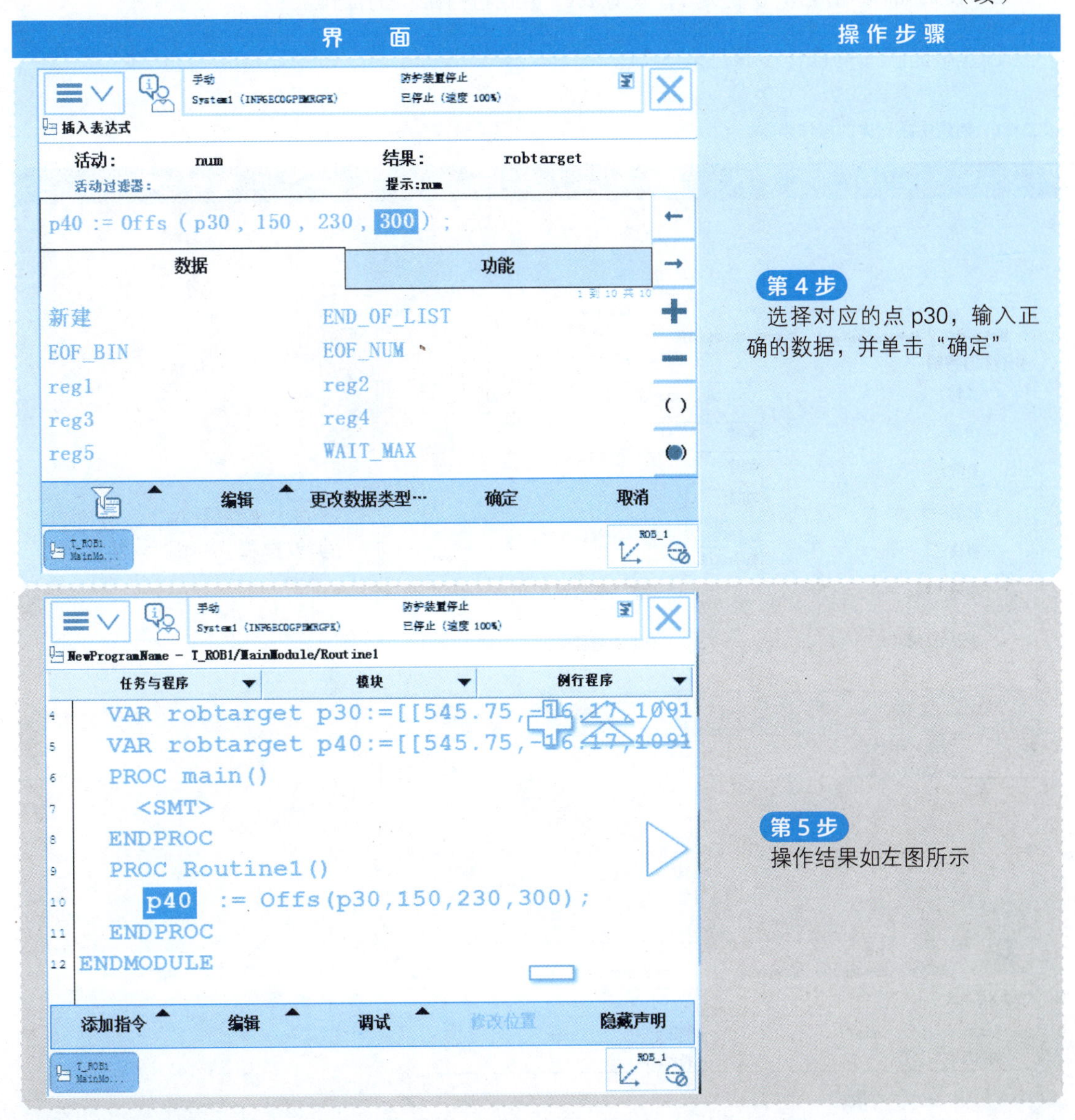

5.4.2 中断程序

在工业机器人工作过程中，常会有一些紧急情况需要处理，这时要求工业机器人中断当前程序的执行，程序指针 PP 马上跳转到专门的程序中对紧急的情况进行相应的处理，处理结束后程序指针 PP 返回到原来被中断的地方，继续往下执行程序。这种专门用来处理紧急情况的程序，称作中断程序（TRAP）。中断程序常会用于出错处理、外部信号的响应这种实时响应要求高的场合。

下面以对传感器的信号进行实时监控为例编写一个中断程序，实现如下功能：

1）在正常情况下，di1 的信号为 0。

2）如果 di1 的信号从 0 变成 1，就对 reg1 数据进行加 1 的操作。

创建中断程序的操作步骤见表 5-21。

表 5-21　创建中断程序的操作步骤

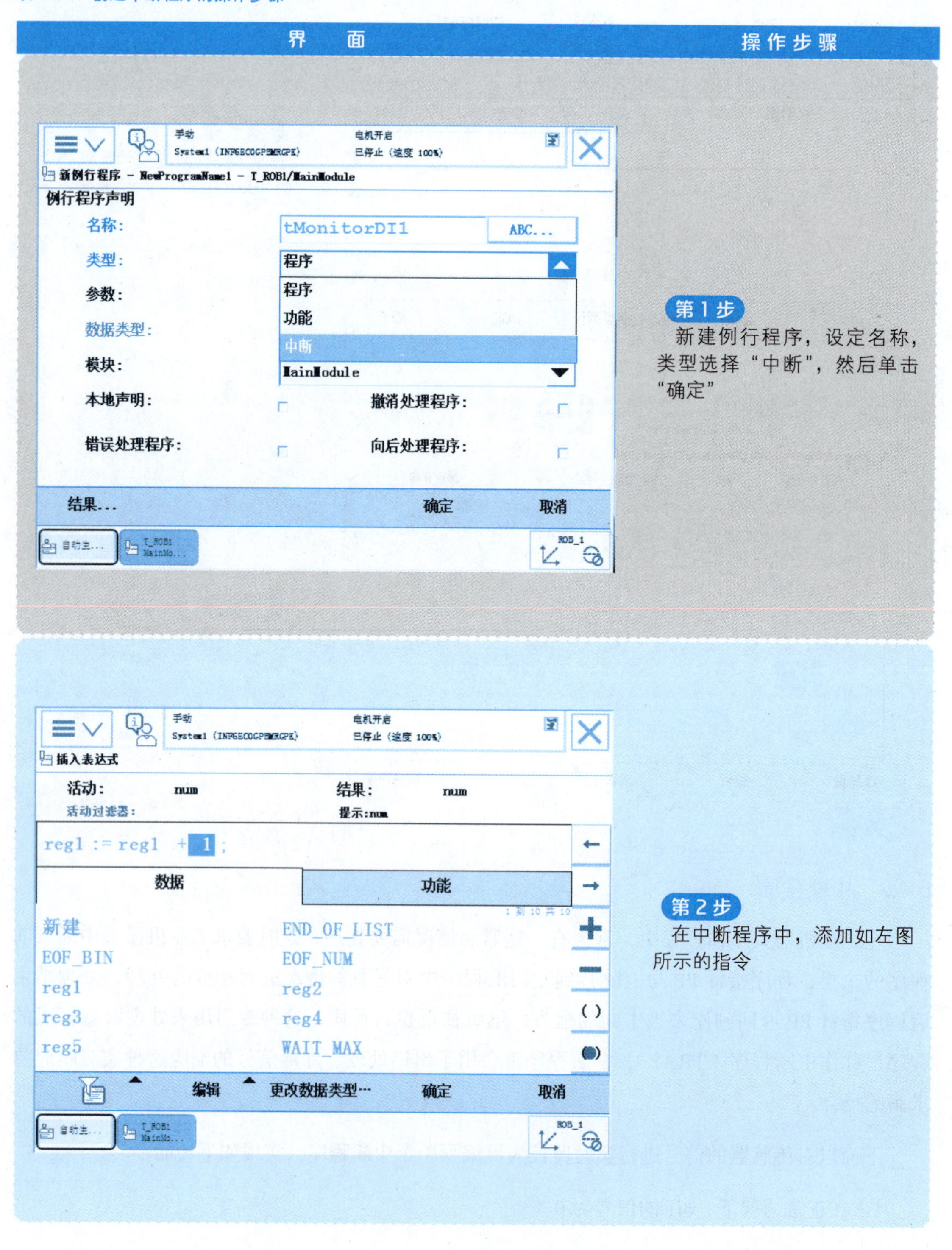

界　面	操作步骤
	第 1 步　新建例行程序，设定名称，类型选择“中断”，然后单击“确定”
	第 2 步　在中断程序中，添加如左图所示的指令

（续）

界　　面	操作步骤
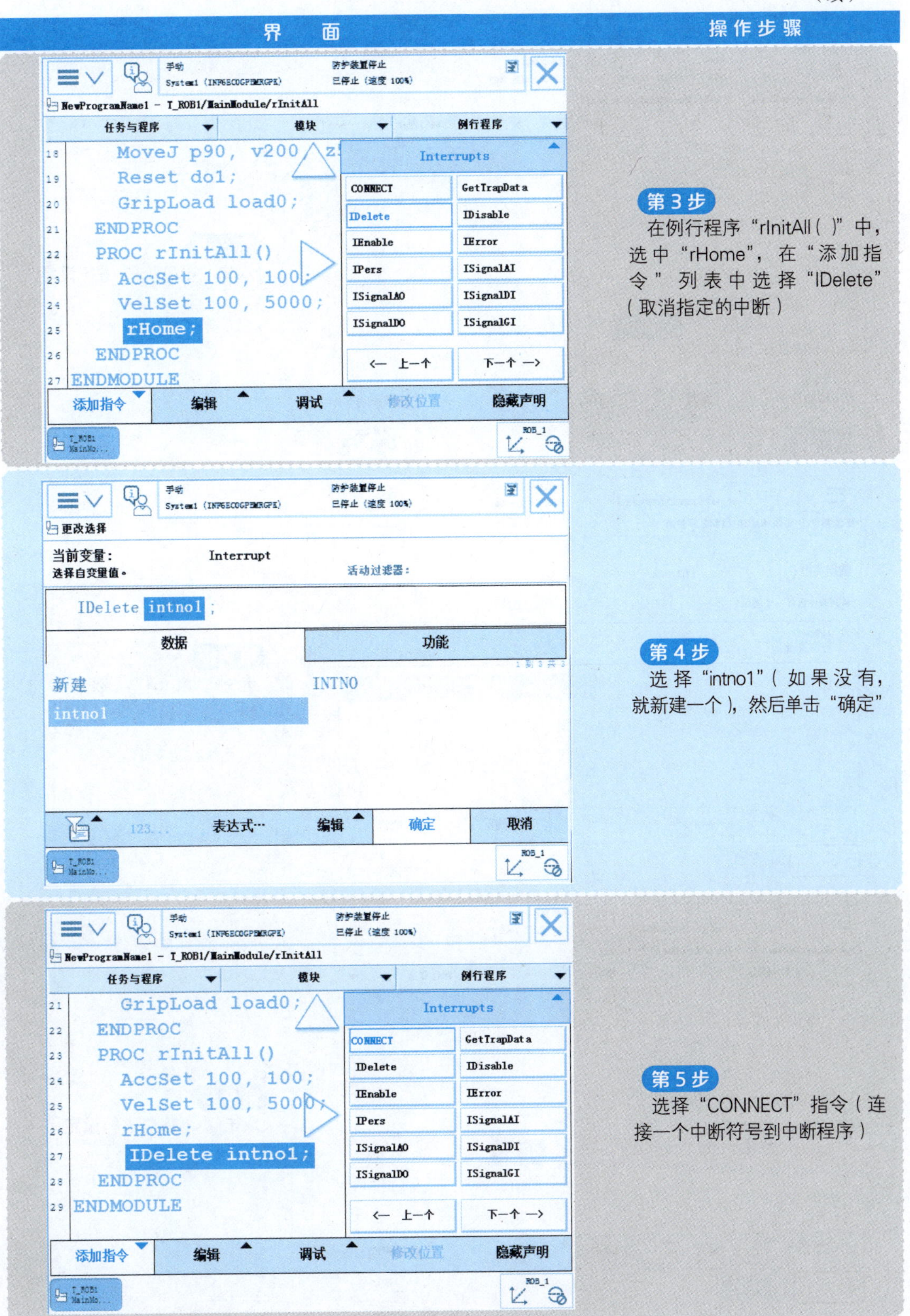	**第3步** 在例行程序“rInitAll( )”中，选中“rHome”，在“添加指令”列表中选择“IDelete”（取消指定的中断）
	第4步 选择“intno1”（如果没有，就新建一个），然后单击“确定”
	第5步 选择“CONNECT”指令（连接一个中断符号到中断程序）

（续）

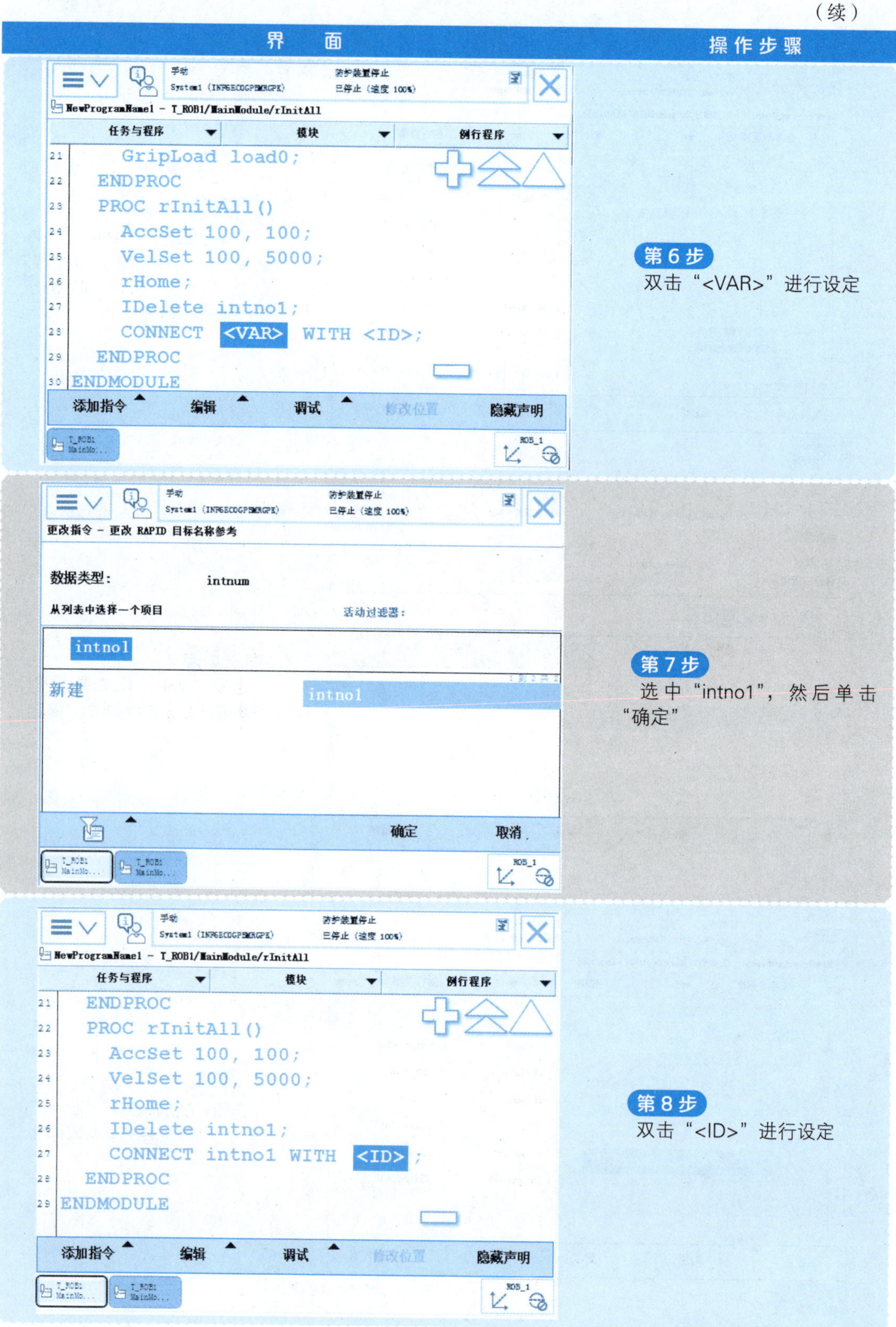

第 6 步

双击“<VAR>”进行设定

第 7 步

选中“intno1”，然后单击“确定”

第 8 步

双击“<ID>”进行设定

（续）

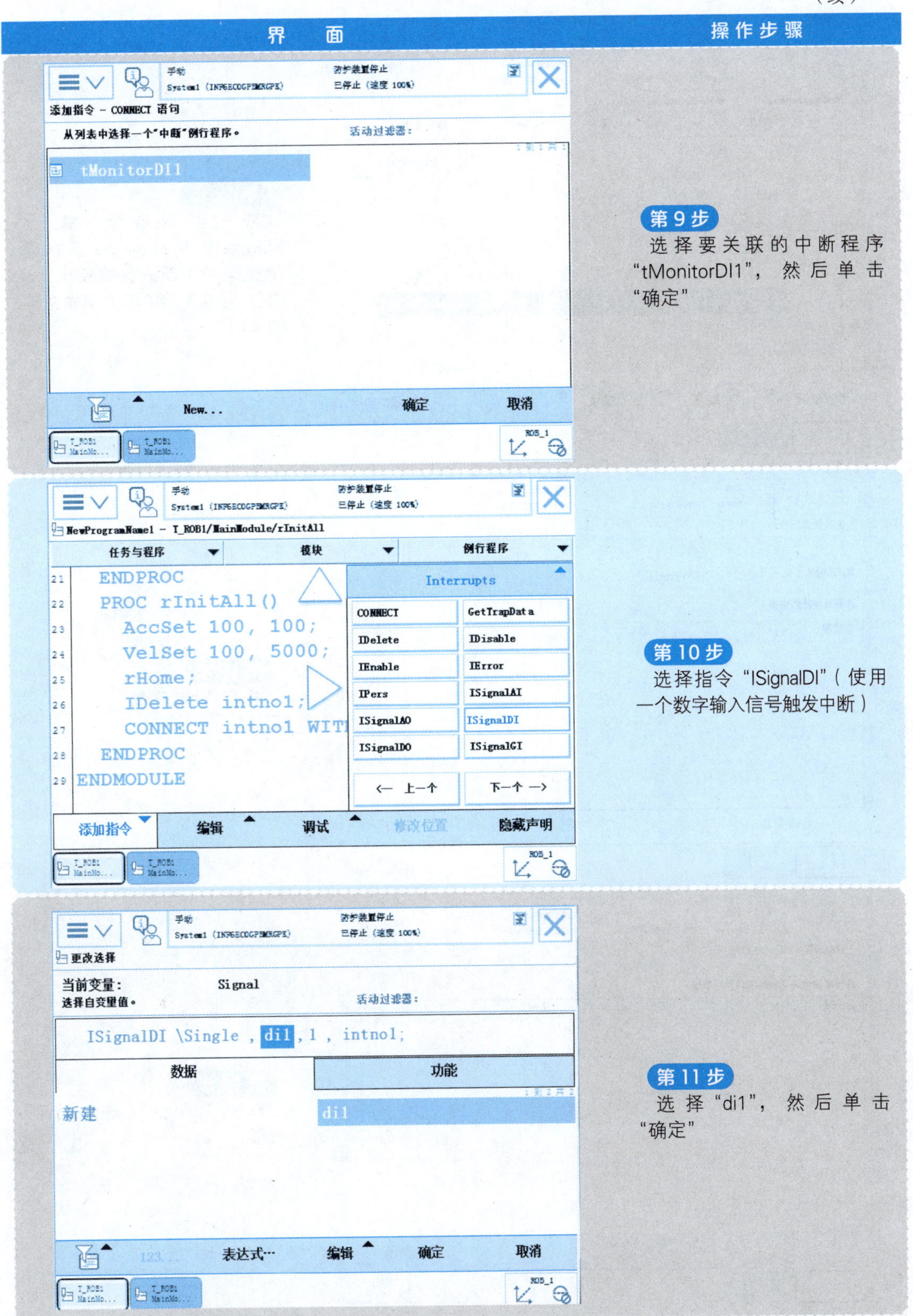

界 面	操作步骤
	第 9 步 选择要关联的中断程序"tMonitorDI1"，然后单击"确定"
	第 10 步 选择指令"ISignalDI"（使用一个数字输入信号触发中断）
	第 11 步 选择"di1"，然后单击"确定"

（续）

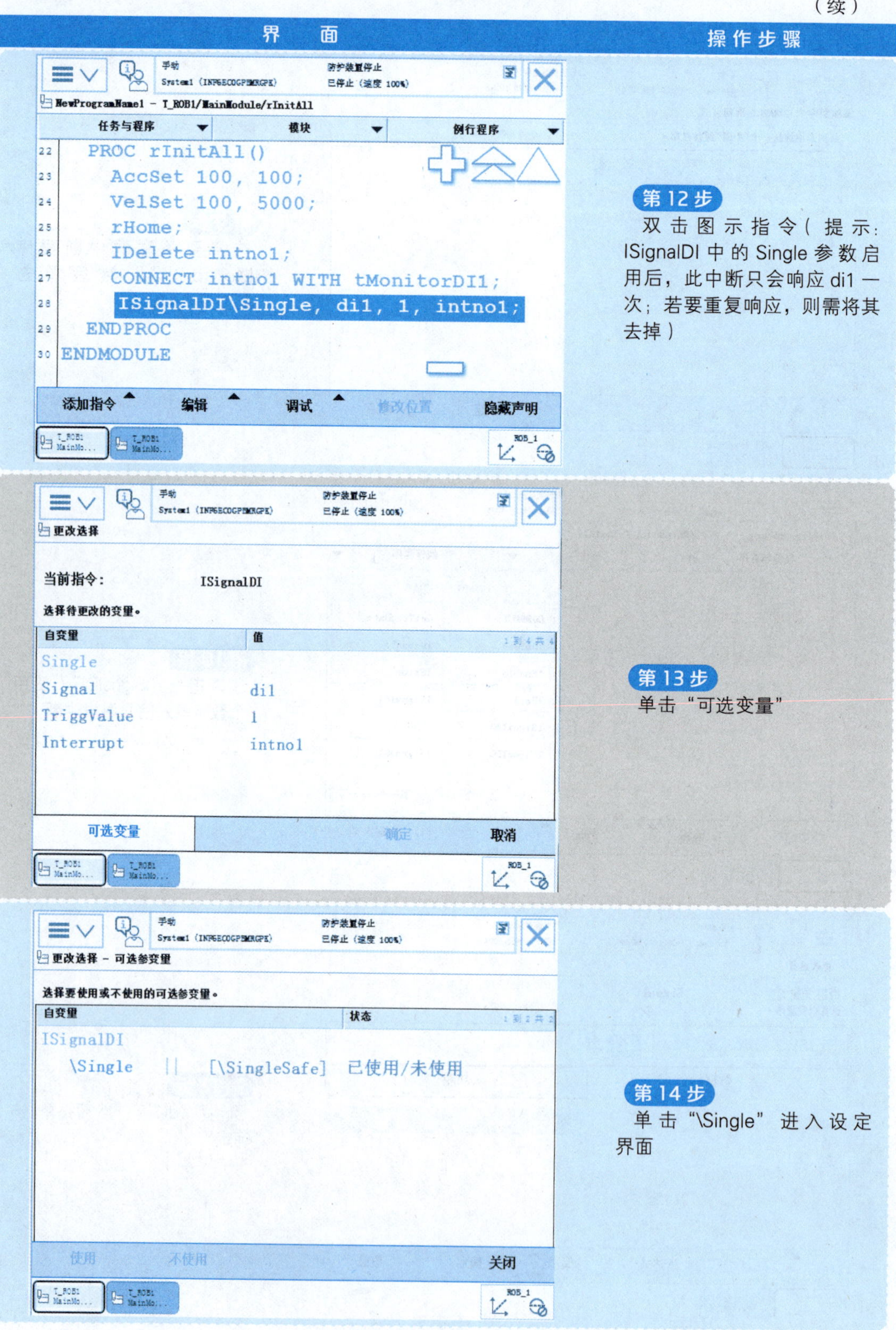

界 面
操作步骤
NewProgramName1 - T_ROB1/MainModule/rInitAll
PROC rInitAll()
AccSet 100, 100;
VelSet 100, 5000;
rHome;
IDelete intno1;
CONNECT intno1 WITH tMonitorDI1;
ISignalDI\Single, di1, 1, intno1;
ENDPROC
ENDMODULE
添加指令
编辑
调试
修改位置
隐藏声明
第12步
双击图示指令（提示：ISignalDI 中的 Single 参数启用后，此中断只会响应 di1 一次；若要重复响应，则需将其去掉）
更改选择
当前指令：
ISignalDI
选择待更改的变量。
自变量
值
Single
Signal
di1
TriggValue
1
Interrupt
intno1
可选变量
确定
取消
第13步
单击“可选变量”
更改选择 - 可选参变量
选择要使用或不使用的可选参变量。
自变量
状态
ISignalDI
\Single || [\SingleSafe] 已使用/未使用
使用
不使用
关闭
第14步
单击“\Single”进入设定界面

（续）

界　面	操作步骤

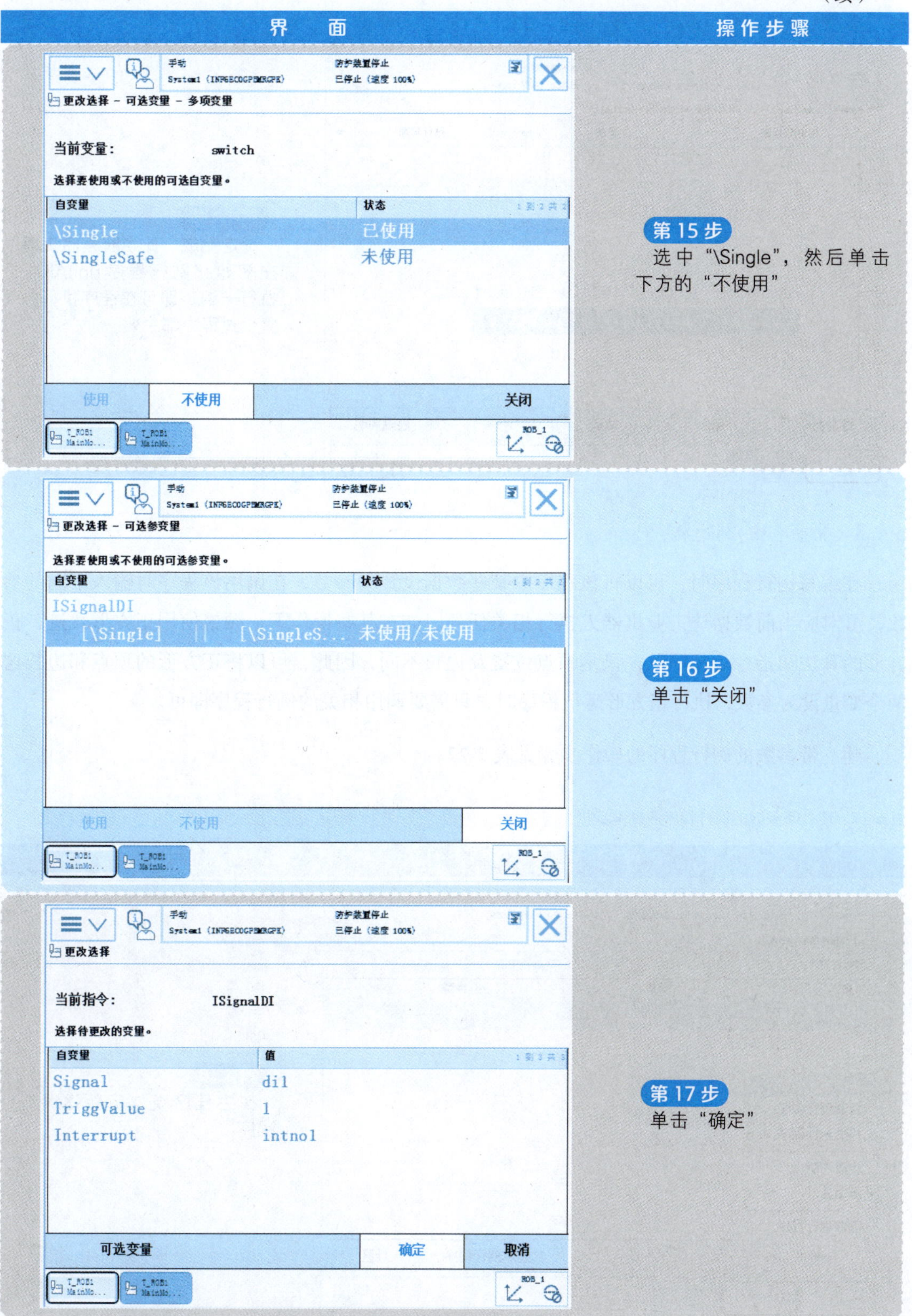

第 15 步

选中“\Single”，然后单击下方的“不使用”

第 16 步

单击“关闭”

第 17 步

单击“确定”

（续）

界　面	操作步骤
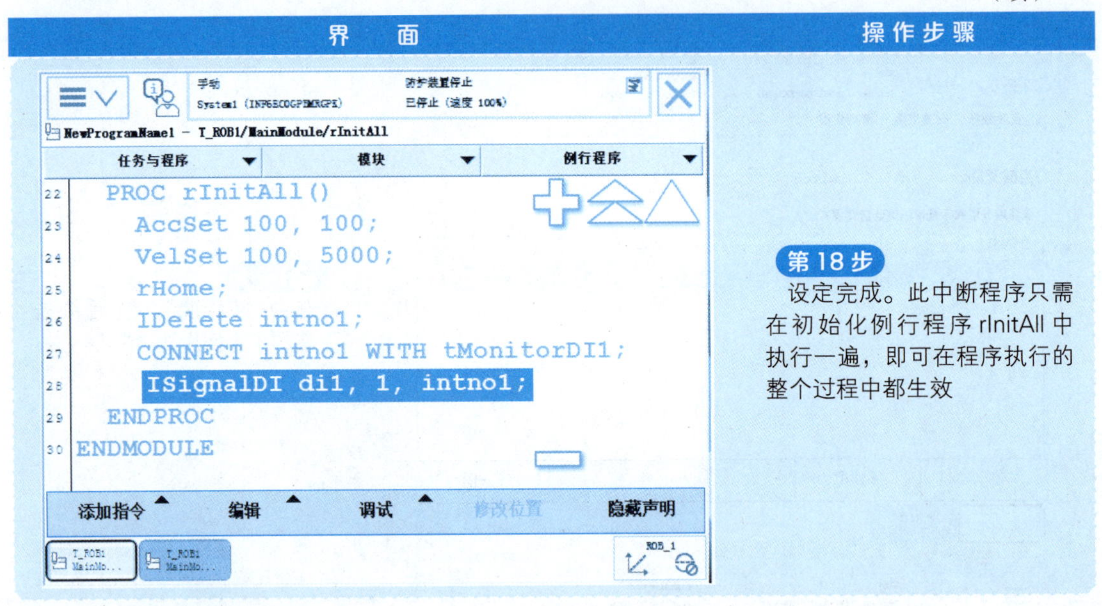	**第 18 步** 设定完成。此中断程序只需在初始化例行程序 rInitAll 中执行一遍，即可在程序执行的整个过程中都生效

5.4.3　带参数的例行程序

在编写例行程序时，可以将该程序中某些数据设置为参数，在调用该程序时输入不同的参数，可对应当前数据让工业机器人执行相关任务。如在某些操作下，频繁使用正方形轨迹，正方形的算法和指令是相同的，只是顶点位置及边长不同，因此，可以将正方形的顶点和边长这两个变量设为参数，执行正方形运行程序时，只需要调用相关的例行程序即可。

建立带参数的例行程序的操作步骤见表 5-22。

表 5-22　建立带参数的例行程序的操作步骤

界　面	操作步骤
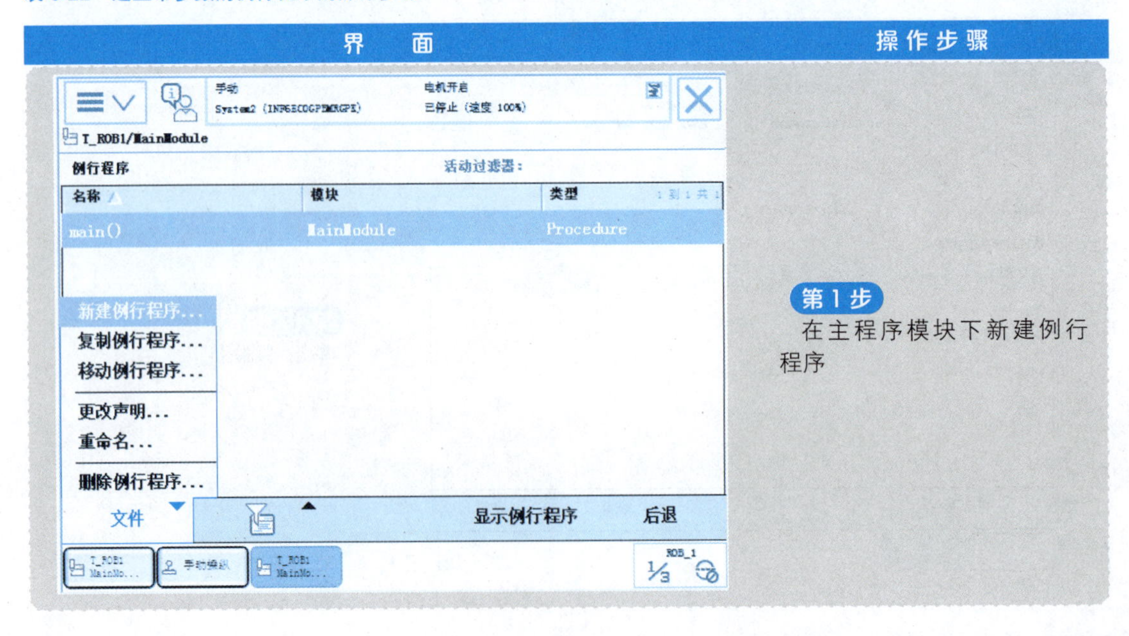	**第 1 步** 在主程序模块下新建例行程序

（续）

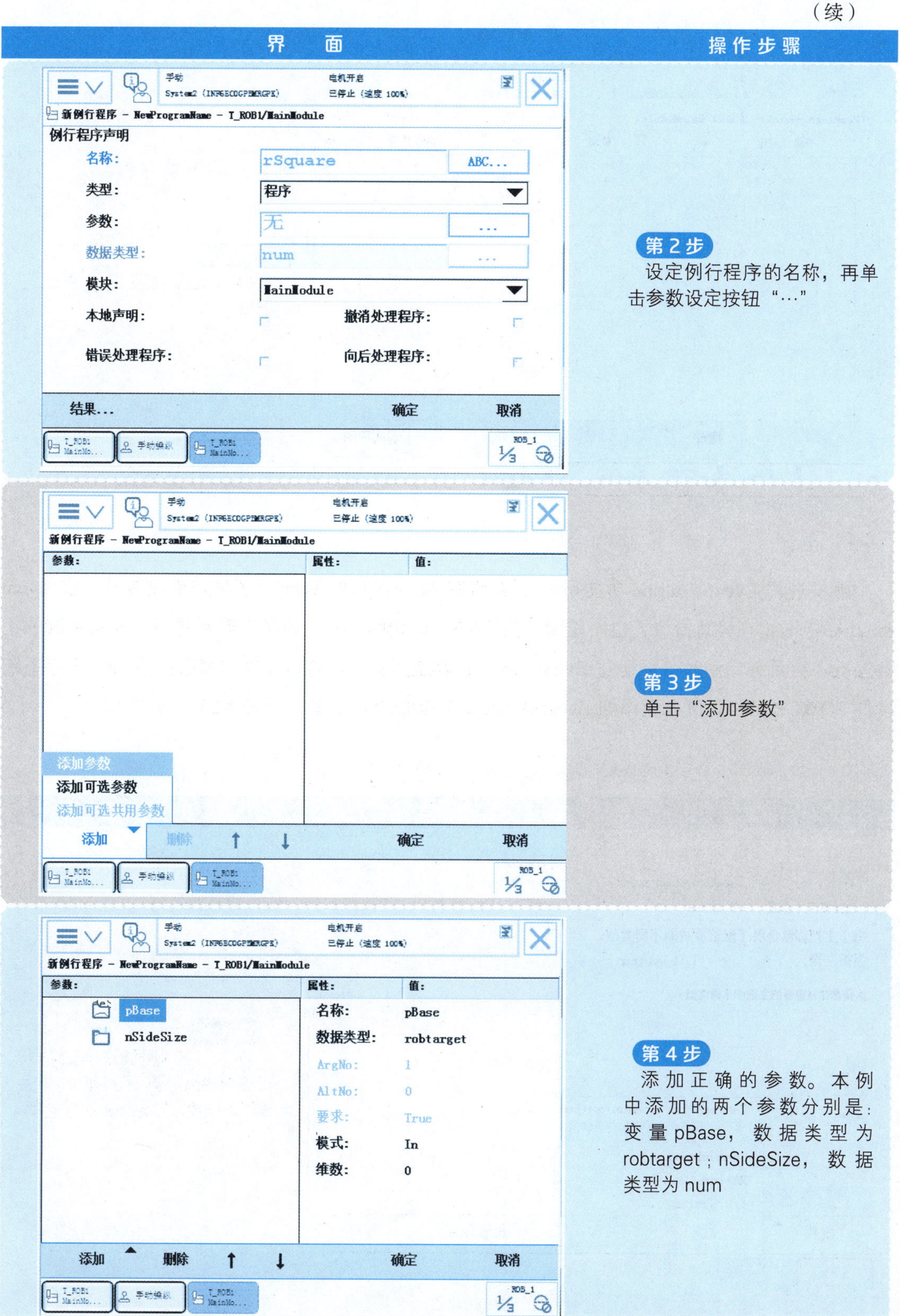

界　面	操作步骤
	第 2 步 设定例行程序的名称，再单击参数设定按钮“…”
	第 3 步 单击“添加参数”
	第 4 步 添加正确的参数。本例中添加的两个参数分别是：变量 pBase，数据类型为 robtarget；nSideSize，数据类型为 num

（续）

<table>
<tr><th>界　面</th><th>操作步骤</th></tr>
<tr><td>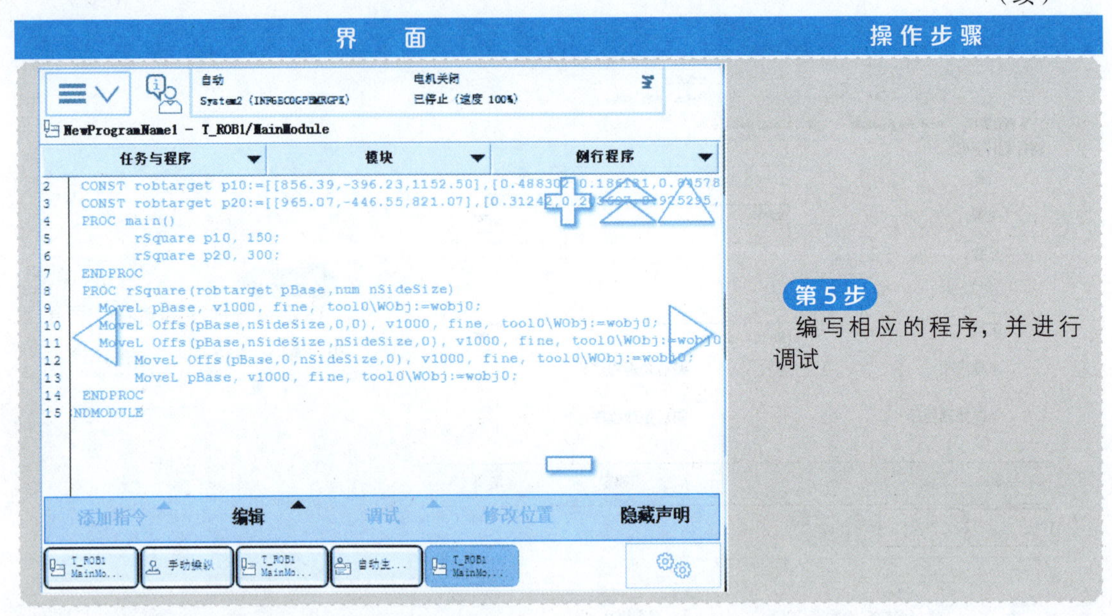
</td><td>第 5 步
编写相应的程序，并进行调试</td></tr>
</table>

5.4.4　事件过程Event Routine功能

事件过程 Event Routine 功能可使用 RAPID 指令编写的例行程序响应系统事件。在 Event Routine 中不能有移动指令，也不能有太复杂的逻辑判断，防止程序出现死循环，影响系统的正常运行。在系统启动时，可通过 Event Routine 功能检查 I/O 输入信号的状态。下面以响应系统事件 POWER_ON 为例介绍添加 Event Routine 功能的操作步骤，见表 5-23。

表 5-23　添加 Event Routine 功能的操作步骤

<table>
<tr><th>界　面</th><th>操作步骤</th></tr>
<tr><td>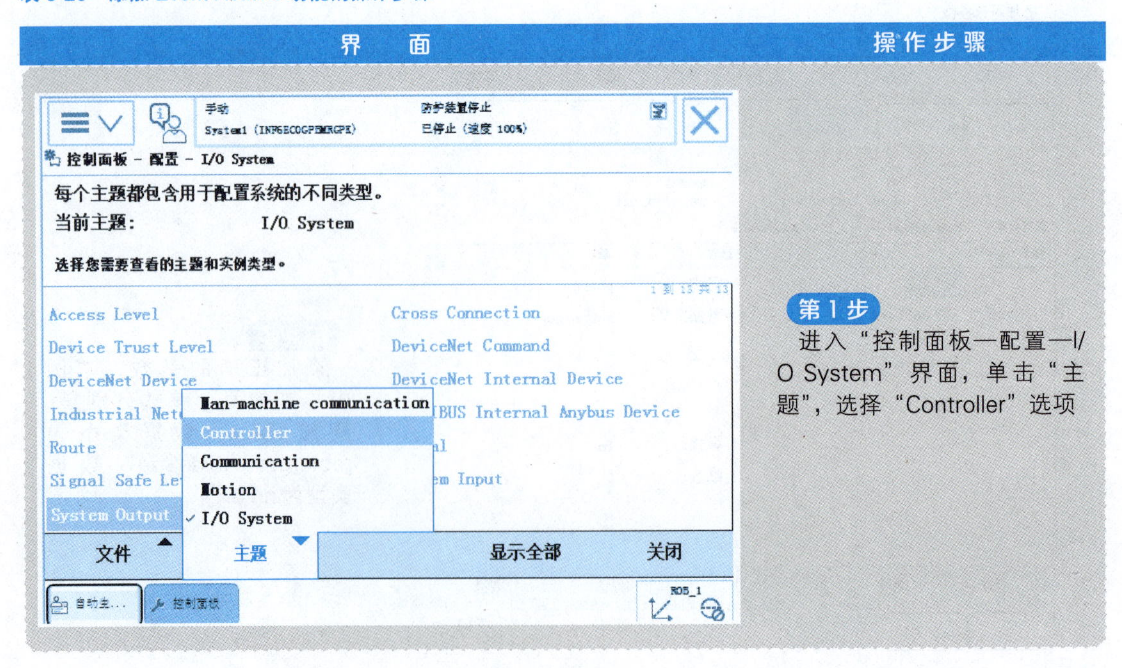
</td><td>第 1 步
进入“控制面板—配置—I/O System”界面，单击“主题”，选择“Controller”选项</td></tr>
</table>

（续）

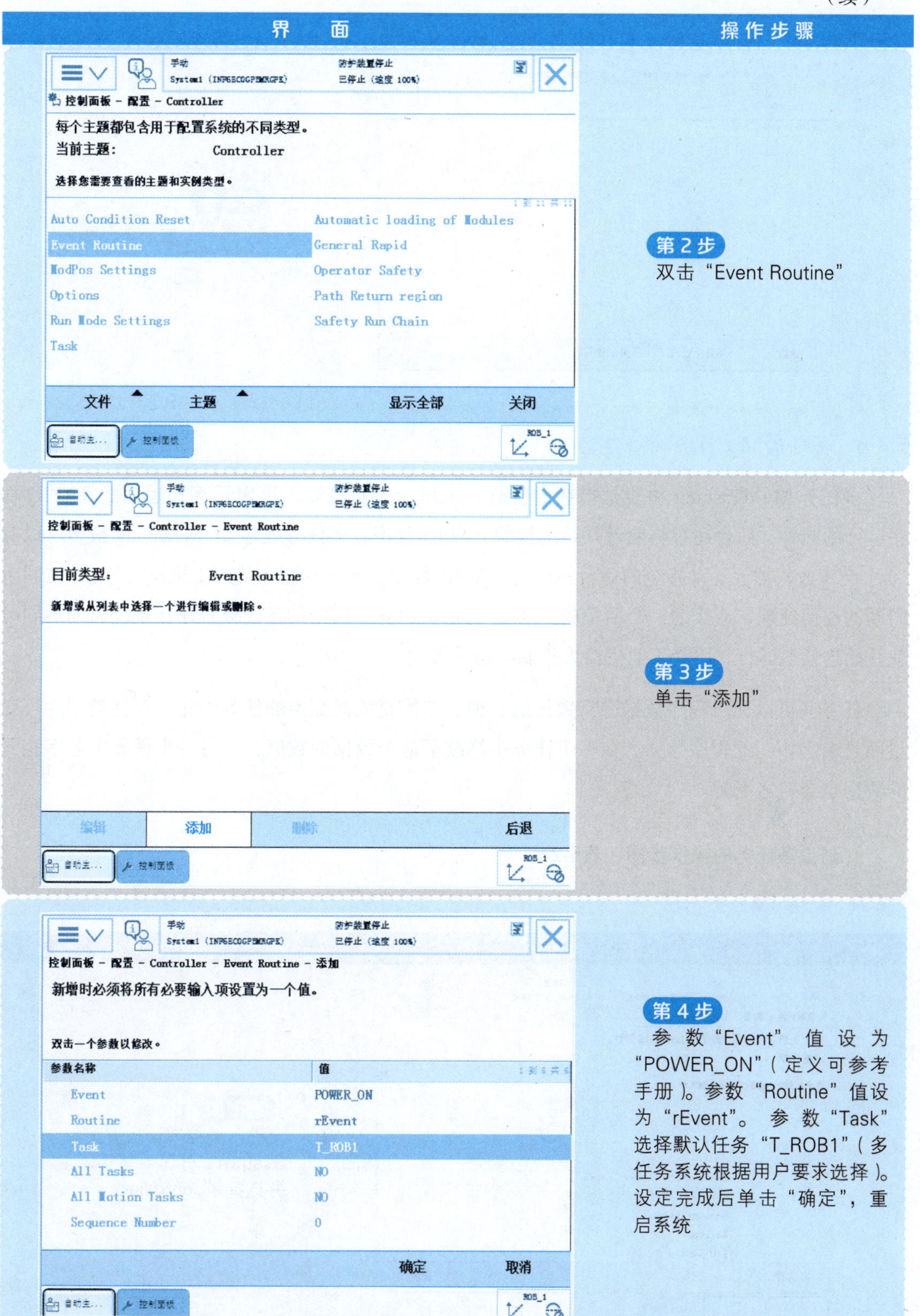

第 2 步
双击“Event Routine”

第 3 步
单击“添加”

第 4 步
参数“Event”值设为“POWER_ON”（定义可参考手册）。参数“Routine”值设为“rEvent”。参数“Task”选择默认任务“T_ROB1”（多任务系统根据用户要求选择）。设定完成后单击“确定”，重启系统

（续）

界　面	操作步骤
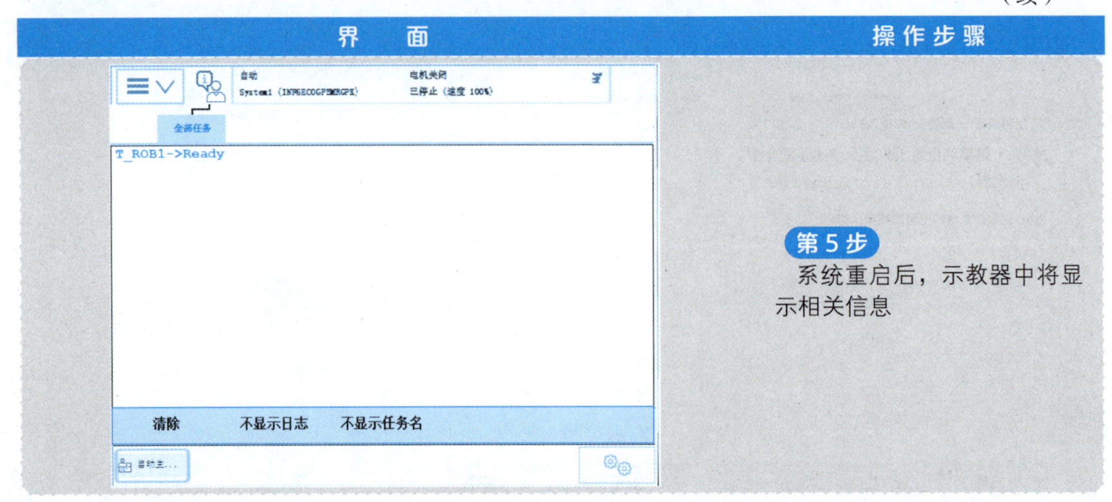	**第 5 步** 系统重启后，示教器中将显示相关信息

5.4.5　多任务MultiTasking功能

多任务 MultiTasking 功能是指在前台有一个用于控制机器人逻辑运算和运动的 RAPID 程序运行的同时，后台还有与前台并行运行的 RAPID 程序。多任务程序 MultiTasking 最多可以有 20 个带工业机器人运动指令的后台并行的 RAPID 程序。多任务程序可用于机器人与 PC 之间不间断的通信处理，或作为一个简单的 PLC 进行逻辑运算。后台的多任务程序在系统启动的同时就开始连续地运行，不受工业机器人控制状态的影响。

任务间可以通过程序数据进行数据的交换，在需要数据交换的任务中建立存储类型为可变量而且名字相同的程序数据。在一个任务中修改了这个数据的数值，在另一个任务中名字相同的数据也会随之更新。

1. 建立多任务的操作步骤（表5-24）

表 5-24　建立多任务的操作步骤

界　面	操作步骤
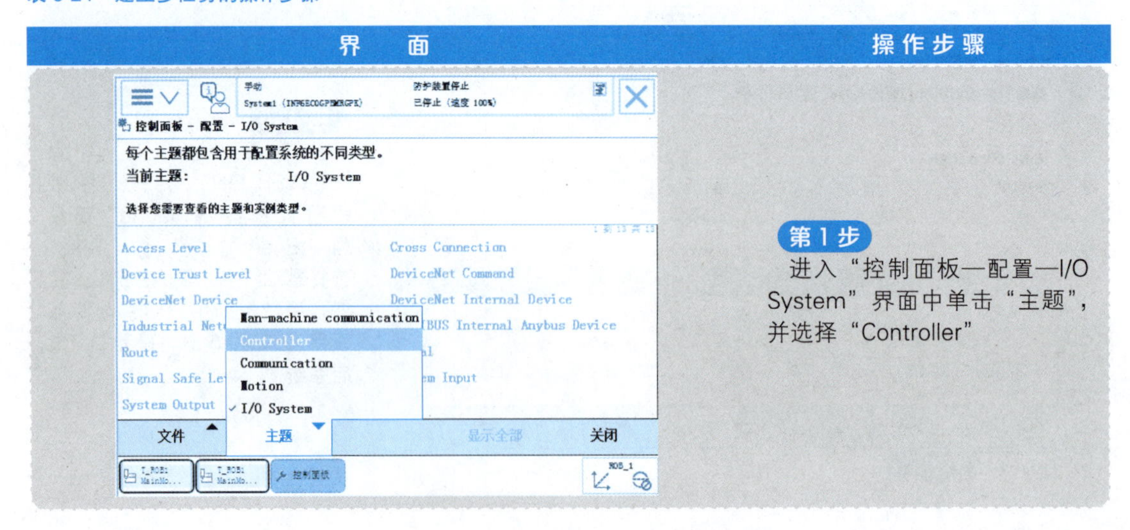	**第 1 步** 进入“控制面板—配置—I/O System”界面中单击“主题”，并选择“Controller”

（续）

界　面	操作步骤

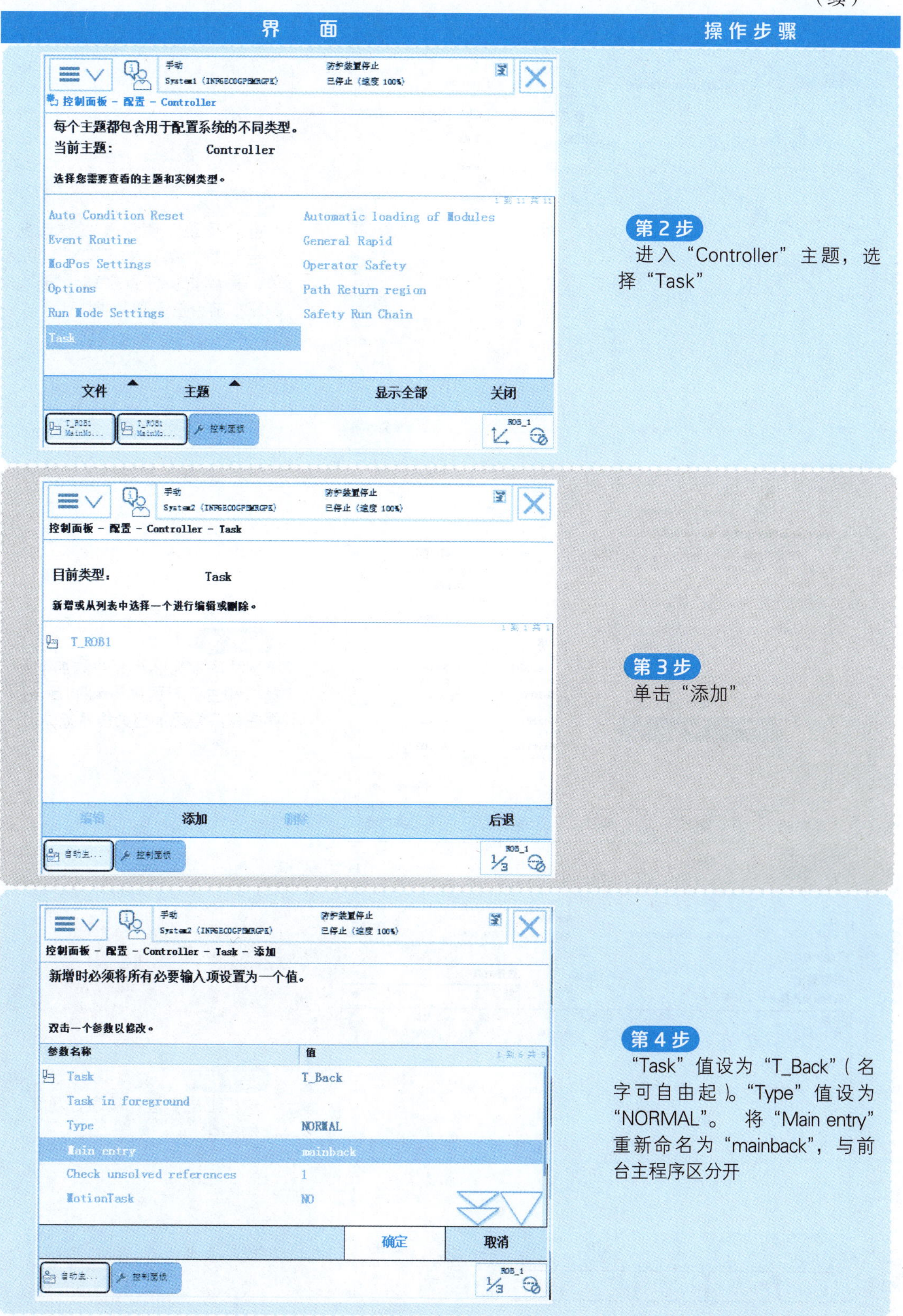

第 2 步

进入“Controller”主题，选择“Task”

第 3 步

单击“添加”

第 4 步

“Task”值设为“T_Back”（名字可自由起）。“Type”值设为“NORMAL”。将“Main entry”重新命名为“mainback”，与前台主程序区分开

（续）

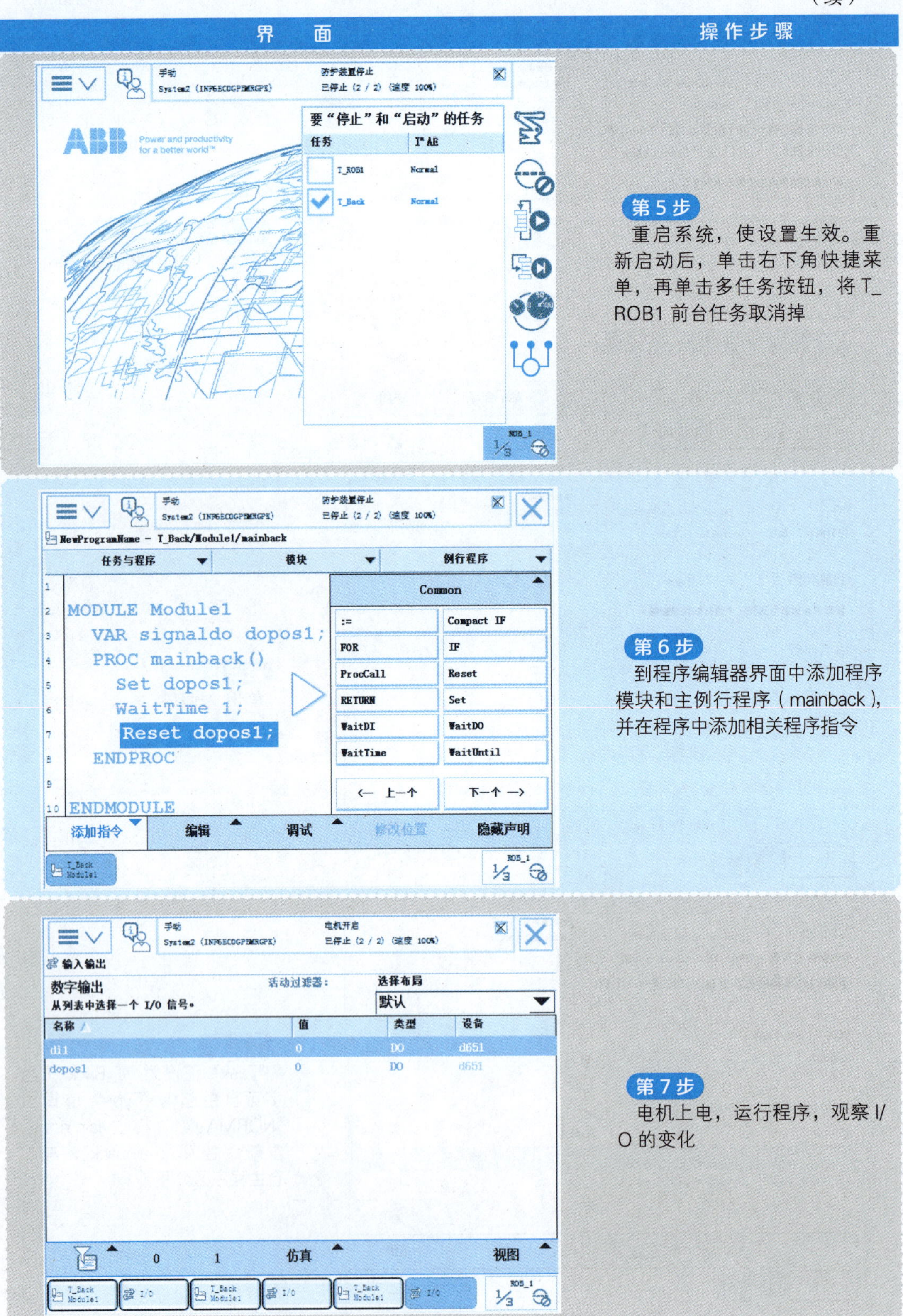

界 面	操作步骤
	第 5 步 重启系统，使设置生效。重新启动后，单击右下角快捷菜单，再单击多任务按钮，将 T_ROB1 前台任务取消掉
	第 6 步 到程序编辑器界面中添加程序模块和主例行程序（mainback），并在程序中添加相关程序指令
	第 7 步 电机上电，运行程序，观察 I/O 的变化

（续）

界　面	操作步骤
	**第8步** 在Task的编辑界面中，将“Type”值设定为“SEMISTATIC”，后台连续运行（设置该参数后，即使机器人前台程序没有执行，开机后，后台程序也会自动执行）

2. 多任务之间的数据通信（表5-25）

表5-25　建立多任务之间的数据通信操作步骤

界　面	操作步骤
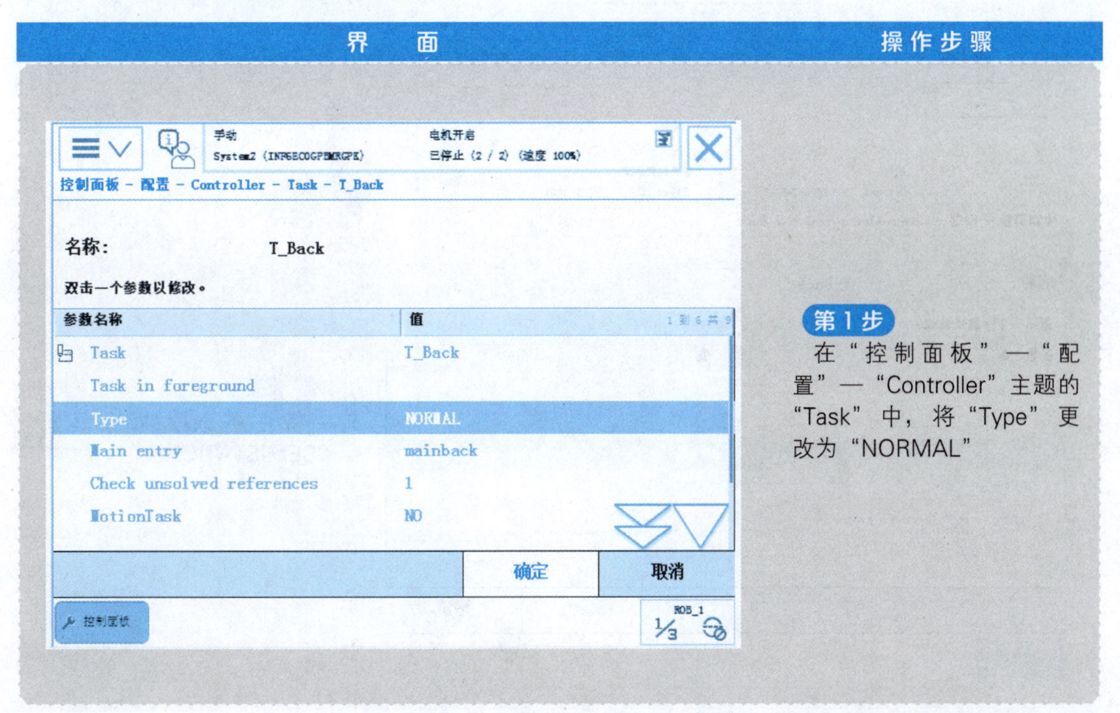	**第1步** 在“控制面板”—“配置”—“Controller”主题的“Task”中，将“Type”更改为“NORMAL”

（续）

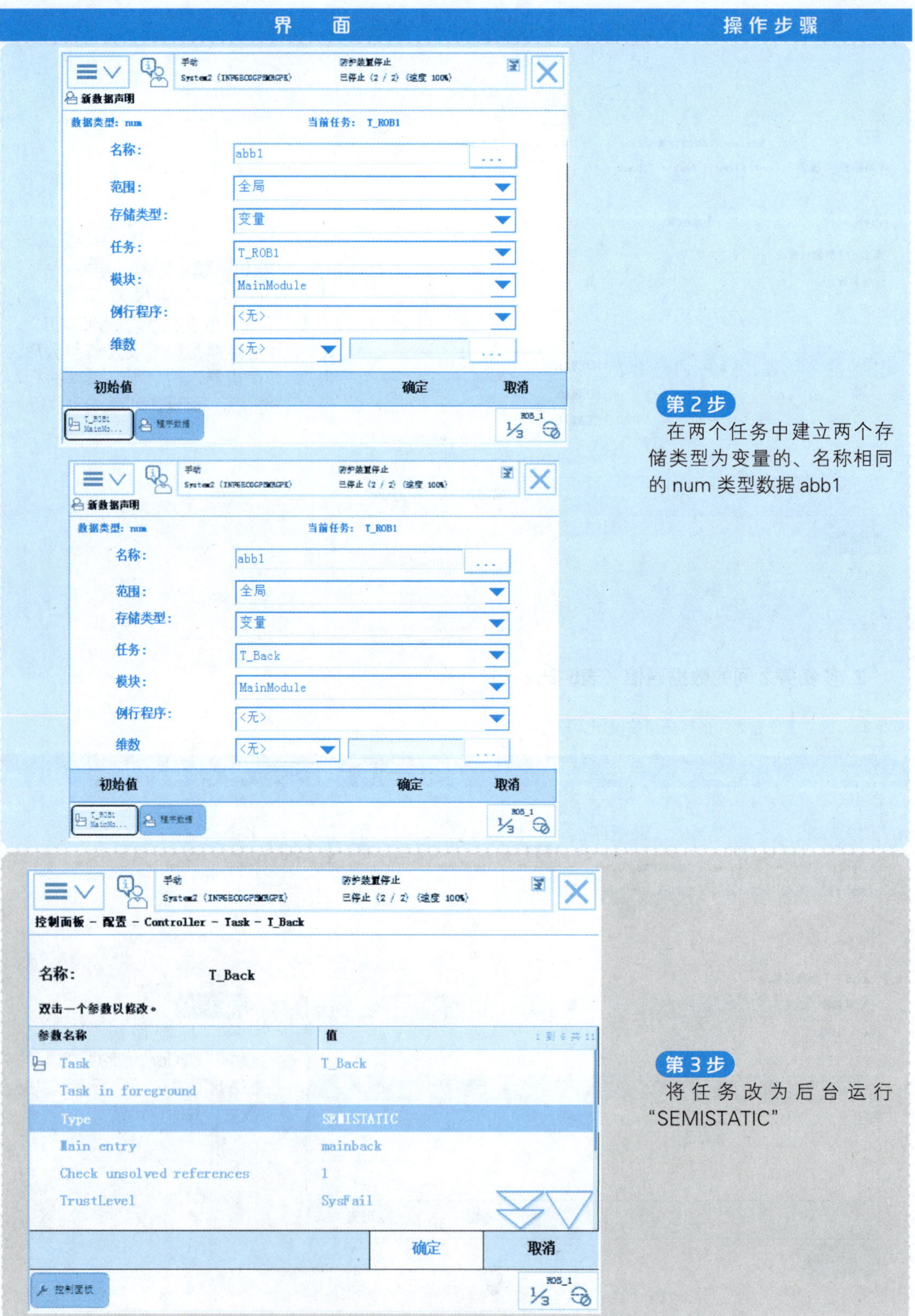

第2步

在两个任务中建立两个存储类型为变量的、名称相同的 num 类型数据 abb1

第3步

将任务改为后台运行“SEMISTATIC”

（续）

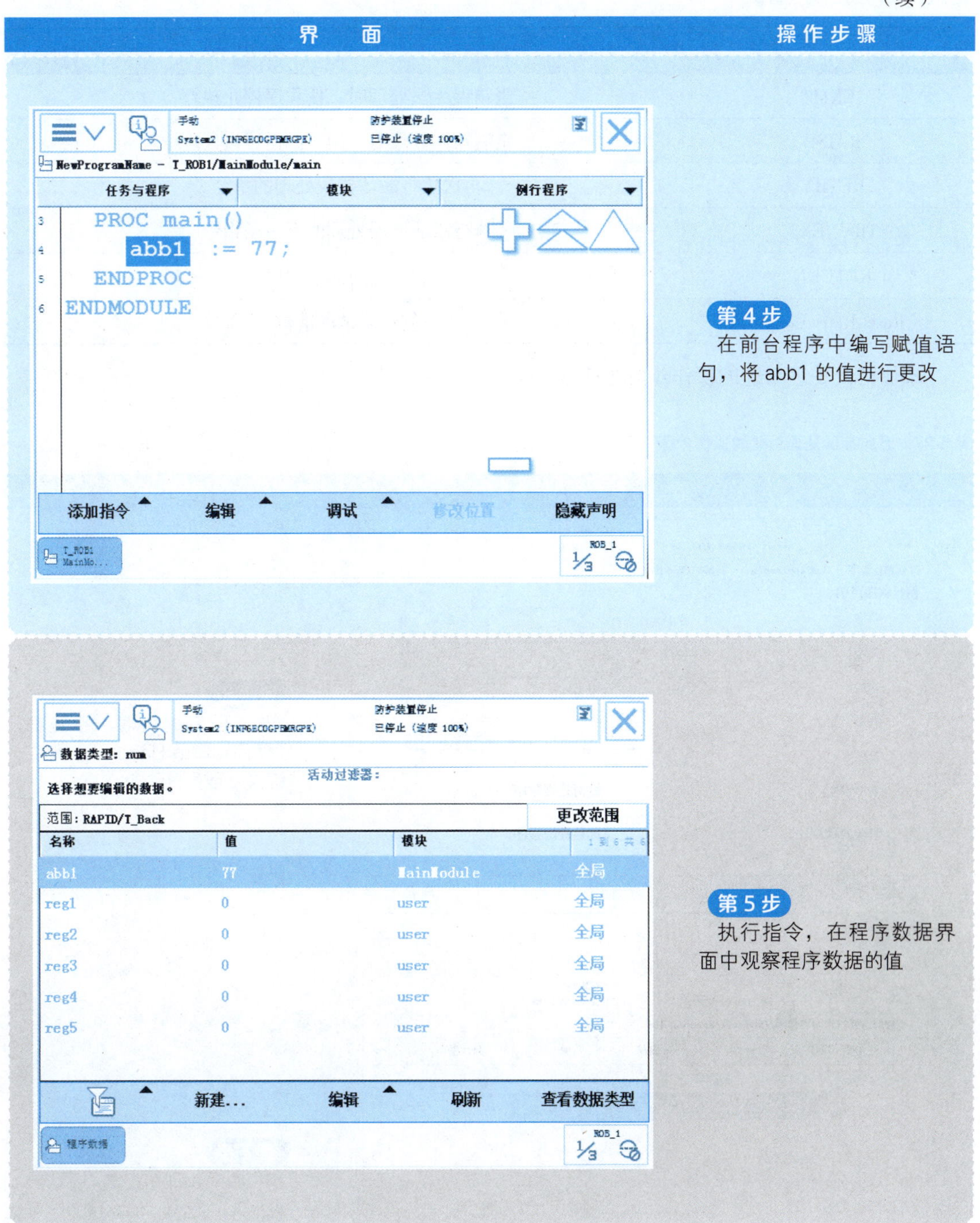

5.4.6 错误处理ErrorHandle功能

在 RAPID 程序执行的过程中，为了提高运行的可靠性，减少人为干预，可令机器人对一些简单的错误（如 WaitDI）进行自我处理。除了系统的出错处理，也可以根据控制的需要，定制对应的出错处理。错误处理时最好不要用运动指令。错误处理常用指令见表 5-26。

表 5-26 错误处理常用指令

指令	说明
EXIT	当错误无法处理时，使程序停止执行
RAISE	定制错误处理时，用于激活错误处理
RETRY	再次执行激活错误处理的指令
TRYNEXT	执行激活错误处理的下一条指令
RETURN	回到之前的子程序
Reset Retry Count	复位重试的次数

添加错误处理功能的操作步骤见表 5-27。

表 5-27 添加错误处理功能的操作步骤

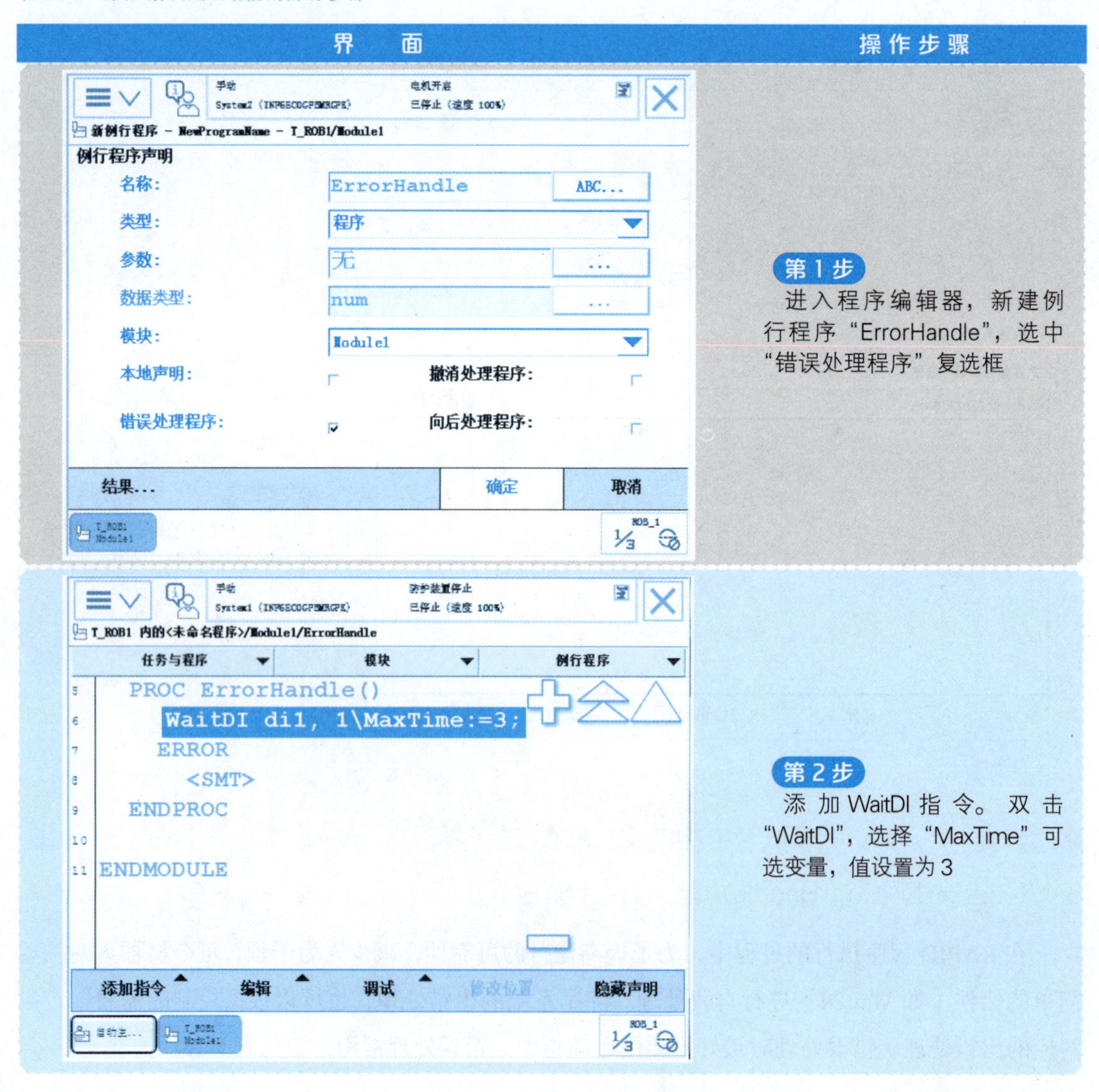

界面	操作步骤
	第 1 步 进入程序编辑器，新建例行程序“ErrorHandle”，选中“错误处理程序”复选框
	第 2 步 添加 WaitDI 指令。双击“WaitDI”，选择“MaxTime”可选变量，值设置为 3

（续）

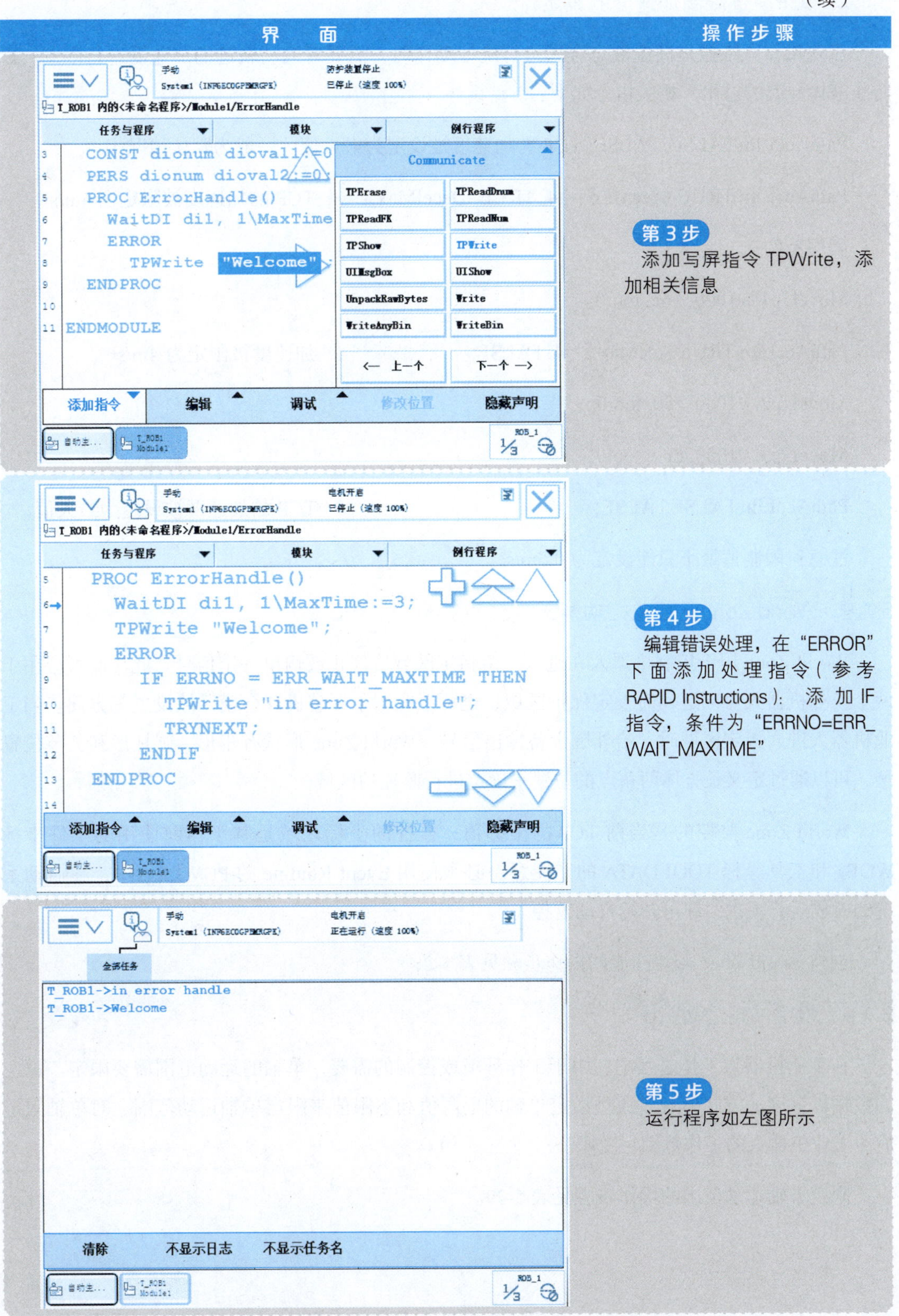

第 3 步

添加写屏指令 TPWrite，添加相关信息

第 4 步

编辑错误处理，在“ERROR”下面添加处理指令（参考 RAPID Instructions）：添加 IF 指令，条件为“ERRNO=ERR_WAIT_MAXTIME”

第 5 步

运行程序如左图所示

5.4.7　TCP轨迹限制加速度的设定

工业机器人在搬运高温液态金属进行浇注动作时，需要对运动轨迹的加速度进行限制，以防止液体金属的溢出。相关指令如下：

PathAccLim FALSE, FALSE; TCP 的加速度被设定为最大值（一般为默认情况）

PathAccLim TRUE \AccMax：=4, TRUE \DecelMax：=4; TCP 的加速度被限定在 4m/s²

程序示例：

MoveL p1, v1000, fine, tool0;

PathAccLim TRUE\AccMax：=4, FALSE;　　　　　　加速度被限定为 4m/s²

MoveL p2, v1000, z30, tool0;

MoveL p3, v1000, fine, tool0;

PathAccLim FALSE,FALSE;　　　　　　TCP 的加速度被设定为最大值

注意：限制值最小只能设定为 0.5m/s²。

5.4.8　World Zone区域监控功能

World Zone 用于控制机器人在进入一个指定区域后停止或输出一个信号。此功能可应用于两个工业机器人协同运动时设定保护区域，也可以应用于压铸机开合模区域设置等方面。当工业机器人进入指定区域时，给外围设备输出信号。World Zone 形状有矩形、圆柱形和关节位置型，可以通过定义长方体两角点的位置来确定进行监控的区域。

World Zone 监控的是当前 TCP 的坐标值，监控的坐标区域是基于当前使用的工件坐标 WOBJ 和工具坐标 TOOLDATA 的。注意：必须使用 Event Routine 的 POWER_ON，在启动系统的时候运行一次，即可开始自动监控。

创建 World Zone 监控功能的操作步骤见表 5-28。

5.4.9　限定单轴运动范围

在工业机器人工作过程中，由于工作环境或控制的需要，单轴的运动范围需要限定。设定的数据以弧度的方式体现，通过设定单轴的上限值和下限值来限定单轴运动范围。对单轴限定后，工业机器人的工作范围将变小。

限定单轴运动范围的操作步骤见表 5-29。

表 5-28 创建 World Zone 监控功能的操作步骤

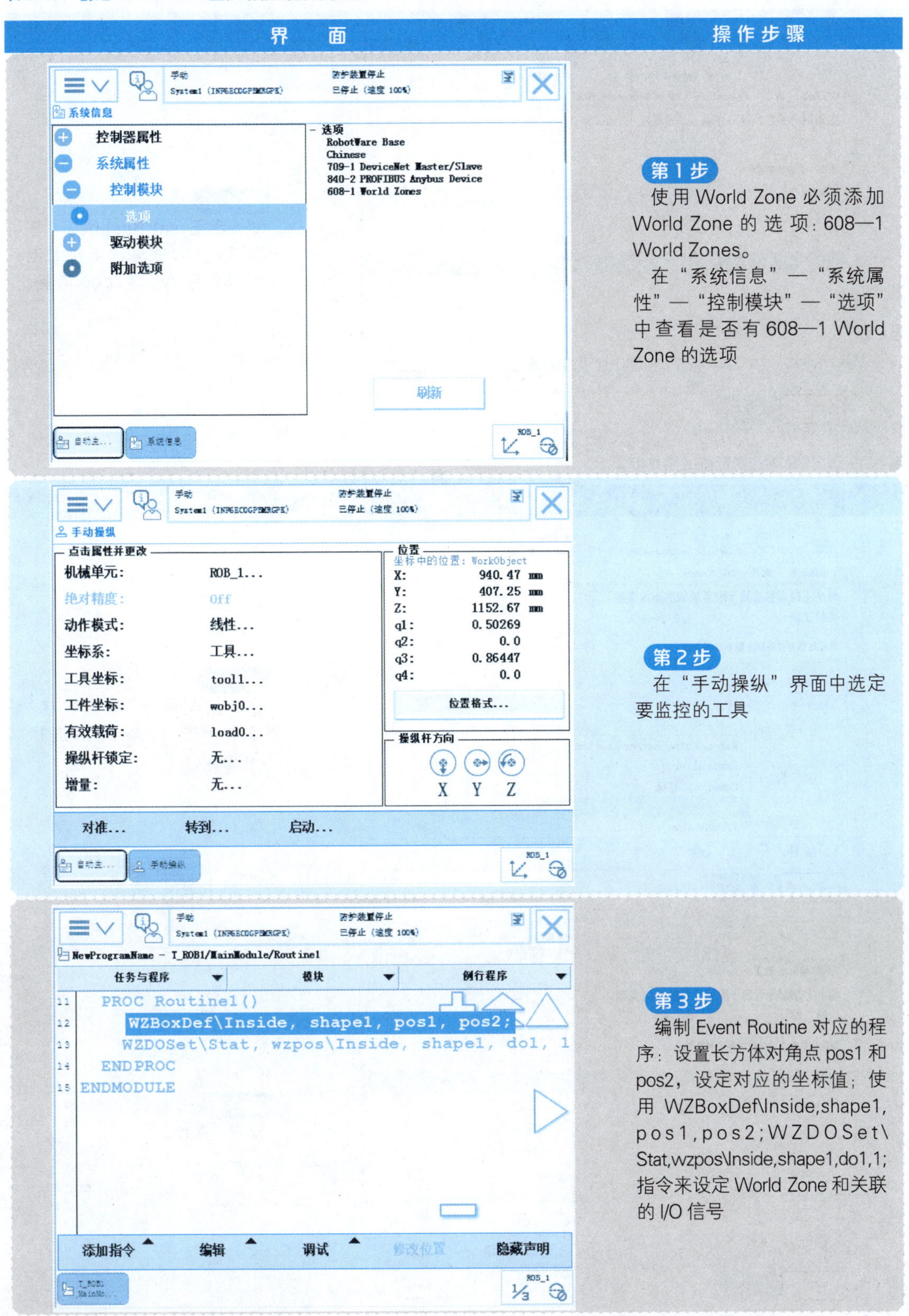

界　面	操作步骤
	第 1 步 使用 World Zone 必须添加 World Zone 的选项：608—1 World Zones。 在“系统信息”—“系统属性”—“控制模块”—“选项”中查看是否有 608—1 World Zone 的选项
	第 2 步 在“手动操纵”界面中选定要监控的工具
	第 3 步 编制 Event Routine 对应的程序：设置长方体对角点 pos1 和 pos2，设定对应的坐标值；使用 WZBoxDef\Inside,shape1, pos1,pos2;WZDOSet\Stat,wzpos\Inside,shape1,do1,1; 指令来设定 World Zone 和关联的 I/O 信号

（续）

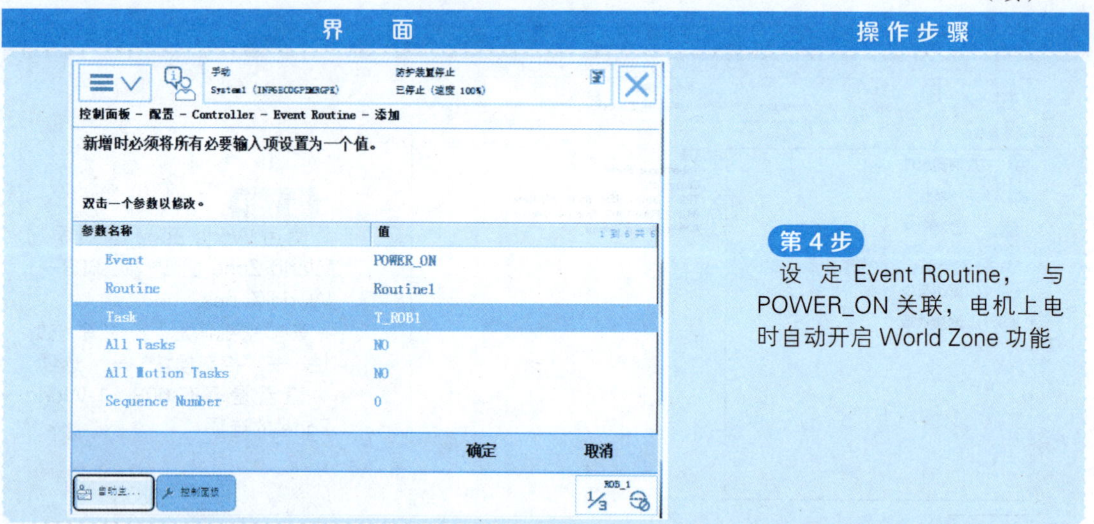

第4步 设定 Event Routine，与 POWER_ON 关联，电机上电时自动开启 World Zone 功能

表 5-29　限定单轴运动范围的操作步骤

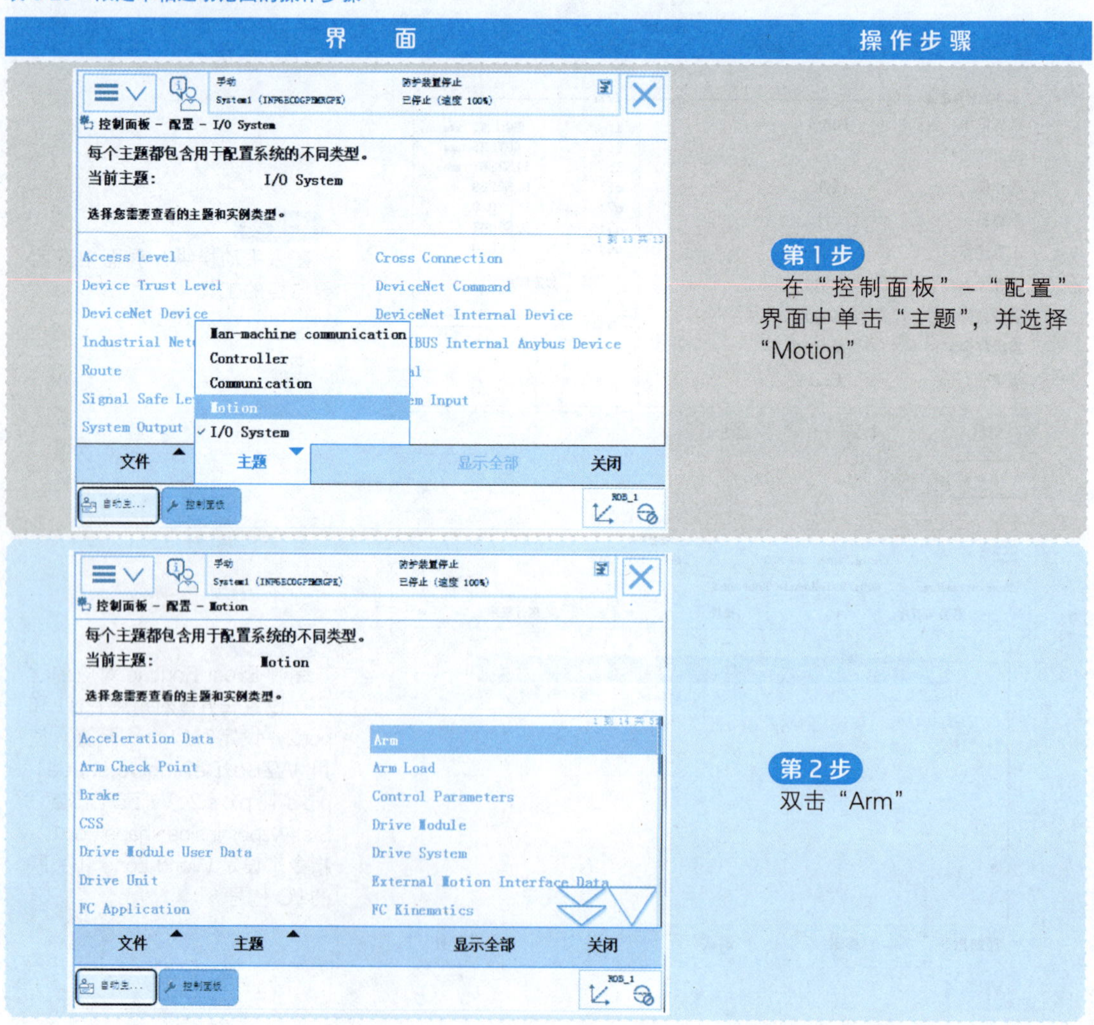

第1步 在“控制面板”–“配置”界面中单击“主题”，并选择“Motion”

第2步 双击“Arm”

（续）

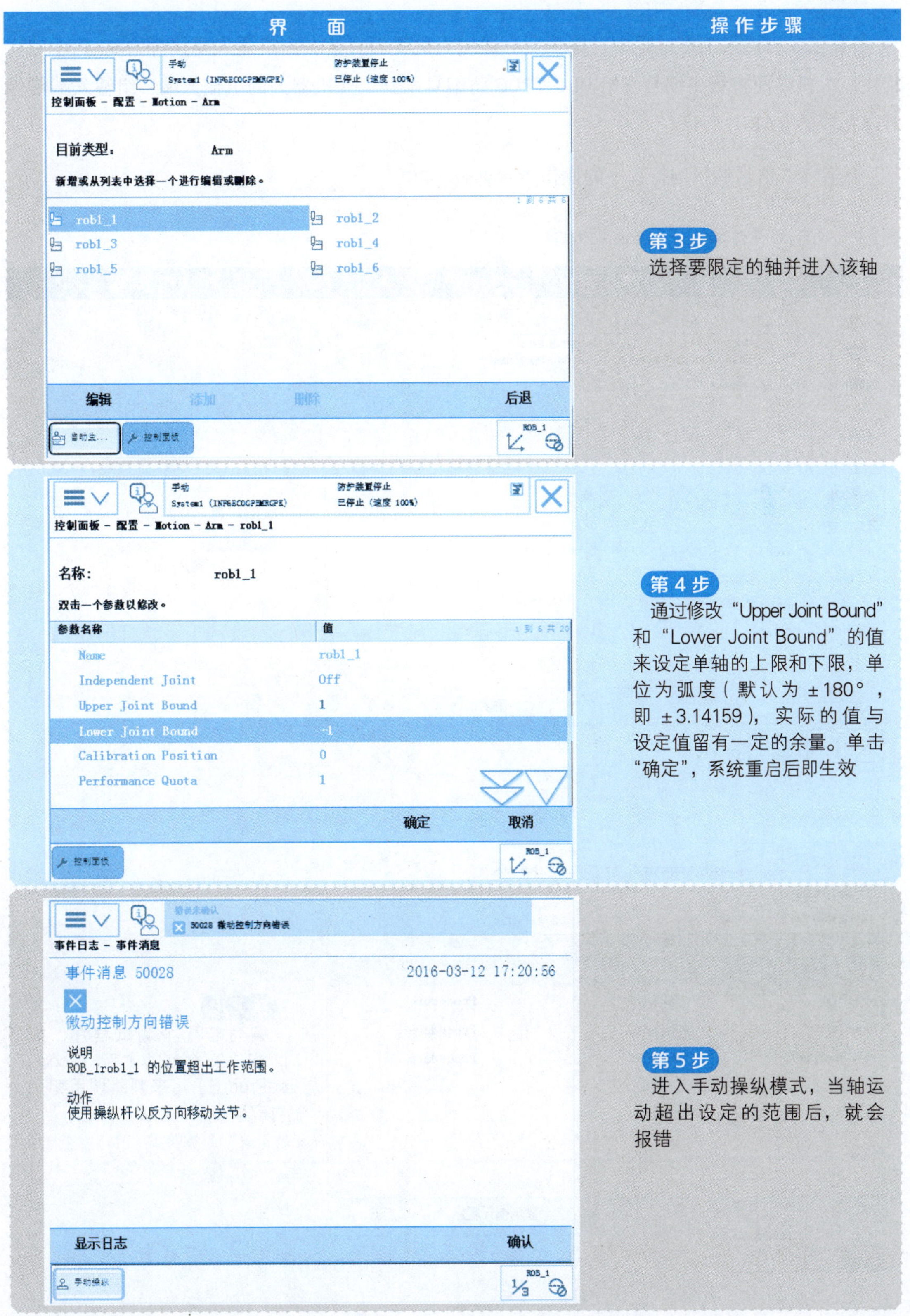

界　面	操作步骤
	第 3 步 选择要限定的轴并进入该轴
	第 4 步 通过修改“Upper Joint Bound”和“Lower Joint Bound”的值来设定单轴的上限和下限，单位为弧度（默认为 ±180°，即 ±3.14159），实际的值与设定值留有一定的余量。单击“确定”，系统重启后即生效
	第 5 步 进入手动操纵模式，当轴运动超出设定的范围后，就会报错

5.4.10 使用I/O信号调用例行程序

在工业机器人工作过程中，操作员会通过人机界面直接调出机器人要执行的 RAPID 例行程序。人机界面将程序编号发给 PLC，PLC 将编号发到工业机器人的组输入端，组输入端信号对应相应的 RAPID 程序。

使用 I/O 信号调用例行程序的操作步骤见表 5-30。

表 5-30 使用 I/O 信号调用例行程序的操作步骤

界　面	操作步骤
（见上图）	第 1 步 设定组输入 gi1
（见上图）	第 2 步 编写若干个测试程序，如 proc1（ ）、proc2（ ）等，rChooseProc（ ）用来判断调用哪个对应程序

（续）

界　面	操作步骤
	**第 3 步** 使用 CallByVar 指令，“proc”为固定值，根据后面数字的不同，选择调用 proc1、proc2 或者其他程序

学生项目任务书

<table>
<tr><th>课程名称</th><th colspan="2">工业机器人现场编程</th><th>项目</th><th colspan="2">ABB 工业机器人 RAPID 程序的建立</th></tr>
<tr><td>工作任务</td><td colspan="2">1.RAPID 程序建立基本操作。
2. 基本 RAPID 程序指令。
3. 试教板零件程序编制及调试。</td><td>时间</td><td colspan="2">4 课时</td></tr>
<tr><td>姓名学号</td><td></td><td>组别</td><td></td><td>日期</td><td></td></tr>
<tr><td>任务要求</td><td colspan="5">1. 掌握 RAPID 程序的结构，能运用基本的指令建立 RAPID 程序，并进行验证和调试运行。建立一个 MainModule 程序模块，建立 main 主程序和回初始点的例行程序 rHome、初始化例行程序 rInitAll, 实现机器人空闲时在位置点 pHome 等待。如果外部信号 di1 输入为 1 时，机器人沿着物体的一条边从 p10 到 p20 走一条直线，结束以后回到 pHome 点。
2. 掌握机器人直线、圆弧等简单的指令，学会指令的应用，编写示教程序。</td></tr>
<tr><td>任务目标</td><td colspan="5">1. 掌握 RAPID 程序的基本框架。
2. 掌握常用的 RAPID 指令。
3. 建立 RAPID 程序模块及例行程序。
4. 掌握机器人运动指令的含义及应用。
5. 掌握机器人回零指令的应用。
6. 掌握机器人圆弧指令的应用。</td></tr>
<tr><td>提交成果</td><td colspan="2">1. 熟练建立程序模块（模块名称 MainModule）。
2. 建立主程序（名称为 main）。
3. 例行程序的建立（main、pHome 和 rInitAll）。
4. 正确编程（实现预设功能）。
5. 示教板方形和三角形等图形的 RAPID 程序编写及调试（要求完成任意 2 个图形）。
6. 示教板圆弧图形的 RAPID 程序的编写及调试（完成整圆和半圆图形）。
7. 能采用 Robotstudio 软件，利用示教的方式进行图形的编程（1 个图形）。
8. 能利用 Robotstudio 的录像功能进行路径录像。</td><td>70</td><td colspan="2" rowspan="4">合计：</td></tr>
<tr><td>工作态度</td><td colspan="2"></td><td>10</td></tr>
<tr><td>工作规范及团队协作</td><td colspan="2"></td><td>10</td></tr>
<tr><td>考勤情况</td><td colspan="2"></td><td>10</td></tr>
</table>

习题

1. 如何建立例行程序？

2. 如何调用例行程序？

3. 如何通过外部通信调用例行程序？

4. 建立好的程序如何自动运行？

第6章 CHAPTER 6

工业机器人的程序编制、调试及应用

6.1 搬运和码垛工业机器人程序编制与调试

6.1.1 物料搬运

ABB 工业机器人在搬运方面有众多的应用，在通信、食品、药品、汽车生产和金属产品加工等领域应用广泛，涉及环节包括生产、包装、物流输送、周转和仓储等。采用工业机器人进行搬运工作可以极大地提高劳动生产率、节省人力成本开支、提高定位精度并降低搬运过程中的产品损坏率，保证生产效益的最大化。

下面以工业机器人进行物料搬运作业为例加以说明。由于已经预设搬运动作效果，因此在整个程序编制过程中需要依次完成 I/O 配置、程序数据创建、目标点示教、程序编写及调试，最终完成搬运过程。通过学习，学生能够掌握工业机器人的搬运应用，学会工业机器人搬运程序的编写技巧。

1.任务描述

在工业生产中，机器人较多地运用于物品的搬运，包括水平位置的搬运（即将工件从一个位置搬运到另外一个位置）和立体位置的搬运（即将工件搬运到高于或低于工件所在的位置）。本任务是将模拟包装箱的物料块从流水输送线上搬运到仓储平台上，如图 6-1 所示。

2.工作流程及程序编制

（1）工作流程　首先要启动传送带，物料块沿着传送带进行移动，当到达传送带末端时，传送带停止，然后机器人吸盘开始吸取物料块，抬到一定高度，放置在仓储平台的指定位置，如图 6-1 所示。在实际应用中，被夹持的工件（即制成品包装箱）具有一定的柔性，因此要求气动抓手力度适中，保证夹持后工件不跌落，并且抓手的受力面积足够大，以确保在工件所受压力不大的情况下产生足够的摩擦力，使抓手能够抓起工件。在编写程序的过程中，要避免机器人碰撞，并注意姿态方面的调整，工作流程如图 6-2 所示。示教物料块拾取点 Ppick、放置基准点 Pplace 和程序起始点 Phome 等为关键位置，结合 MoveL、MoveJ 和 MoveC 等指令很容易完成机器人的编程。

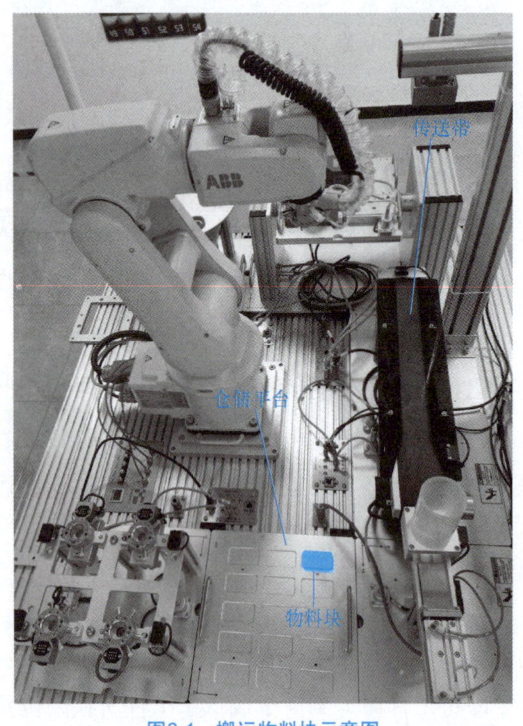

图6-1 搬运物料块示意图

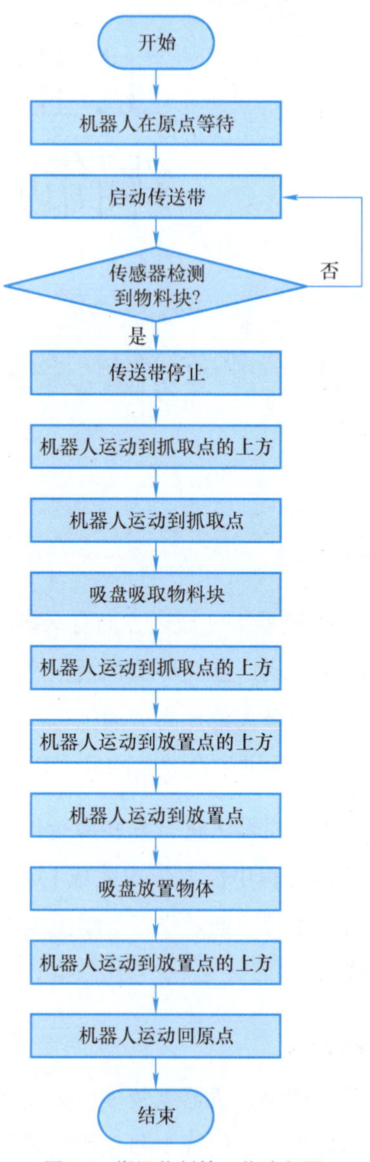

图6-2 搬运物料块工作流程图

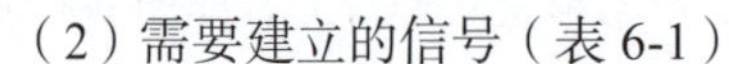

（2）需要建立的信号（表 6-1）

搬运工作站

（3）程序编制　程序编写过程中，需要示教 3 个点：原点 Phome，物料拾取点 Ppick 和物料放置点 Pplace。在拾取和放置中，为了节约的编程时间，采用 offs 偏置指令，采用 Set 和 Reset 进行吸盘信号的置复位，利用 WaitDI 进行传感器信号的等待，利用 WaitTime 进行时间的等待，搬运速度为“v200”，采用的工具数据是 dxipan。具体程序见表 6-2。

表 6-1 搬运工作站输入 / 输出信号表

序号	信号名称	作　用
1	传送带起动信号 do39	控制传送带起停
2	传送带末端传感器信号 di6	检测传送带末端是否有物料
3	吸盘信号 do36	控制吸盘工作

表 6-2 搬运程序及含义

需要定义的程序数据： 工具数据 tooldata：dxipan。 位置坐标 robtarget：起始点 Phome、拾取点 Ppick 和放置点 Pplace。 三个 robtarget 程序数据需要根据实际情况进行示教。	
PROC main（ ）	主程序开始
MoveL Phome, v200, z5,dxipan;	机器人线性运动到起始点
set do39;	传送带起动
WaitDI di6,1;	等待物料块到达
Reset do39;	物料块到达后，传送带停止
MoveL offs(Ppick,0,0,100), v200, fine,dxipan;	机器人线性运动到拾取点上方 100mm 位置
MoveL Ppick, v200, fine,dxipan;	机器人线性运动到拾取点
WaitTime 0.5;	等待 0.5s
Set do36;	吸盘置位，拾取物料块
WaitTime 0.5;	等待 0.5s
MoveL offs(Ppick,0,0,100), v200, fine,dxipan;	机器人线性运动到拾取点上方 100mm 位置
MoveL offs(Pplace,0,0,100), v200, fine,dxipan;	机器人线性运动到放置点上方 100mm 位置
MoveL Pplace, v200, fine,dxipan;	机器人线性运动到放置点
WaitTime 0.5;	等待 0.5s
Reset do36;	电磁阀复位，吸盘放置物料块
WaitTime 0.5;	等待 0.5s
MoveL offs(Pplace,0,0,100), v200, fine,dxipan;	机器人线性运动到放置点上方 100mm 位置
MoveL Phome, v200, z5,dxipan;	机器人线性运动到起始点
ENDPROC	程序结束符

3.程序调试及相关注意事项

1）在实际工作情况下，用气动抓手夹持包装箱时，正确的做法是先将抓手移动到包装箱正上方，然后缓慢下降抓手，垂直抓取包装箱。夹持力度的大小要根据包装箱重量和包装箱所能承受的外力大小来确定，逐步调节。

2）在进行机器人编程时，MoveL、MoveJ 和 MoveC 等指令的使用要根据路径特点择优选用。

6.1.2 物料码垛

1.任务描述

在现代工业生产中，立体仓库使用广泛，客观上推动了码垛机器人的推广，并且码垛作业从实质上来说也是搬运作业的一种体现。对机器人事先进行路径规划，然后根据已经规划好的路径，把对象从一个位置搬运到另外一个位置，只是两次搬运的目标位置有些不同。本任务将完成一个1行2层的码垛任务，即将传送带上待搬运的物料块搬运到仓储平台上，如图6-3所示。

2.工作流程及程序编制

（1）工作流程 首先起动传送带，物体沿着传送带进行移动，当到达传送带末端时，传送带停止，机器人吸盘开始抓取物料块，抬到一定高度，放置在仓储平台的指定位置。如图6-3所示，物体之间的放置距离为140mm，放置的数量为6个。

在实际应用中，要使在机器人本体上安装的气动抓手能够顺利地抓取待搬运工件，应注意如下两个问题：第一，确保气动抓手能够产生足够大的力搬动工件；第二，气动抓手的力要确保不能损坏待搬运工件。这两个问题都可以通过控制安装在气动抓手上的力学传感器反馈回来的数据加以解决。码垛工作流程如图6-4所示。

图6-3 码垛任务作业示意图

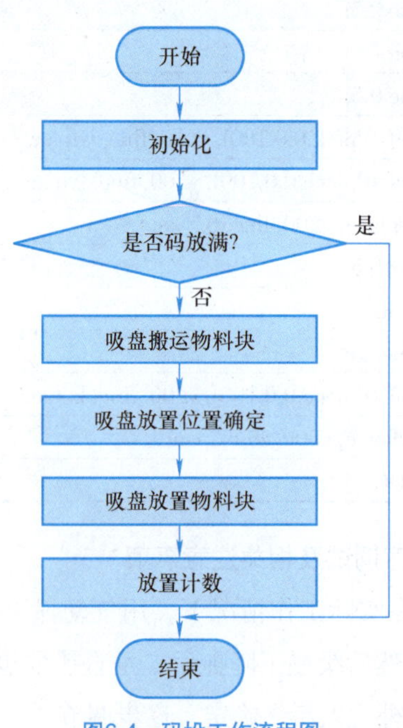

图6-4 码垛工作流程图

在气动抓手能够抓取工件并不损坏工件的前提下，接下来要进行机器人路径规划。在选择机器人的运行轨迹和操作方法时，采用示教点的方法，即在机器人的运行轨迹上设置一些关键点，通过这些关键点的设置能够大致确定机器人的运行路线。同时，配合机器人三条编程指令MoveL、MoveJ和MoveC，能使机器人按照规划的路径精确、安全地到达指定位置。整个码垛作业一共需要搬运6个工件，当搬运工件数量超过6个时，机器人停止运行。在编程过程中，

注意使用结构化的程序设计方法，把程序分成若干段子程序，通过子程序的调用，能够节约编程时间，并且使程序的可读性更强。

（2）需要建立的信号（表 6-1）

（3）程序编制　在编写程序过程中，需要示教 3 个点：起始点 Phome、拾取点 Ppick 和放置点 Pplace。在拾取和放置中，为了节约的编程时间，采用 offs 偏置指令，采用 Set 和 Reset 进行吸盘信号的置复位，利用 WaitDI 进行传感器信号的等待，利用 WaitTime 进行时间的等待，搬运速度为“v200”，采用的工具数据是 dxipan。在搬运过程中，设置了 1 个 bool 数据类型 bpalletfull，用来判断是否继续码放；设置 1 个 num 数据类型，用来进行码放数据的计数。具体程序见表 6-3。

码垛工作站

表 6-3　码垛程序及含义

需要定义的程序数据： 工具数据 tooldata：dxipan。 位置坐标 robtarget：起始点 Phome，拾取点 Ppick，放置点 Pplace。 三个 robtarget 程序数据需要根据实际情况进行示教。 PERS num ncount:=1; PERS bool bpalletfull;	
PROC main（）	主程序开始。在执行时，首先初始化程序，进行判断，如果 bpalletfull=FALSE，进行拾取 rpick 和放置 rplace 例行程序；如果 bpalletfull=TRUE，等待 1s，退出 WHILE 循环
rInitAll;	
WHILE TRUE DO	
IF bpalletfull=FALSE THEN	
rpick;	
rplace;	
ELSE	
waittime 1;	
ENDIF	
ENDWHILE	
ENDPROC	
PROC rInitAll（）	在初始化程序中，运动起点为 Phome，对 bpalletfull 和 ncount 进行赋值，对 2 数字输出信号进行复位
MoveL Phome,v1000,Z0,ToolFra\WObj:=wobj0;	
bpalletfull:=FALSE;	
ncount:=1;	
Reset do36;	
Reset do39;	
ENDPROC	
PROC rpick（）	拾取例行程序。首先起动传送带，传感器检测到有物料块时，传送带停止，机器人从原点线性运动到拾取点上方，再运动到拾取点，拾取物料块，然后抬起来，运动到拾取点上方
Set do39；	
WaitDI di6,1;	
Reset do39；	
MoveL offs(Ppick,0,0,100),v1000,Z0,ToolFra\WObj:=wobj0;	
MoveL Ppick,v1000,fine,ToolFra\WObj:=wobj0;	
waittime 0.5;	

（续）

程序	说明
Set do36; waittime 0.5; MoveL offs(Ppick,0,0,100),v1000,fine,ToolFra\WObj:=wobj0; ENDPROC	拾取例行程序。首先起动传送带，传感器检测到有物料块时，传送带停止，机器人从原点线性运动到拾取点上方，再运动到拾取点，拾取物料块，然后抬起来，运动到拾取点上方
PROC rplace ( ) rposition; MoveL offs(pPlace,0,0,200),v1000,Z0,ToolFra\WObj:=wobj0; MoveL pPlace,v100,fine,ToolFra\WObj:=wobj0; WaitTime 0.5; Reset do36; WaitTime 0.5; MoveL Offs(pPlace,0,0,200),v100,fine,ToolFra\WObj:=wobj0; rplaceRD2; ENDPROC	仿真例行程序。首先通过例行程序rPosition进行放置位置的确定，机器人以线性运动方式运动到放置点上方，再运动到放置点，放置物料块，然后抬起来，运动到放置点上方，再运行计数例行程序

PROC rplaceRD2 ( )
Incr ncount;
IF ncount >7 THEN
ncount:=1;
bpalletfull:=TRUE;
ENDIF
ENDPROC
	每次放置1次，ncount加1，判断是否是搬运了7次，如果是7次，bpalletfull赋值为TRUE，ncoun赋值为1，机器人主程序跳出循环，码放程序结束

PROC rposition ( )
TEST ncount
CASE 1:
pPlace:=RelTool(pPlaceBase,0,0,0\Rz:=0);
CASE 2:
pPlace:=RelTool(pPlaceBase,0,-140,0\Rz:=0);
CASE 3:
pPlace:=RelTool(pPlaceBase,140,0,0\Rz:=0);
CASE 4:
pPlace:=RelTool(pPlaceBase,140,-140,0\Rz:=0);
CASE 5:
pPlace:=RelTool(pPlaceBase,280,0,0\Rz:=0);
CASE 6:
pPlace:=RelTool(pPlaceBase,280,-140,0\Rz:=0);
DEFAULT:
Stop;
ENDTEST
ENDPROC
	放置位置例行程序。首先进行ncount的测试，根据ncount值的不同，将pPlaceBase的值进行偏置，然后赋值给pPlace，从而可以改变不同次数物体的放置位置

PROC rModify ( ) MoveL Phome, v100, fine, ToolFra\WObj:=wobj0; MoveL pPick,v50,fine,ToolFra\WObj:=wobj0; MoveL pPlaceBase, v100, fine, ToolFra\WObj:=wobj0; ENDPROC	示教点例行程序。从该程序中可以看出，该码放程序中需要示教3个点：Phome、pPick和pPlaceBase

3.程序调试及相关注意事项

1）为减小机器人手臂振动对抓取精度的影响，在抓取工件的过程中，靠近工件时尽可能减小手臂运行速度；并且，在抓取工件的预设路径中，应多示教几个点，从而加强对路径的可控性。

2）使用气动吸盘吸紧工件时，要使机器手垂直上升，使用 offs 指令可以完成在垂直方向（Z 向）的位移操作。为了保证机器人运动和抓取工件的稳定性和安全性，所编写的程序应尽量避免工业机器人发生倾斜运动。

3）如果机器人在运行过程中需要调整姿态，应该在机器人运行的路径上一边运动一边调整路径。

4）当机器人离开工作区时，加快机器人的运动速度，尽可能减少无效的工作时间，使机器人的运行更加有效率，通过操作示教器进行控制，具体情况具体对待。

6.2 装配工业机器人程序编制与调试简介

随着汽车和电子等行业的发展，汽车零部件的组装、整车装配以及电子电器等的组装和装配开始大量地应用机器人设备。本节以涂胶作业和打螺钉作业为例，简要介绍工业机器人在装配领域的应用。

6.2.1 涂胶作业

水性胶是一种环保并且隔音降噪的材料。中国吉利汽车集团下属的沃尔沃汽车公司利用工业机器人将水性胶喷涂于汽车的车身、底盘等部位，其凝固以后可以较大幅度地降低汽车运行过程中产生的车身振动和噪声等，为车主营造舒适的环境。与此同时，这种材料还能大幅减少车内挥发性有机化合物的含量，提高车内空气质量。如图 6-5 所示为利用涂胶机器人对汽车风窗玻璃进行涂胶作业。

图6-5 涂胶作业

1. 工作流程及应用程序的编写

汽车从前一工序转移到涂胶工序后，将涂胶设备和工业机器人配合使用，分别编写程序。机器人的作用主要是通过编程进行姿态的调整，尽量保证胶枪头部位置处于涂胶作业面的中心位置。为确保涂胶均匀，需要不断地调整机器人姿态，胶枪要垂直于所在作业面。同时，由于风窗玻璃整体具有一定的弧度，并且四角也具有一定的弧度，因此在机器人路径规划时，可以选择使用 MoveC 指令，也可以使用 MoveL 指令。注意：在使用 MoveL 指令时，要考虑使用转弯区数据来适当调整胶枪轨迹。作业流程如图 6-6 所示。

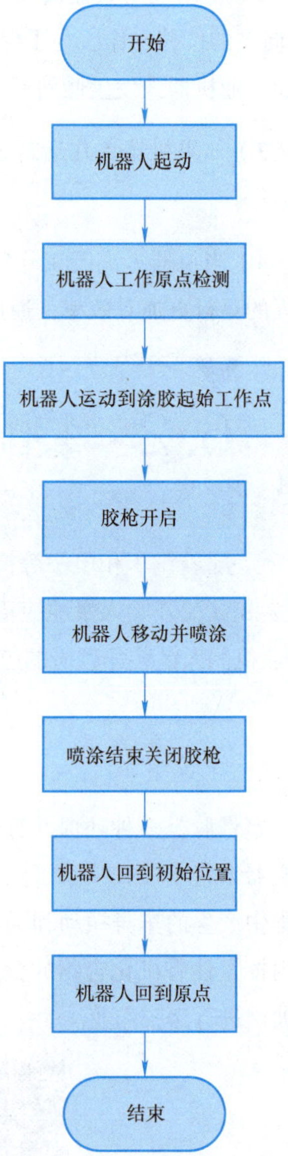

开始

机器人起动

机器人工作原点检测

机器人运动到涂胶起始工作点

胶枪开启

机器人移动并喷涂

喷涂结束关闭胶枪

机器人回到初始位置

机器人回到原点

结束

图6-6　涂胶作业流程

2. 程序调试及相关注意事项

1）由于汽车风窗玻璃具有一定弧度，示教点应尽可能多地示教选取，以保证胶枪运行轨迹尽可能和玻璃边缘的形状接近。

2）由于汽车风窗玻璃的形状不规则，在进行胶枪喷涂作业时，注意机器人姿态的调整。虽然胶枪出胶量的控制和机器人的运动是分别编程的，但是两者在进行涂胶作业时要相互协调控制才能产生良好的效果。

3）为了使胶枪出胶量均匀，胶枪的开启和关闭脉冲应多延长一些。

4）MoveL 和 MoveC 指令的选择可根据运行路径特点和出胶量控制自由选择。

6.2.2　拧螺钉作业

机器人特别适合一些不是特别复杂的装配生产工作。图 6-7 所示为雷柏科技深圳厂区内的机器人，它们正在进行鼠标的装配作业。70 台 ABB 最小的机器人 IRB 120 用于组装 USB 插头、组装接插件、组装鼠标垫片等工序，节省了 300 名工人的成本支出。本节简要介绍如何使用机器人在鼠标电路板上拧入螺钉。

1. 工作流程及应用程序的编写

在工作过程中需要示教一些点，如机器人起始位置、螺钉抓取位置、鼠标主板上螺孔位置等。结合 MoveL、MoveJ、MoveC 等指令，在不影响生产线上其他机器人工作的前提下选择最优化路径。工作流程如图 6-8 所示。

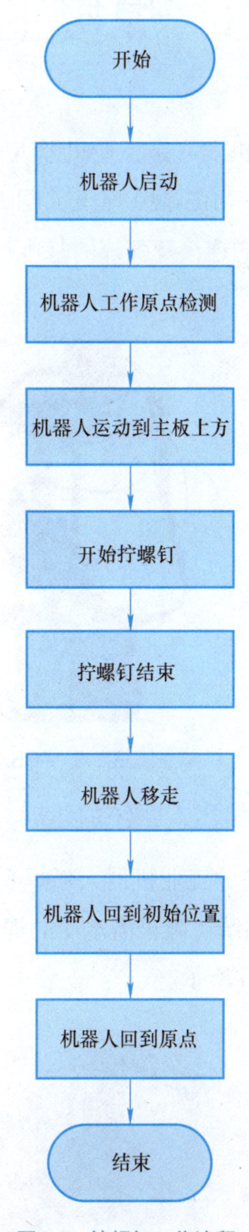

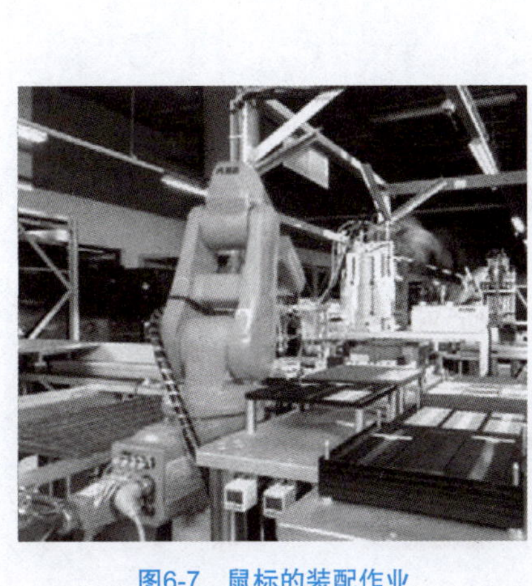

图6-7　鼠标的装配作业

图6-8　拧螺钉工作流程

2. 程序调试及相关注意事项

1）在规划轨迹时，抓取螺钉并运动到螺钉孔位置上方的时间尽可能设置得短一些。越接近螺钉孔，速度应越慢一些。

2）拧螺钉的圈数不能过多，否则容易打坏主板；也不能过少，否则可能会造成主板固定不牢靠。因此需要多次示教，设定最优的拧螺钉圈数。

6.3 焊接工业机器人程序编制与调试

弧焊机器人是工业机器人一个重要的应用。本节将以 ABB IRB 1410 弧焊机器人和奥泰 Pulse MIG-350 焊机（图 6-9）为例，介绍弧焊机器人系统的组成、焊机的操作方法、系统的连接及弧焊的基本指令等内容。

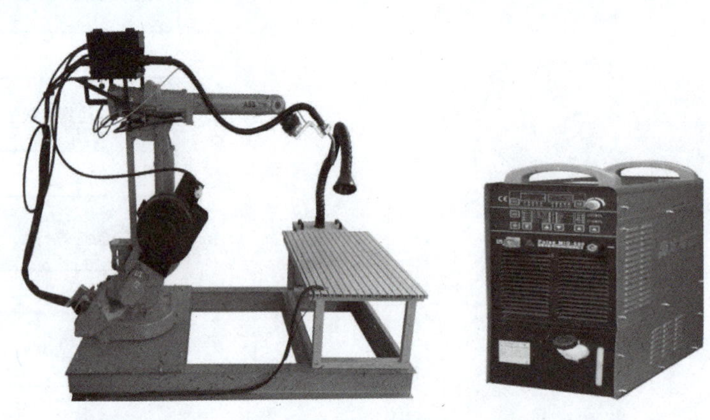

图6-9　ABB IRB1410弧焊机器人和奥泰Pulse MIG-350焊机

6.3.1　弧焊机器人系统的组成

一个完整的工业机器人弧焊系统由工业机器人、焊枪、焊机、送丝机、焊丝、焊丝盘、气瓶、冷却水系统（限于需水冷的焊枪）、剪丝清洗设备、烟雾净化系统或者烟雾净化过滤机等组成，如图 6-10 所示。

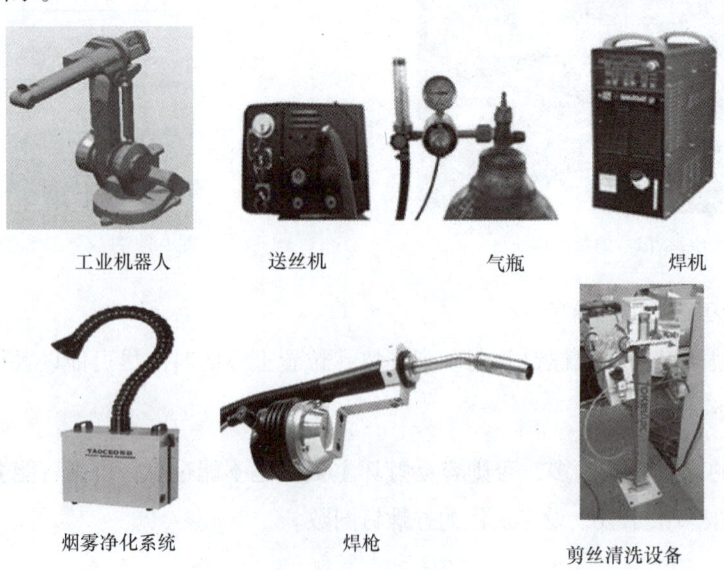

图6-10　弧焊机器人系统的组成

6.3.2 焊机及送丝机主要接口

1. 奥泰Pulse MIG-350焊机接口（图6-11）

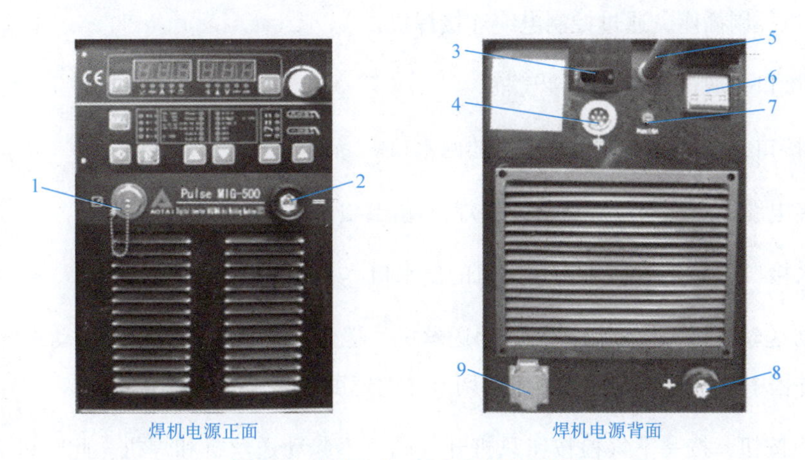

图6-11 奥泰Pulse MIG-350焊机接口

1—外设控制插座 X3 2—焊机输出插座（-） 3—程序升级下载口 X4 4—送丝机控制插座 X7 5—输入电缆 6—空气开关 7—熔丝管 8—焊机输出插座（+） 9—加热电源插座 X5

2. 送丝机接口（图6-12）

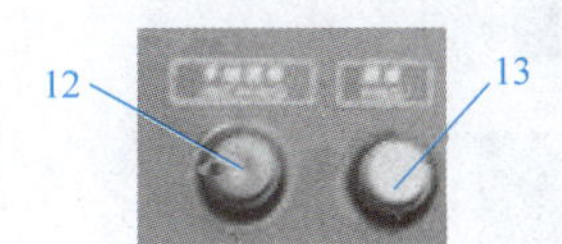

图6-12 送丝机接口

1—电流调节旋钮 2—电压调节旋钮 3—焊枪接口 4、9—回水接口 5—外设控制插座 6、11—进水接口 7—送丝机控制插座 8—气管接口 10—焊接电缆插座 12—手动送丝按钮 13—气检按钮

1）电流调节旋钮，转动该旋钮可预置焊接电流。

2）电压调节旋钮，转动该旋钮可进行弧长修正。

3）焊枪接口，可接气冷或水冷欧式焊枪。

4）回水接口，接焊枪回水管（一般为红色端）。

5）外设控制插座，可连接专机或遥控盒。

6）进水接口，接焊枪进水管（一般为蓝色端）。

7）送丝机控制插座，通过控制电缆连接焊机。

8）气管接口，通过橡胶管连接气瓶。

9）回水接口，通过橡胶管接水冷机的回水口。

10）焊接电缆插座，通过焊接电缆接焊机输出插座（+）。

11）进水接口，通过橡胶管接水冷机的出水口。

12）手动送丝按钮，按下该按钮起动送丝机，送丝机进行送丝。松开手动送丝按钮，送丝停止。焊接过程中，通过电流调节旋钮可调节送丝速度。

13）气检按钮，按一下气检按钮只打开气阀，不起动送丝机和焊机。此时可送气30s，期间再按一下气检按钮可停止送气。

6.3.3　弧焊机器人各单元间的连接

弧焊机器人各单元间的连接包括焊机和送丝机、焊机和焊接工作台、焊机和加热器、送丝机和机器人柜、焊枪和送丝机、气瓶和送丝机气管等。完整焊接系统接线图如图6-13所示。

各接线号连接方式描述如下：

1）焊接电源正面输出插座（-）通过接地电缆与被焊工件连接。

2）焊接电源背面输出插座（+）连接至送丝机焊接电源插座。

3）用控制电缆连接送丝机控制插座与焊机背面送丝控制插座。

4）用气管连接送丝机进气口与气体调节器。

5）气体调节器的加热电缆接至焊机背面板加热电源插座X5。

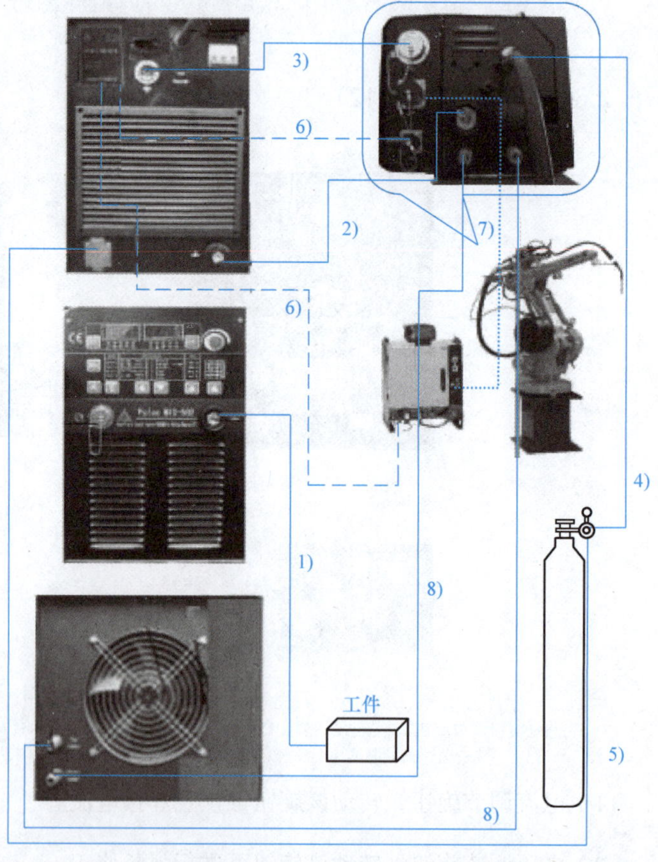

图6-13　完整焊接系统接线图

6）数字通信方式下，焊机 DeviceNet 通信接口盒通过串行通信电缆连接机器人串行通信接口。

7）模拟通信方式下，用模拟控制电缆连接机器人与焊接模拟控制插座。

8）若配置水冷焊枪，用水管把焊机出水口和进水口接至送丝机出水口与进水口（通过水管接口颜色辨认，蓝色水管接蓝色口，红色水管接红色口）。

完成上述工作后，连接焊机电源，接入焊丝与保护气体即可进行焊接。完整焊接系统接线示意图如图 6-14 所示。

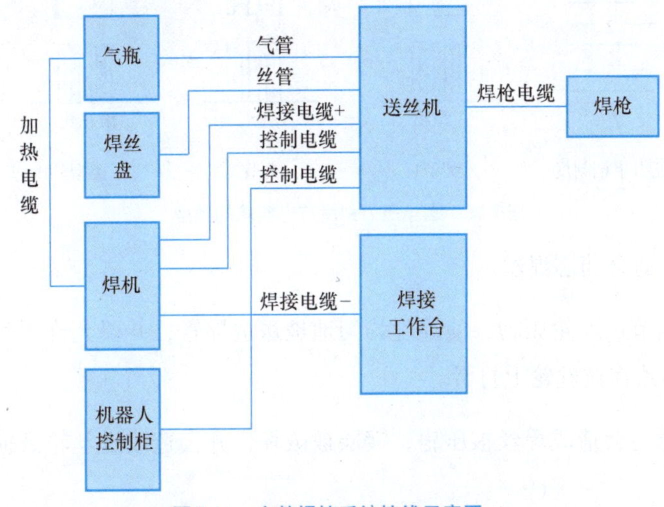

图6-14 完整焊接系统接线示意图

6.3.4 送丝轮压力及气瓶流量制动力的调节

1. 送丝轮压力调节

系统连接完成后，根据工艺要求需要调整送丝轮、气瓶压力以及焊丝盘的盘制动力。图 6-15 所示送丝机构为四轮双驱。

送丝压力刻度位于压力手柄上，不同材质及直径的焊丝有不同的压力关系，如表 6-4 及图 6-16 所示。表格中的数值仅提供参考，实际的压力调节规范必须根据焊枪电缆长度、焊枪类型、送丝条件和焊丝类型做相应的调整。

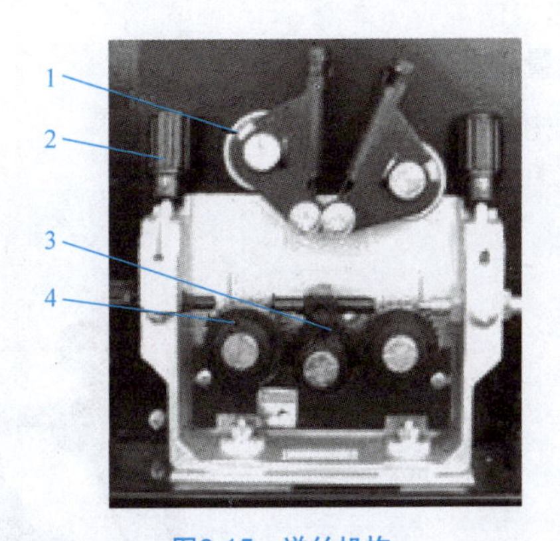

图6-15 送丝机构

1—压丝轮 2—压力手柄 3—主动齿轮 4—送丝轮

送丝轮类型 1：适合硬质焊丝，如实心碳钢、不锈钢焊丝。

送丝轮类型 2：适合软质焊丝，如铝及其合金。

焊接近控（一）

焊接近控（二）

焊接远控（一）

焊接远控（二）

焊接远控（三）

弧焊机器人穿丝装调（一）

弧焊机器人穿丝装调（二）

表 6-4　送丝压力刻度与焊丝材质及直径之间的压力关系

送丝轮类型	焊丝直径			
	φ 0.8mm	φ 1.0mm	φ 1.2mm	φ 1.6mm
	压力刻度			
1	1.5~2.5	1.5~2.5	1.5~2.5	1.5~2.5
2	0.5~1.5	0.5~1.5	0.5~1.5	0.5~1.5
3	—	—	1.0~2.0	1.0~2.0

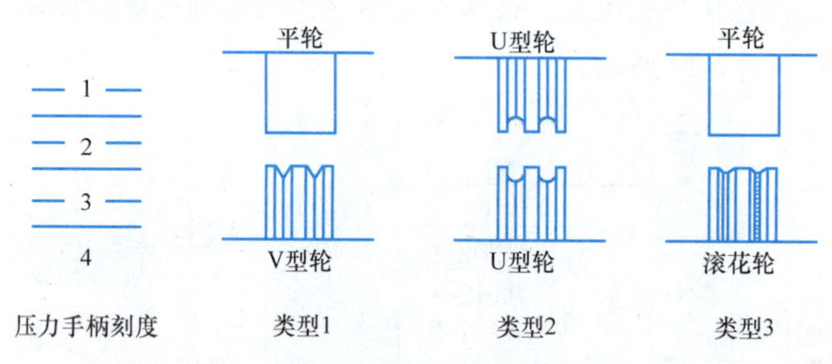

图6-16　送丝压力刻度与送丝轮的类型

送丝轮类型 3：适合药芯焊丝。

使用压力手柄调节送丝轮压力，使焊丝均匀地被送进导管，并要允许焊丝从导电嘴出来时有一点摩擦力，而不致在送丝轮上打滑。

注意：过大的压力会造成焊丝被压扁，镀层被破坏，并会造成送丝轮磨损过快和送丝阻力增大。

本弧焊机器人系统的焊丝选用直径为 12mm 的实心碳钢，送丝轮选用类型 1，因此要求在焊接之前将压力手柄刻度设定在 1.5 ~ 2.5。

2. 气瓶流量调整

气瓶的结构如图 6-17 所示。

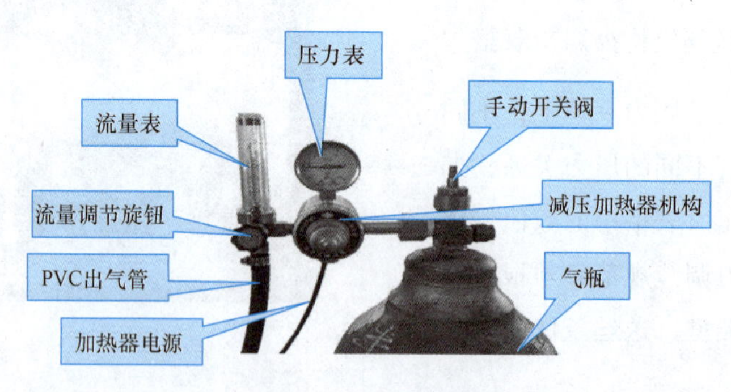

图6-17　气瓶的结构

气瓶流量与焊接方式、板厚、焊丝直径有关。可参考表 6-5、表 6-6 来调节气体流量（L/min）。

表 6-5 低碳钢实心焊丝 CO_2 对接焊接工艺参数

	板厚 /mm	根部间隙 G/mm	焊丝直径 / mm	焊接电流 / A	焊接电压 / V	焊接速度 / (cm/min)	气体流量 / (L/min)
对接	0.8	0	0.8	60~70	16~16.5	50~60	10
	1.0	0	0.8	75~85	17~17.5	50~60	10~15
	1.2	0	0.8	80~90	17~18	50~60	10~15
	2.0	0~0.5	1.0, 1.2	110~120	19~19.5	45~50	10~15
	3.2	0~1.5	1.2	130~150	20~23	30~40	10~20
	4.5	0~1.5	1.2	150~180	21~23	30~35	10~20
	6	0	1.2	270~300	27~30	60~70	10~20
		1.2~1.5	1.2	230~260	24~26	40~50	15~20
	8	0~1.2	1.2	300~350	30~35	30~40	15~20
		0~0.8	1.6	380~420	37~38	40~50	15~20
	12	0~1.2	1.6	420~480	38~41	50~60	15~20

表 6-6 低碳钢实心焊丝 CO_2 角接焊接工艺参数

	板厚 /mm	焊丝直径 / mm	焊接电流 /A	焊接电压 /V	焊接速度 / (cm/min)	气体流量 / (L/min)
角接	1.0	0.8	70~80	17~18	50~60	10~15
	1.2	1.0	85~90	18~19	50~60	10~15
	1.6	1.0,1.2	100~110	18~19.5	50~60	10~15
		1.2	120~130	19~20	40~50	10~20
	2.0	1.0,1.2	115~125	19.5~20	50~60	10~15
	3.2	1.0,1.2	150~170	21~22	45~50	15~20
		1.2	200~250	24~26	45~60	10~20
	4.5	1.0,1.2	180~200	23~24	40~45	15~20
		1.2	200~250	24~26	40~50	15~20
	6	1.2	220~250	25~27	35~45	15~20
		1.2	270~300	28~31	60~70	15~20
	8	1.2	270~300	28~31	55~60	15~20
		1.2	260~300	26~32	25~35	15~20
		1.6	300~330	25~26	30~35	15~20
	12	1.2	260~300	26~32	25~35	15~20
		1.6	300~330	25~26	30~35	15~20
	16	1.6	340~350	27~28	35~40	15~20
	19	1.6	360~370	27~28	30~35	15~20

在流量调节前确保气瓶手动开关阀打开，流量调整的步骤如下：

1）按一下图 6-12 所示的送丝机气检按钮 13，送气 30s。

2）在送气期间，旋转流量调节旋钮，使浮球处于预设定流量的刻度位置。

3）流量调节完成后，可再次按下气检按钮停止送气。

6.3.5 弧焊机器人焊机操作

1. 控制面板按键与指示灯

在设置焊机前，首先要了解一下焊机的控制面板按键与指示灯。焊机的控制面板用于焊机的功能选择和部分参数的设定。控制面板包括数字显示窗口、调节旋钮、按键、发光二极管指示灯等，如图 6-18 所示。

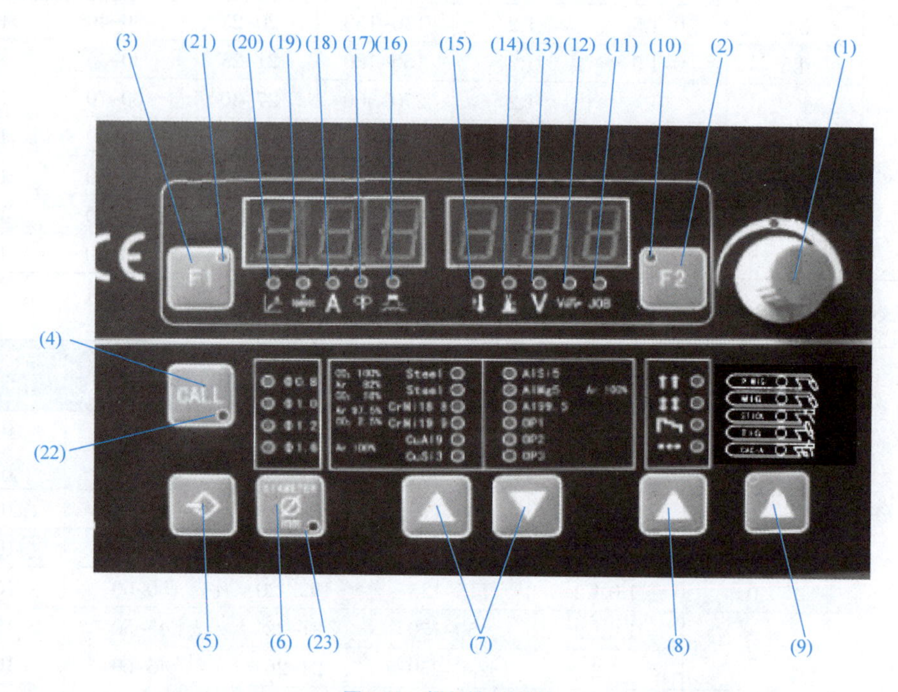

图6-18 焊机控制面板

（1）调节旋钮 调节旋钮用于调节各参数值。该调节旋钮上方指示灯亮时，可以用此旋钮调节对应项目的参数。

（2）参数选择键 F2 使用 F2 键可选择的参数如下：

1）弧长修正。

2）焊接电压。

3）作业号 n0。

（3）参数选择键 F1 使用 F1 键可选择的参数如下：

1）送丝速度。

2）焊接电流。

3）电弧力 / 电弧挺度。

（4）调用键　该键用于调用已存储的参数。

（5）存储键　该键用于进入设置菜单或存储参数。

（6）焊丝直径选择键　该键用于选择所用焊丝直径。

（7）焊丝材料选择键　该键用于选择焊接所要采用的焊丝材料并根据相应焊材采用不同保护气体。

（8）焊枪操作模式选择键　可选择的焊枪操作模式如下：

1）两步操作模式（常规操作模式）。

2）四步操作模式（自锁模式）。

3）特殊四步操作模式（起、收弧规范可调模式）。

4）点焊操作模式。

（9）焊接方法选择键　可选择的焊接方法如下：

1）P-MIG 脉冲焊接。

2）MIG 一元化直流焊接。

3）STICK 焊条电弧焊。

4）TIG 钨极氩弧焊。

5）CAC-A 碳弧气刨。

（10）F2 键选中指示灯

（11）作业号 n0 指示灯　按作业号调取预先存储的作业参数。

（12）焊接速度指示灯　指示灯亮时，右显示屏显示参考焊接速度（cm/min）。焊接速度与焊脚成一定的反比例关系。

（13）焊接电压指示灯　指示灯亮时，右显示屏显示预置或实际焊接电压。

（14）弧长修正指示灯　指示灯亮时，右显示屏显示弧长修正值。

1）- 表示弧长变短。

2）0 表示标准弧长。

3）+ 表示弧长变长。

（15）机内温度指示灯　焊机过热时，该指示灯亮。

（16）电弧力 / 电弧挺度　在进行 MIG/MAG 脉冲焊接时，可用来调节电弧力，具体调节方式如下：

1）- 表示电弧力减小。

2）0 表示标准电弧力。

3）+ 表示电弧力增大。

在进行 MIG/MAG 一元化直流焊接时，可用来改变短路过渡时的电弧挺度，具体调节方式如下：

① - 表示电弧硬而稳定。

② 0 表示中等电弧。

③ + 表示电弧柔和，飞溅小。

（17）送丝速度指示灯　指示灯亮时，左显示屏显示送丝速度，单位为 m/min。

（18）焊接电流指示灯　指示灯亮时，左显示屏显示预置或实际焊接电流。

（19）母材厚度指示灯　指示灯亮时，左显示屏显示参考母材厚度。

（20）焊脚指示灯　指示灯亮时，左显示屏显示焊脚尺寸“a”。

（21）F1 键选中指示灯。

（22）调用作业模式工作指示灯。

（23）隐含参数菜单指示灯　进入隐含参数菜单时，该指示灯亮。

2. 操作流程

在操作过程中，依次选择焊接方法、焊枪操作模式、焊丝直径及焊丝材料。

（1）焊接方法的选择　通过按键 9 进行选择，与之相对应的指示灯亮。

这里选择 MIG 一元化直流焊接。

（2）焊枪操作模式的选择　通过按键 8 进行选择，与之相对应的指示灯亮。这里选择两步操作模式。两步操作模式的时序图如图 6-19 所示。

（3）焊丝材料的选择　通过按键 7 进行选择，与之相对应的指示灯亮。这里选择第一种：CO_2，100%, Steel。

（4）焊丝直径的选择　通过按键 6 进行选择，与之相对应的指示灯亮。可选择的焊丝直径有如下几种：

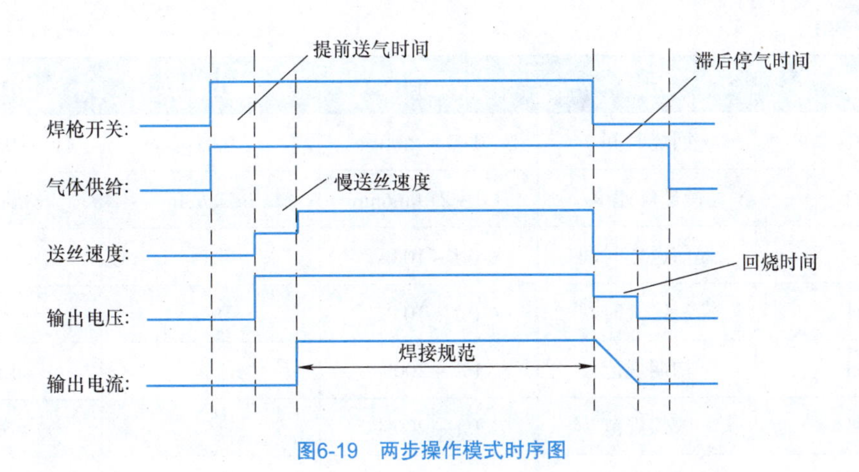

图6-19 两步操作模式时序图

1）ϕ 0.8mm。

2）ϕ 1.0mm。

3）ϕ 1.2mm。

4）ϕ 1.6mm。

这里选择 ϕ 1.2mm。

（5）其他参数的设置　包括板厚、焊接速度、焊接电流、焊接电压、电弧力 / 电弧挺度等。如果焊接电压和电流由机器人给定，则无须在焊机上进行设置，但隐含参数 P09（近控有无）必须设置为 OFF。

注意：完成以上设置后，最后应根据实际焊接弧长微调电压旋钮，使电弧处在脉冲声音中稍微夹杂短路的声音，以达到良好的焊接效果。

3. 焊机隐含参数菜单及参数项调节方法

焊机参数见表 6-7。参数 P01 和 P09 一般情况下需要修改。

（1）P01（回烧时间）　回烧时间过长，会造成焊接完成时焊丝回烧过多，焊丝端头熔球过大；回烧时间过短，会造成焊接完成时焊丝与工件粘连。

（2）P09（近控有无）　选择“OFF”时，正常焊接规范由送丝机调节旋钮确定（即焊接电流和焊接电压由机器人给定）；选择“ON”时，正常焊接规范由显示板调节旋钮（见图 6-18 中的 F1）确定。为了修改参数 P01 和 P09，必须把隐含参数调出来，按如下步骤调用和修改隐含参数：

1）同时按下存储键（5）和焊丝直径选择键（6）并松开，隐含参数菜单指示灯（23）亮，表示已进入隐含参数菜单调节模式。

表 6-7 焊机参数

项目	用途	设定范围	最小单位	出厂设置
P01	回烧时间	0.01 ~ 2.00s	0.01s	0.08s
P02	慢送丝速度	1.0 ~ 21.0m/min	0.1m/min	3.6m/min
P03	提前送气时间	0.1 ~ 10.0s	0.1s	0.20s
P04	滞后停气时间	0.1 ~ 10.0s	0.1s	1.0s
P05	初期规范	1% ~ 200%	1%	135%
P06	收弧规范	1% ~ 200%	1%	50%
P07	过渡时间	0.1 ~ 10.0s	0.1s	2.0s
P08	点焊时间	0.5 ~ 5.0s	0.1s	3.0s
P09	近控有无	OFF/ON	—	OFF
P10	水冷选择	OFF/ON	—	ON
P11	双脉冲频率	0.5 ~ 5.0Hz	0.1Hz	OFF
P12	强脉冲群弧长修正	-50% ~ +50%	1%	20
P13	双脉冲速度偏移量	0 ~ 2m	0.1m	2m
P14	强脉冲群占空比	10% ~ 90%	1%	50%
P15	脉冲模式	OFF/UI	—	OFF
P16	风机控制时间	5 ~ 15min	1min	15min
P17	特殊两步起弧时间	0 ~ 10s	0.1s	OFF
P18	特殊两步收弧时间	0 ~ 10s	0.1s	OFF
STICK 焊接方式的隐含参数如下				
H01	热引弧电流	1% ~ 100%	1%	50%
H02	热引弧时间	0 ~ 2.0s	0.1s	0.5s
H03	防粘条功能有无	OFF/ON	—	ON

2）用焊丝直径选择键（6）选择要修改的项目。

3）用调节旋钮（1）调节要修改的参数值。

4）修改完成后，再次按下存储键（5）退出隐含参数菜单调节模式，隐含参数菜单指示灯（23）灭。操作流程如图 6-20 所示。

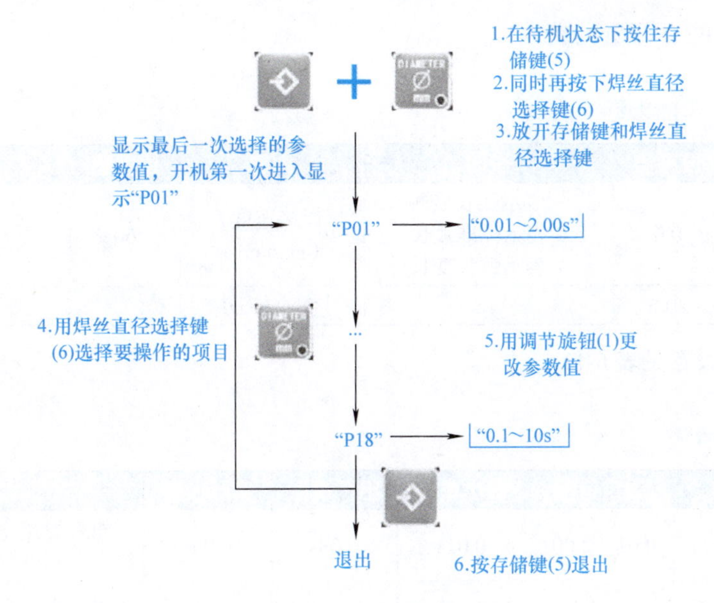

图6-20 操作流程

注意：按下调节旋钮（1）约 3s，焊机参数将恢复出厂设置。

4. 本例中焊机的参数设置

焊机参数设置方法详见《逆变式脉冲 MIG/MAG 弧焊机 -Pulse MIG 系列焊工操作手册》。焊机参数设置顺序为：焊丝直径、焊丝材料和保护气体、操作模式、参数选择键 F1、参数选择键 F2、隐含参数。参数设置完成后要进行保存。对于 2.0mm 厚的低碳钢板焊接，角接焊接工艺可参考低碳钢实心焊丝 CO_2 角接焊接工艺，结合设备情况，实际参数设置见表 6-8。

表 6-8 低碳钢实心焊丝 CO_2 角接焊接工艺参数

内容	设置值
焊丝直径 /mm	ϕ 1.2
焊丝材料和保护气体	二氧化碳 100%
	碳钢
操作模式	两步工作模式
	恒压（一元化直流焊接 MIG）

参数选择键 F1 的设置见表 6-9。

表 6-9 参数选择键 F1 的设置

内容	设置值	说明	内容	设置值	说明
板厚 /mm	2		送丝速度 /（m/min）	2.5	
焊接电流 /A	110		电弧力 / 电弧挺度	5	- 表示电弧硬而稳定 0 表示中等电弧 + 表示电弧柔和，飞溅小

参数选择键 F2 的设置见表 6-10。

表 6-10　参数选择键 F2 的设置

内容	设置值	说明	内容	设置值	说明
弧长修正	0.5	- 表示弧长变短 0 表示标准弧长 + 表示弧长变长	焊接速度 /（cm/min）	60	
焊接电压 /V	20.5		作业号 n0	1	

隐含参数的设置见表 6-11。

表 6-11　隐含参数的设置

项目	用途	设定范围	最小单位	出厂设置	实际设置	说明
P01	回烧时间	0.01 ~ 2.00s	0.01s	0.08s	0.05s	如果焊接电压和电流机器人给定，则设置 0.3s
P09	近控有无	OFF/ON		OFF	ON	OFF 表示正常焊接规范由送丝机调节旋钮确定；ON 表示焊接规范由显示板调节旋钮确定
P10	水冷选择			ON	OFF	选择 OFF 时，无水冷机或水冷机不工作，无水冷保护；选择 ON 时，水冷机工作，水冷机工作不正常时有水冷保护

5. 作业模式

作业模式无论是在半自动焊接中还是在全自动焊接中，都能提高焊接工艺质量。平常一些需要重复操作的作业（工序）往往需手写记录工艺参数。而在作业模式下，可以存储和调取多达 100 个不同的作业记录。以下标志将出现在作业模式中，（在左显示屏中显示）：

1）--- 表示该位置无程序存储。仅在调用作业程序时出现，否则将显示 nPG。

2）nPG 表示该位置没有作业程序。

3）PrG 表示该位置已存储作业程序。

4）Pro 表示该位置正在创建作业程序。

（1）存储作业程序　焊机出厂时未存储作业程序，在调用作业程序前，必须先存储作业程序，操作步骤如下：

1）设定好要存储的作业程序的各参数。

2）轻按存储键（5），进入存储状态。显示号码为可以存储的作业号。

3）用调节旋钮（1）选择存储位置或使用当前显示的存储位置。

4）按住存储键（5），左显示屏显示“Pro”，表示作业参数正在存入所选的作业号位置。

注意：如果所选作业号位置已经存有作业参数，则会被新存入的参数覆盖。该操作将无法恢复。

5）左显示屏出现“PrG”时，表示存储成功。此时即可松开存储键（5），再轻按存储键（5）退出存储状态。

（2）调用作业程序　作业程序存储完成以后，所有作业都可在作业模式下被再次调用。调用作业程序的步骤如下：

1）轻按调用键（4），调用作业模式工作指示灯（22）亮。显示屏显示最后一次调用的作业号，可以用参数选择键（2）和（3）查看该作业的程序参数。所存作业的操作模式和焊接方法也会同时显示。

2）用调节旋钮（1），选择作业号。

6.焊接方向和焊枪角度

焊枪向焊接行进方向倾斜 0° ~ 10° 时的熔接法（焊接方法）称为“后退法”（与焊条电弧焊相同）；焊枪姿态不变，向相反的方向行进焊接的方法称为“前进法”，如图 6-21 所示。一般而言，使用“前进法”焊接，气体保护效果较好，可以一边观察焊接轨迹，一边进行焊接操作，为此，实际应用多采用“前进法”进行焊接。

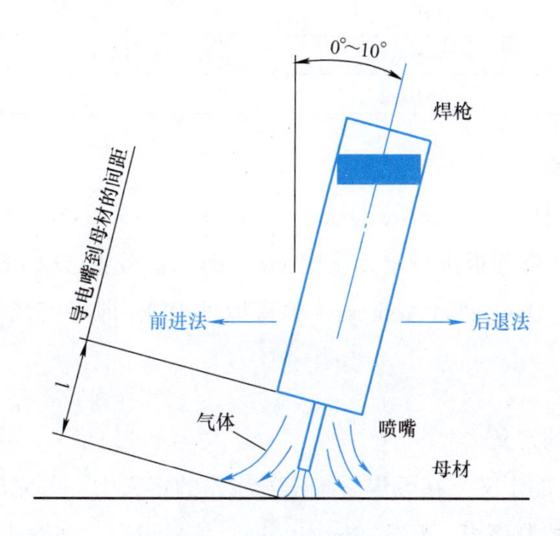

图 6-21　焊接方向和焊枪角度

6.3.6　弧焊机器人I/O地址及信号设定

1. 机器人标准板卡

弧焊系统通信方式主要采用 ABB 标准的 I/O 板，本例系统中采用 DSQC651 板卡，挂靠在 DeviceNet 总线上。在使用过程中，要设定该模块在网络中的地址，具体地址主要由 X5 端子上的 6 ~ 12 号引脚来进行定义。本系统中选择将 X5 端子的第 8 脚和第 10 脚剪掉，得到该模块的地址是 10。DSQC651 的主要信号有 2 个模拟输出（0~10V），8 路数字输出，8 路数字输入。具体地址定义见表 6-12。

表 6-12　弧焊机器人标准 I/O 板地址

端子号	名称	地址范围
X1	数字输出	Do10_1~7（32 ~ 39）
X3	数字输入	Di10_1~7（0 ~ 7）
X6	模拟输出	Ao10_1（0 ~ 15） Ao10_2（16 ~ 31）

2. 机器人信号分配及定义

要组成一个弧焊机器人，必须根据 DSQC651 板卡的地址情况进行焊接信号的分配。焊接的主要信号有数字输出信号、模拟输出信号。该机器人弧焊系统中具体的机器人信号地址分配及定义见表 6-13。

表 6-13　弧焊机器人信号地址分配及定义

机器人系统关联信号	机器人信号名称	DSQC651 中的地址	说明
FeedON	Do10_5	37	送丝
GasON	Do10_6	38	送气
WeldON	Do10_7	39	焊接
VoltReference	Ao10_1	0 ~ 15	焊接电压
CurrentReference	Ao10_2	16 ~ 31	焊接电流

3. 机器人信号的关联

ABB 标准 I/O 板下挂在 DeviceNet 总线上，通过端口 X5 和现场总线 DeviceNet 进行通信。通过 ABB 主菜单下的控制面板进行单元设定（broad10），需要选取 I/O 板卡 d651，Connect to bus（选择 DeviceNet），DeviceNet Address（填写地址 10），即可完成 DSQC 651 在 DeviceNet 总线上的通信设置。

4. 弧焊系统Singal的定义

（1）模拟输出信号的定义　在弧焊系统信号输出的定义中，要完成 Ao01 ~ Ao02 的定义。通过 ABB 主菜单下的控制面板 - 配置 -Singal，进行信号设定。在输出信号设定中，需要定义 Type of Singal（定义为 Analog Output），Assigned to Unit（broad10），Unit Mapping（Ao10_1 地址为 0~15，Ao10_2 地址为 16 ~ 31）。

（2）数字输出信号定义　通过 ABB 主菜单下的控制面板 - 配置 -Singal，进行数字输出信号的设定。在输出信号设定中，需要定义 Type of Singal（定义为 Digital Output），Assigned to Unit（broad10），Unit Mapping（Do10_5 地址为 37，Do10_6 地址为 38，Do10_7 地址为 39）。

5. 焊机与机器人的信号关联

定义完弧焊系统的数字输出及模拟输出信号后，要进行信号的关联。将 Do10_5 关联到 FeedON，Do10_6 关联到 GasON，Do10_7 关联到 WeldON。模拟输出 Ao10_a01 关联到弧焊电压信号 VoltReference，模拟输出 Ao10_a02 信号关联到弧焊电压信号 CurrentReference。

6.3.7 弧焊机器人焊机指令

在机器人焊接过程中，任何焊接过程都要以 ArcLStart 或 ArcCStart 开始，通常以 ArcLStart 作为起始语句。任何焊接过程必须以 ArcLEnd 或 ArcCEnd 结束，焊接中间点用 ArcL 或 ArcC 语句。焊接过程中，不同语句可以使用不同的焊接参数（SeamData 和 WeldData）。

1. ArcLStart：线性焊接开始指令

ArcLStart 指令用于直线焊缝的焊接开始。工具中心点 TCP 点线性移动到指定目标位置，整个焊接过程通过 seamdata、welddata 中所指定的参数监控和控制。例如：

```
ArcLStart P1, v5, seam1, weld1, fine, gun1;
```

各参数含义如下：

V5：焊接速度为 5mm/min。

seam1：焊接时需要设定的清枪时间，提前送气和滞后关气时间等参数，具体数值如图 6-29 所示。

weld1：焊接时需要设定的焊接速度、电流，电压（弧长修正）等参数，具体数值如图 6-29 所示。

机器人线性运行到 p1 点起弧，焊接开始，如图 6-22 所示。

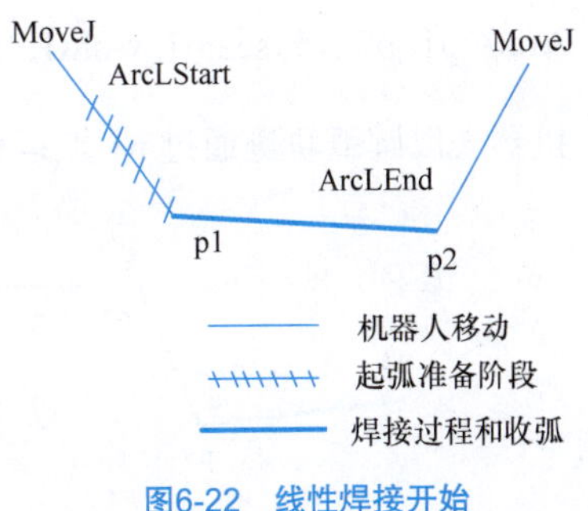

图6-22 线性焊接开始

2. ArcL：线性焊接指令

ArcL 指令用于直线焊缝的焊接，工具中心点 TCP 点线性移动到指定目标位置，焊接过程通过 seamdata、welddata 中所指定的参数控制，例如：

```
ArcL p2, v5, seam1, weld1, fine, gun1;
```

机器人线性焊接的部分应使用 ArcL，如图 6-23 所示。

3. ArcLEnd：线性焊接结束指令

ArcLEnd 指令用于结束直线焊缝的焊接过程，工具中心点 TCP 点线性移动到指定目标点位置，整个焊机过程通过 seamdata、welddata 中所指定的参数监控和控制，例如：

```
ArcLEnd p2, v5, seam1, weld1, fine, gun1;
```

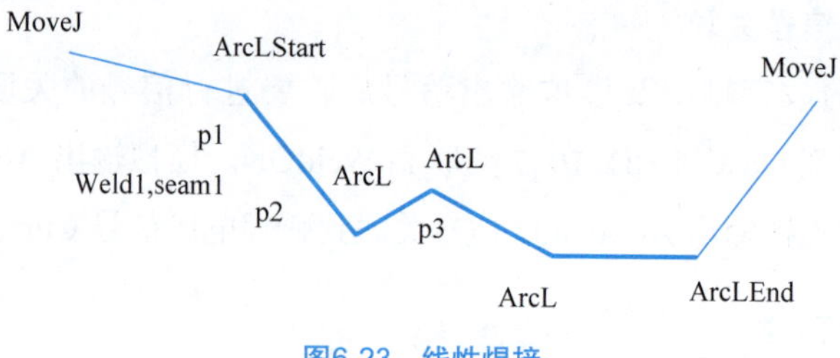

图6-23　线性焊接

如图 6-22 所示，机器人在 p2 点使用 ArcLEnd 指令结束焊接。

4. ArcCStart：圆弧焊接开始指令

ArcCStart 指令用于圆弧焊缝开始焊接指令，工具中心点以圆弧轨迹运动到指定目标位置，整个焊接过程通过参数监控和控制。例如：

ArcCStart p1, p2 ,v5, seam1, weld1, fine, gun1;

机器人以圆弧轨迹运行到 p2 点起弧，焊接开始，如图 6-24 所示。

5. ArcC：圆弧焊接指令

ArcC 指令用于圆弧焊缝的焊接，工具中心点以圆弧轨迹运动到指定目标位置，焊接过程通过参数控制，例如：

ArcC p1, p2 ,v5, seam1, weld1, fine, gun1;

机器人以圆弧轨迹通过 p1 点运行到 p2 点，再进行直线焊接，如图 6-25 所示。

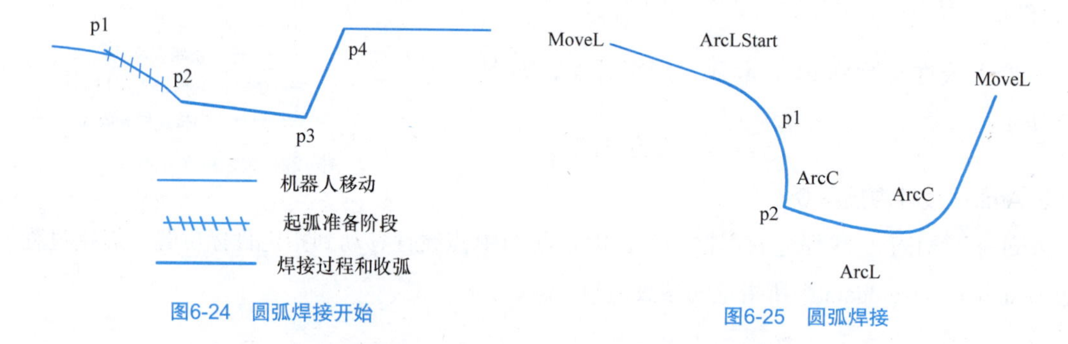

图6-24　圆弧焊接开始　　图6-25　圆弧焊接

6. ArcCEnd：圆弧焊接结束指令

ArcCEnd 指令用于结束圆弧焊缝的焊接过程，工具中心点从圆弧轨迹运动到指定目标位置，整个焊机过程通过参数监控和控制，例如：

ArcCEnd p1, p2 ,v5, seam1, weld1, fine, gun1;

机器人在 p2 点通过 ArcCEnd 指令结束焊接，如图 6-26 所示。

7. 焊接参数speeddata、seamdata和 welddata的设定

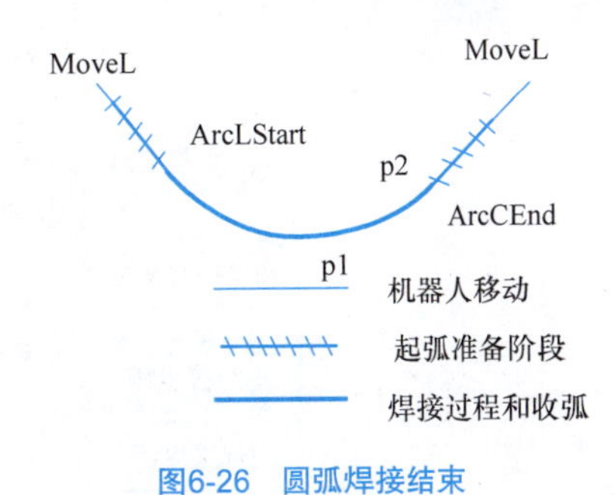

图6-26　圆弧焊接结束

speeddata 为焊接速度参数，在应用中应对其进行设置。通过单击程序数据 - 视图 - 全部数据，选择 speeddata，单击“新建”，更改名称。如果要新建的速度为 8mm/s，建议把变量名称更改为“v8”。更改完成后单击“确认”。单击新建的变量，修改 v_tcp 速度为“8”，其他默认，如图 6-27 所示。

说明：v_tcp，v_ori,v_leax,v_reax 分别指工具中心点速度、工具复位位速、外轴线速度、外轴角速度。当运动的几种类型相结合时，v-tcp 的速度将限制所有的动作。

名称：　v8

点击一个字段以编辑值。

名称	值	数据类型
v8:	[8,500,5000,1000]	speeddata
v_tcp :=	8	num
v_ori :=	500	num
v_leax :=	5000	num
v_reax :=	1000	num

1 到 5 共 5

撤消　确定　取消

图6-27　焊接参数speeddata

seamdata 是有关清枪时间、提前送气时间和滞后关气时间等的参数。welddata 是有关焊接速度、电流和电压（弧长修正）等的参数。seamdata 和 welddata 程序数据在 ABB 主菜单下的程序数据中，具体设置参数如图 6-28 和图 6-29 所示。

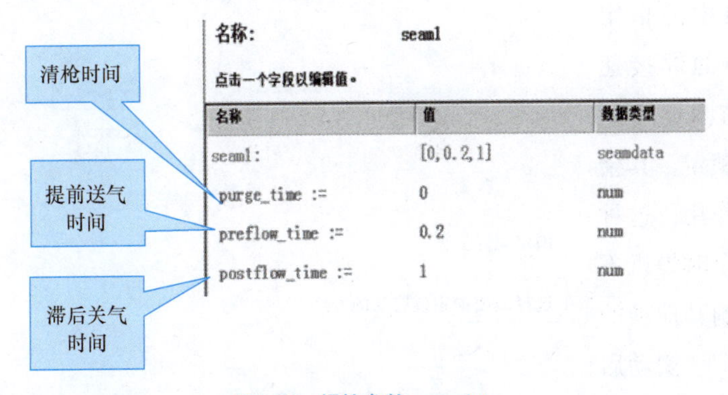

图6-28　焊接参数seamdata

weavedata 是焊接过程摆弧参数。其中，weave_shape 为摆动形状参数；weave_type 为摆动模式参数；weave_length 为一个摆动周期内，机器人各轴移动的距离；weave_ width 为摆动宽度参数，如图 6-30 所示。

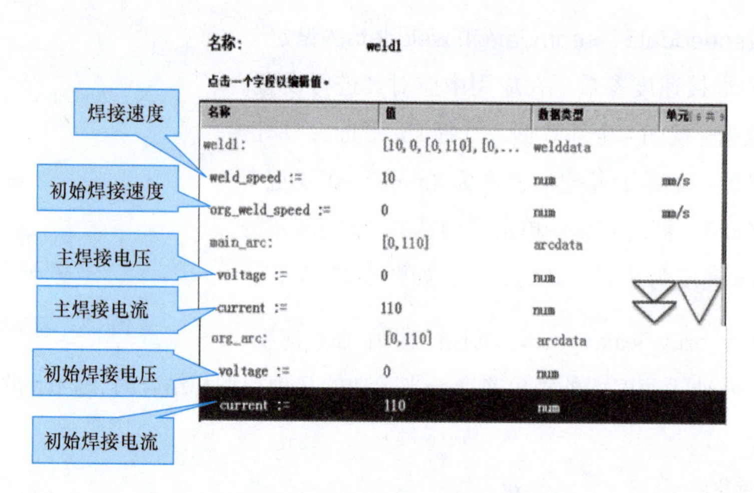

图6-29　焊接参数welddata

名称: weave1

点击一个字段以编辑值。

名称	值	数据类型	单元
weave1:	[0,0,0,0,0,0,0,0,...	weavedata	
weave_shape :=	0	num	
weave_type :=	0	num	
weave_length :=	0	num	mm
weave_width :=	0	num	mm
weave_height :=	0	num	mm

撤消　确定　取消

图6-30　焊接参数weavedata

在RobotWare Arc界面的锁定工艺项中可锁定焊接速度，屏蔽weld中的指定速度，使指令中的焊接速度生效（v5）。如图6-31所示，一旦速度被锁定，其余三项无效，不起作用，这种情况执行焊接指令时焊机不会焊接，不会影响其他项的锁定。“焊接启动”“摆动启动”“跟踪启动”可独立锁定而不影响其他项。

程序锁定

锁定弧焊工艺

选择需要锁定或启动的程序

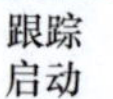

没锁定时状态

锁定弧焊工艺

选择需要锁定或启动的程序

锁定时状态

图6-31　锁定弧焊参数

6.3.8 焊接电流和焊接弧长电压的模拟量量程校正

ABB I/O 板的模拟量输出信号的范围是 0~10V，正常情况下 MIG-350 焊机的焊接电流、焊接弧长电压与机器人模拟量的输出关系如图 6-32 所示。

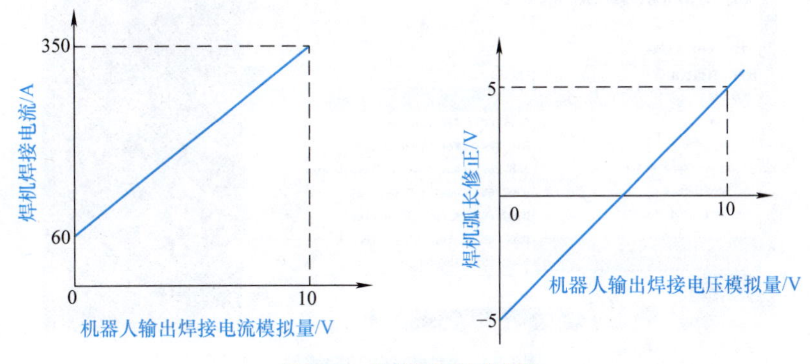

图6-32 模拟量量程对应图

实际上量程对应关系和图 6-32 会有偏差，因此如果焊接规范由机器人确定，为了更加精确地控制焊接电压和焊接电流，需要对焊接电压（0 ~ 10V）和焊接电流（0 ~ 10A）的模拟量量程进行校正。校正量程时，焊机必须为远程模式，即将 P09（近控有无）设置为 OFF。校正完成后，可把 P09 设置为 ON，则正常焊接规范由显示板调节旋钮确定（本设备是采用近控焊接）。

说明：

1）实际应用中，在远程模式下，机器人的焊接电压和焊接电流模拟量信号连接送丝机，送丝机再连接到焊机。

2）焊机的焊接电压 = 初始焊接电压（当弧长电压等于零时）+ 弧长电压。弧长初始焊接电压在板厚、焊接速度等确定的情况下，只和焊接电流有关。

3）对于焊接电流模拟量地址的设定，如果在软件上操作，要新建项目，插入 1410 模型，从布局生成系统时，至少要勾选 709-1 DeviceNet Master/Slave，如图 6-33 所示。

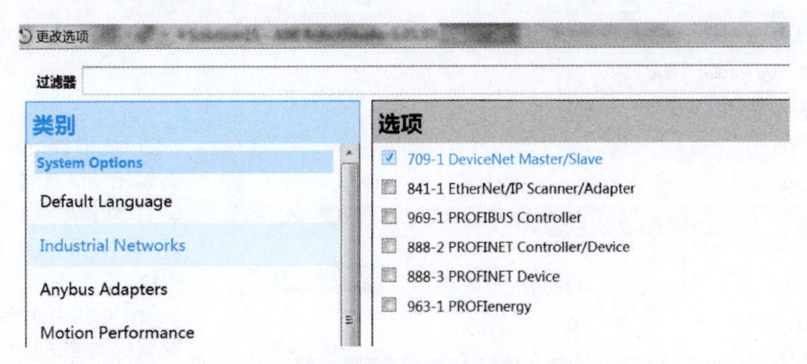

图6-33 选择软件板块

4）添加 DSQC651 模块。单击控制面板—DeviceNet Device—添加，出现图 6-34 所示窗口，单击“使用来自模板的值”右侧的下拉框，选择“DSQC651 Combi I/O Device”模块，并修改DSQC651的地址“Address”为10。相关参数说明如下。

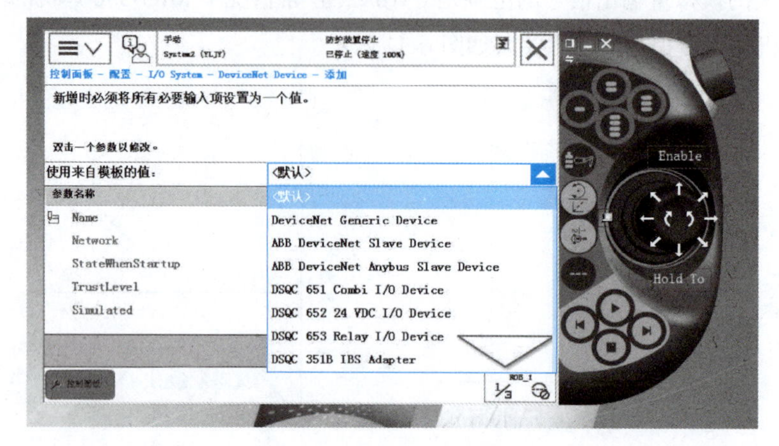

图6-34　添加DSQC651模块

1. 定义电流控制信号AoWeldCurrent

ABB模拟输出采用的是16位输出，位值65535为10V输出，位值0为0V输出。AoWeldCurrent各项参数的设置见表6-14。

表6-14　AoWeldCurrent各项参数的设置

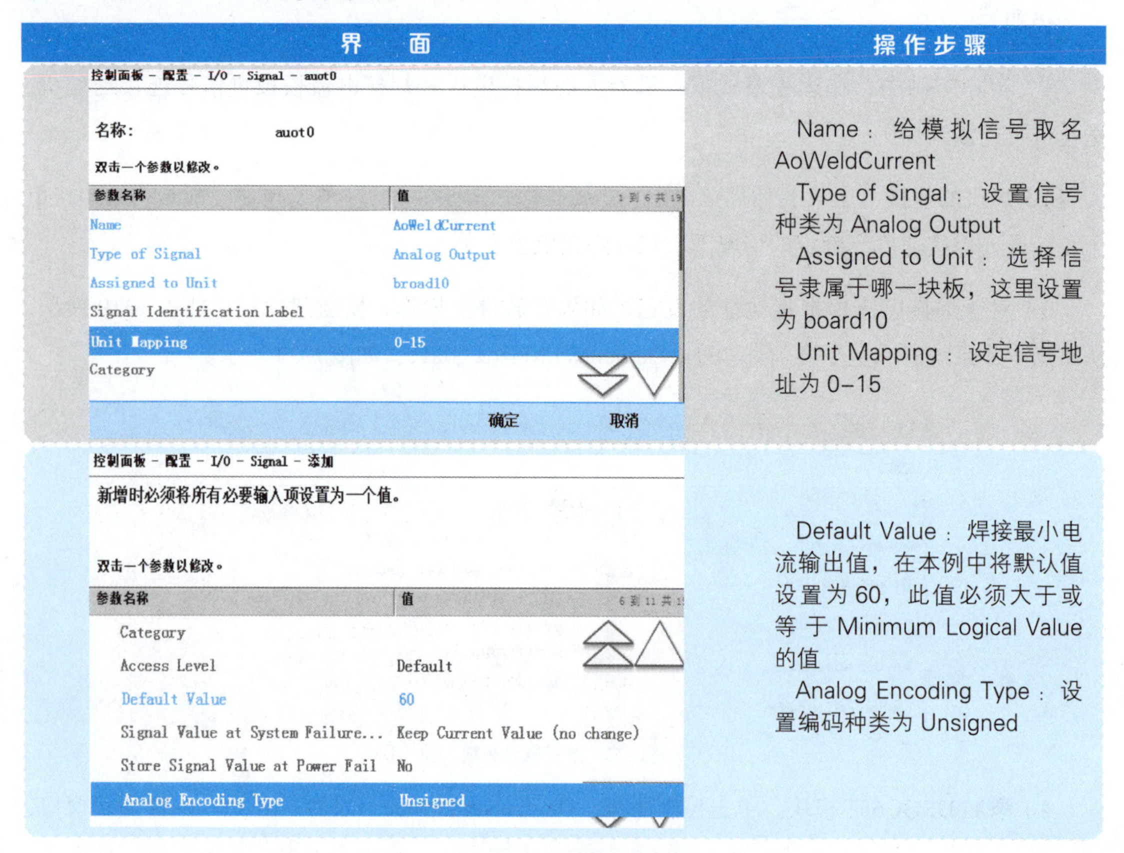

界　面	操作步骤
	Name：给模拟信号取名AoWeldCurrent Type of Singal：设置信号种类为Analog Output Assigned to Unit：选择信号隶属于哪一块板，这里设置为board10 Unit Mapping：设定信号地址为0–15
	Default Value：焊接最小电流输出值，在本例中将默认值设置为60，此值必须大于或等于Minimum Logical Value的值 Analog Encoding Type：设置编码种类为Unsigned

（续）

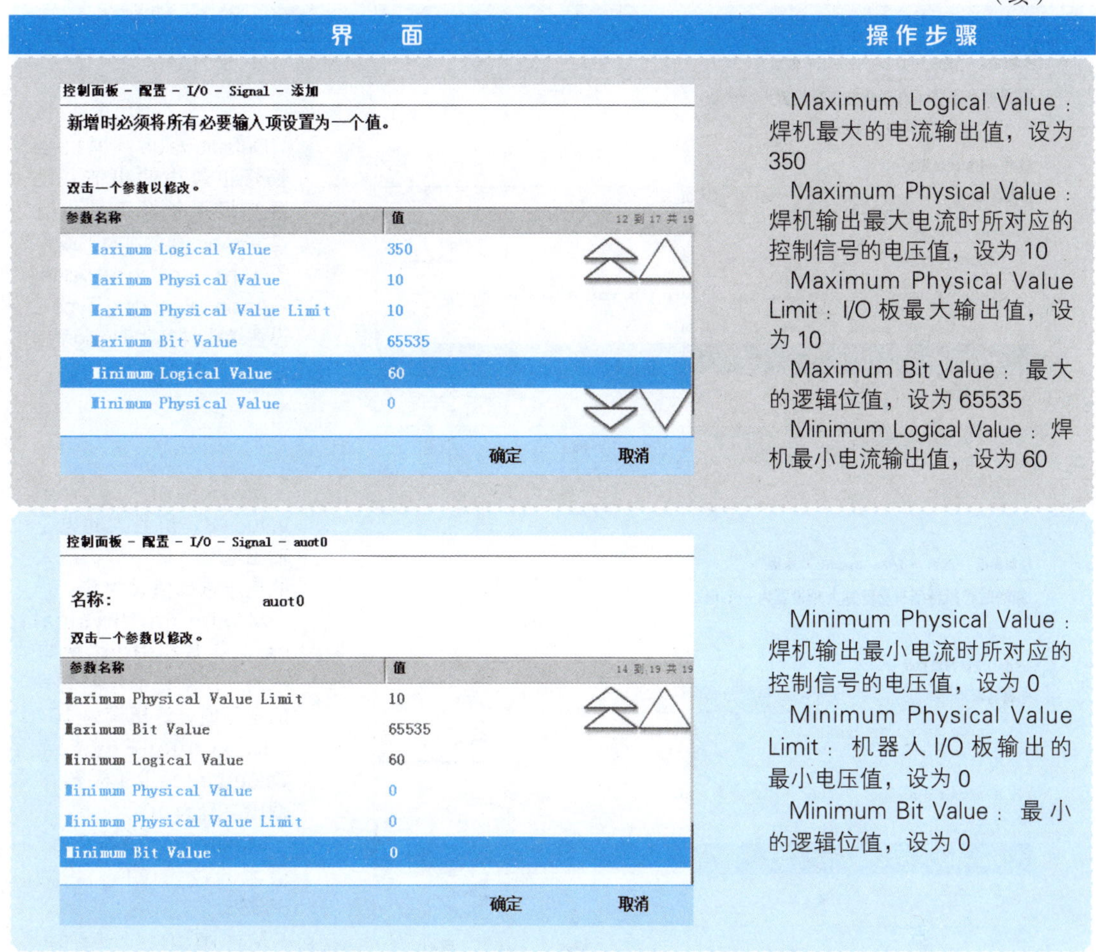

界　面	操作步骤
	Maximum Logical Value：焊机最大的电流输出值，设为350 Maximum Physical Value：焊机输出最大电流时所对应的控制信号的电压值，设为10 Maximum Physical Value Limit：I/O 板最大输出值，设为10 Maximum Bit Value：最大的逻辑位值，设为65535 Minimum Logical Value：焊机最小电流输出值，设为60
	Minimum Physical Value：焊机输出最小电流时所对应的控制信号的电压值，设为0 Minimum Physical Value Limit：机器人 I/O 板输出的最小电压值，设为0 Minimum Bit Value：最小的逻辑位值，设为0

2. 定义电压控制信号AoWeldingVoltage（表6-15）

表 6-15　AoWeldingVoltage 各项参数的设置

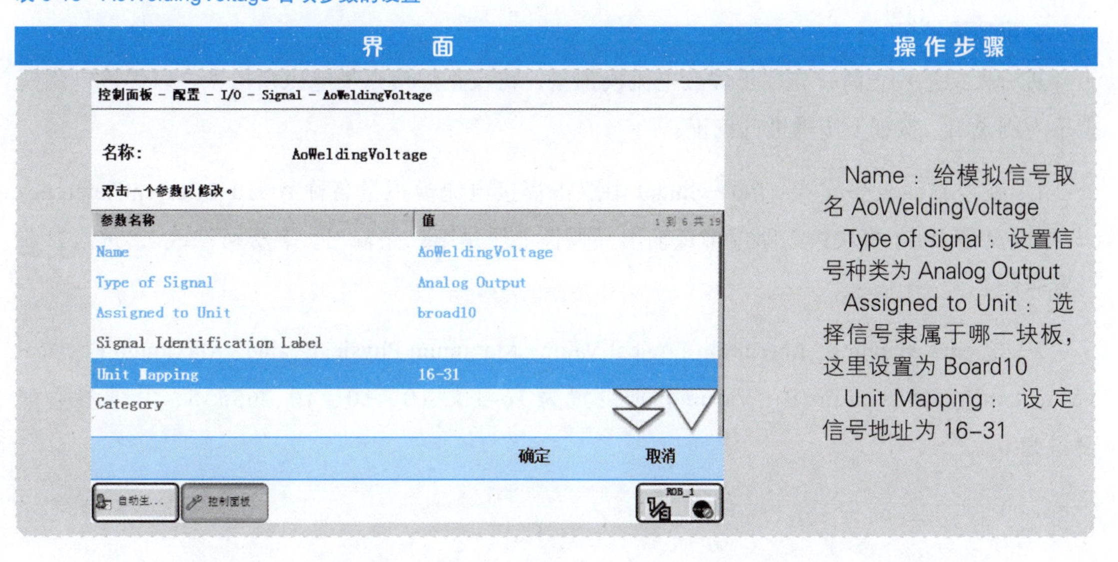

界　面	操作步骤
	Name：给模拟信号取名 AoWeldingVoltage Type of Signal：设置信号种类为 Analog Output Assigned to Unit：选择信号隶属于哪一块板，这里设置为 Board10 Unit Mapping：设定信号地址为 16–31

（续）

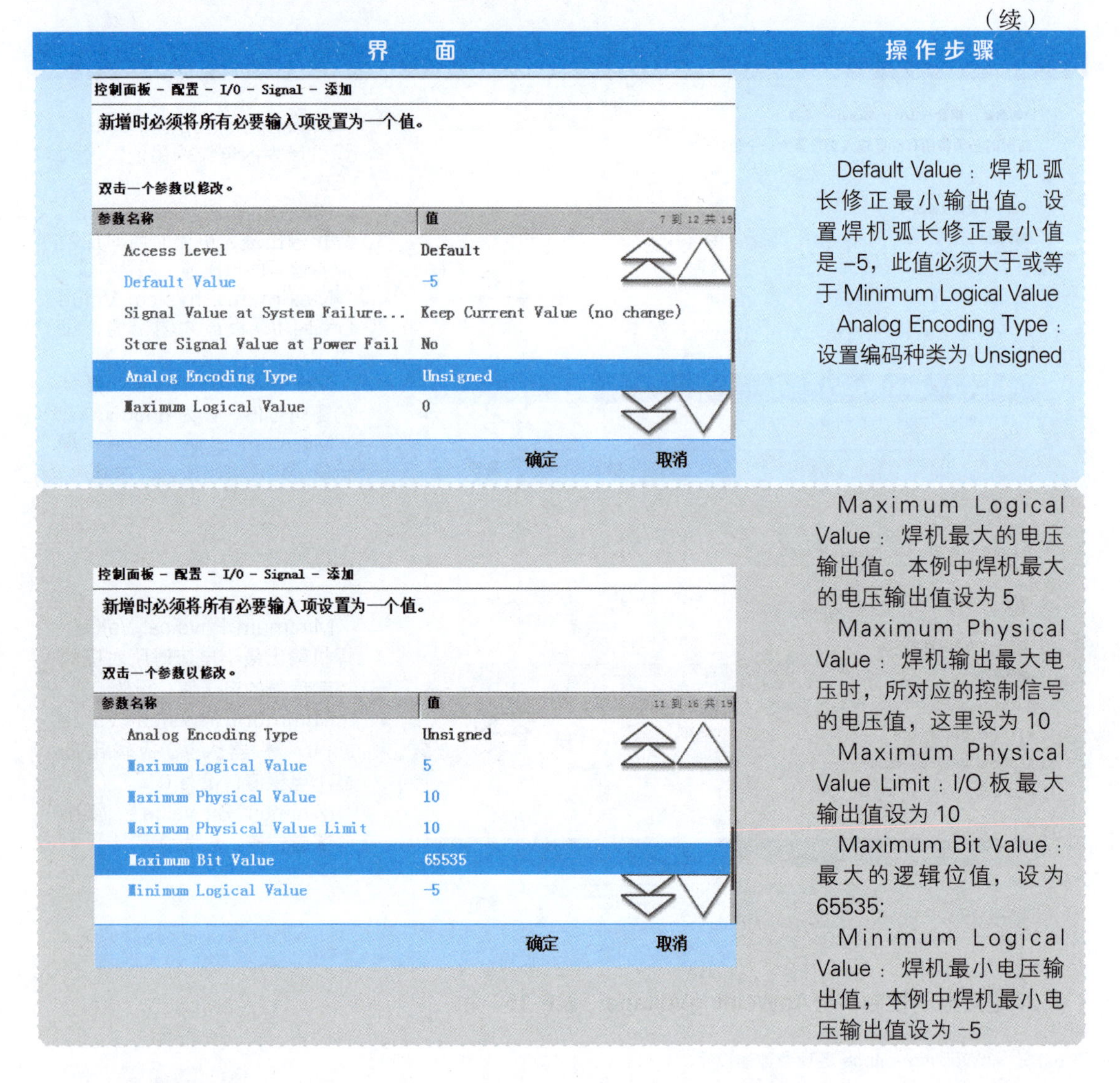

界　面	操作步骤
控制面板 - 配置 - I/O - Signal - 添加 新增时必须将所有必要输入项设置为一个值。 双击一个参数以修改。 参数名称 | 值 | 7 到 12 共 19 Access Level | Default Default Value | -5 Signal Value at System Failure... | Keep Current Value (no change) Store Signal Value at Power Fail | No Analog Encoding Type | Unsigned Maximum Logical Value | 0 确定　取消	Default Value：焊机弧长修正最小输出值。设置焊机弧长修正最小值是 -5，此值必须大于或等于 Minimum Logical Value Analog Encoding Type：设置编码种类为 Unsigned
控制面板 - 配置 - I/O - Signal - 添加 新增时必须将所有必要输入项设置为一个值。 双击一个参数以修改。 参数名称 | 值 | 11 到 16 共 19 Analog Encoding Type | Unsigned Maximum Logical Value | 5 Maximum Physical Value | 10 Maximum Physical Value Limit | 10 Maximum Bit Value | 65535 Minimum Logical Value | -5 确定　取消	Maximum Logical Value：焊机最大的电压输出值。本例中焊机最大的电压输出值设为 5 Maximum Physical Value：焊机输出最大电压时，所对应的控制信号的电压值，这里设为 10 Maximum Physical Value Limit：I/O 板最大输出值设为 10 Maximum Bit Value：最大的逻辑位值，设为 65535; Minimum Logical Value：焊机最小电压输出值，本例中焊机最小电压输出值设为 -5

3. 模拟量校正

进行模拟量校正时，先校正焊接电流模拟量，再校正焊接弧长电压模拟量。以焊接电流模拟量为例说明，按如下步骤进行校正：

1）在控制面板—配置—I/O—Singal 中双击焊接电流模拟量名称 AO10_2CurrentReference（焊接电流是 D651 模块第二路模拟量输出，弧长电压是第二路输出。名称可修改），进入参数设置界面。

2）把 Unit Mapping、Maximum Logical Value、Maximum Physical Value、Maximum Physical Value Limit、Maximum Bit Value 分别设置为 16-31、10、10、10、65535，其他参数都设置为 0。

3）设置完成，单击“确认”，退出参数修改界面。根据提示重启系统。

4）单击输入输出—视图—全部信号，选择信号 AO10_2CurrentReference，单击 123... 图标，出现图 6-35 所示的窗口，可在窗口输入数据。更改数据时，焊机上显示的焊接电流是跟着变化的。设置焊机最小焊接电流为 60A，最大焊接电流为 350A。从小到大更改 AO10_2CurrentReference 的数值，找焊接电流分别是 60A、350A 时对应的 AO10_2CurrentReference 值，并记录下来。实验数据见表 6-16。

图6-35　数据输入窗口

根据上述数据计算得

Minimum Bit Value=1.55 × 65535/10≈10158

Maximum Bit Value=9.1 × 65535/10≈59637

表 6-16　实验数据

名称	焊接电流 /A	AO10_2CurrentReference
数据	60 ~ 350	1.55 ~ 9.1

5）根据上述校正的结果，修改信号 AO10_2CurrentReference 参数，结果如图 6-36 所示，修改完成后重启系统。

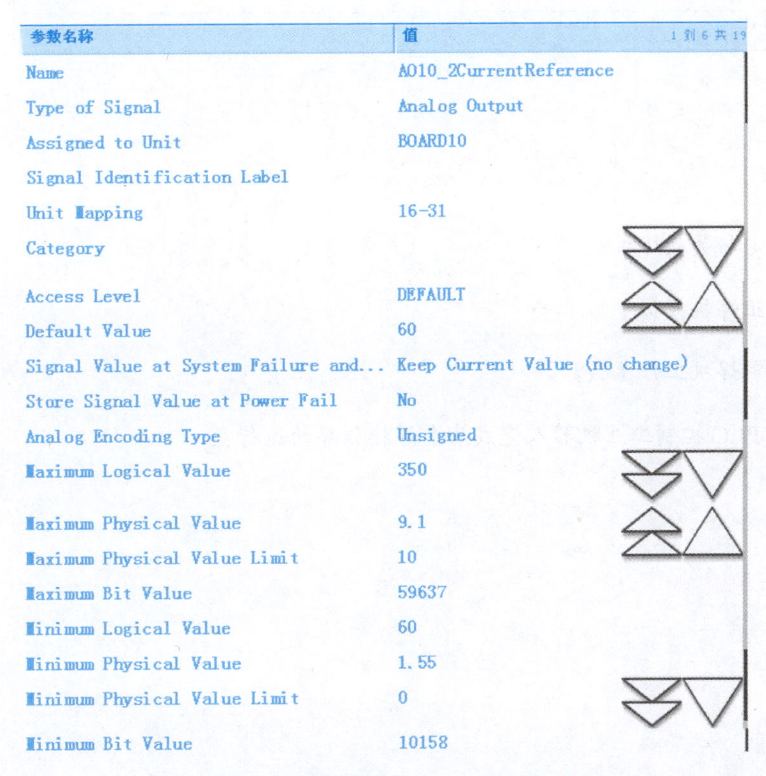

图6-36　AO10_2CurrentReference参数

6）再次进入输入输出界面，给信号 AO10_2CurrentReference 赋值，观察焊机上显示的焊接电流和机器人示教器侧是否一致。例如输入 80、200，焊机的焊接电流是否也显示为 80、200。一般误差不会大于 1，说明校正非常成功。

焊接弧长电压模拟量。焊接弧长电压模拟量的校正的方法和焊接电流模拟量的校正方法一致，请参考焊接电流模拟量的校正步骤。

学生项目任务书

<table>
<tr><th>课程名称</th><th colspan="2">工业机器人现场编程</th><th>项目</th><th colspan="2">ABB 工业机器人的程序编制、调试及应用</th></tr>
<tr><td>工作任务</td><td colspan="2">1.ABB 工业机器人搬运程序的编制及仿真。
2.ABB 工业机器人搬运程序的运行和调试。</td><td>课时</td><td colspan="2">4 课时</td></tr>
<tr><td>姓名学号</td><td></td><td>组别</td><td></td><td>日期</td><td></td></tr>
<tr><td>任务要求</td><td colspan="5">能进行工业机器人搬运工作站编程及调试</td></tr>
<tr><td>任务目标</td><td colspan="5">1. 了解工作站的组成。
2. 掌握 I/O 设置的方法。
3. 掌握程序的编制及仿真方法。
4. 掌握程序的调试及运行方法。</td></tr>
<tr><td>提交成果</td><td colspan="3">1. 搬运程序调试结果。
2. 工作站搬运录像。</td><td>70</td><td rowspan="4">合计：</td></tr>
<tr><td>工作态度</td><td colspan="3"></td><td>10</td></tr>
<tr><td>工作规范及团队协作</td><td colspan="3"></td><td>10</td></tr>
<tr><td>考勤情况</td><td colspan="3"></td><td>10</td></tr>
</table>

习题

1. 如何设定与关联焊机？

2. 如何校正焊机模拟量？

3. 如何设定焊机工作参数？

4. 如何用 PLC 控制工业机器人完成基本焊接程序的运行？

参考文献

[1] 叶晖，管小清 . 工业机器人实操与应用技巧 [M]. 北京：机械工业出版社，2010.

[2] 叶晖，何智勇 . 工业机器人工程应用虚拟仿真教程 [M]. 北京：机械工业出版社，2014.

[3] 胡伟，等 . 工业机器人行业应用实训教程 [M]. 北京：机械工业出版社，2015.

[4] 蒋庆斌，陈小艳 . 工业机器人现场编程 [M]. 北京：机械工业出版社，2014.

[5] 张宪民，杨丽新，黄沿江 . 工业机器人应用基础 [M]. 北京：机械工业出版社，2015.

[6] 滕宏春 . 工业机器人与机械手 [M]. 北京：电子工业出版社，2015.